全国本科院校机械类创新型应用人才培养规划教材

数控编程与加工实习教程

主　编　张春雨　于　雷
副主编　乔印虎　孙　亮
参　编　孙业荣　罗　佳　范新波

内容简介

本书是根据本科院校机械类创新型应用人才培养的要求，结合编者数控实训的经验编写的。本书主要介绍常用的数控加工工艺分析和设计方法及应用，并详细讲述了几类常用数控系统的编程方法、技巧及其应用实例。全书共 4 章，内容包括数控车床加工、数控铣床加工、数控线切割加工和 CAXA 制造工程师。在各章中根据各自的实习要求，以项目为纽带，以任务为载体，把相关工艺知识、编程知识和编程技能有机地结合，便于教师采用"项目导向、任务驱动"教学法，具有较强的可操作性。

本书可作为应用型本科院校机械类专业教学用书，也可作为大中专机电和数控类专业的教学用书及相关技术人员的参考用书。

图书在版编目(CIP)数据

数控编程与加工实习教程/张春雨，于雷主编. —北京：北京大学出版社，2011.9
（全国本科院校机械类创新型应用人才培养规划教材）
ISBN 978-7-301-17387-9

Ⅰ.①数… Ⅱ.①张…②于… Ⅲ.①数控机床—程序设计—实习—高等学校—教材②数控机床—加工—实习—高等学校—教材 Ⅳ.①TG659-45

中国版本图书馆 CIP 数据核字(2011)第 181219 号

书　　名：	数控编程与加工实习教程
著作责任者：	张春雨　于　雷　主编
责 任 编 辑：	童君鑫
标 准 书 号：	ISBN 978-7-301-17387-9/TH·0262
出 版 者：	北京大学出版社
地　　址：	北京市海淀区成府路 205 号　100871
网　　址：	http://www.pup.cn　http://www.pup6.cn
电　　话：	邮购部 62752015　发行部 62750672　编辑部 62750667　出版部 62754962
电 子 邮 箱：	pup_6@163.com
印 刷 者：	北京鑫海金澳胶印有限公司
发 行 者：	北京大学出版社
经 销 者：	新华书店
	787 毫米×1092 毫米　16 开本　19.5 印张　453 千字
	2011 年 9 月第 1 版　　2014 年 9 月第 2 次印刷
定　　价：	37.00 元

未经许可，不得以任何方式复制或抄袭本书之部分或全部内容。
版权所有，侵权必究　　举报电话：010-62752024
　　　　　　　　　　　电子邮箱：fd@pup.pku.edu.cn

前　言

随着我国大力发展制造业，数控机床的使用越来越广泛。随之而来的是需要大批高素质的数控机床编程、操作和维修的人员。全国许多院校纷纷设置了数控技术专业，在数控技术专业的课程中，数控实习环节尤其重要，但由于目前缺乏实用性和可操作性很强的实习教材，在很大程度上影响了数控实习的效果。

本书是编者多年从事数控机床教学和实习的经验总结，集中体现了教学中注重学生实际应用能力培养的教学特点。全书以数控加工综合实习为目标，从数控加工的基本操作、工艺分析、编程指令、数控机床的实际操作训练出发，以典型零件的工艺分析和编程为重点，既强调了实际加工训练，又具有很强的数控实习的可操作性。全书综合性、实践性强，通过大量的综合实例，使各章节内容紧密联系。

本书主要以基本技能操作为重点，适合作为数控机床操作方面的职业培训、大中专院校的机械类专业数控机床编程与操作的实习教材，也可供从事数控机床的科研、工程技术人员参考。

全书由安徽科技学院张春雨、长春工程学院于雷担任主编，由张春雨统稿。参加编写的还有安徽科技学院的乔印虎、孙业荣和范新波，安徽省池州职业技术学院的孙亮和罗佳。这些老师长期从事数控编程与加工的理论与实践教学，参加和指导过数控技能培训和数控技能大赛，并取得过优异成绩，有着丰富的经验。

本书在编写过程中，还得到了安徽科技学院、长春工程学院和安徽省池州职业技术学院各级领导的关心、支持和帮助，在此向他们表示感谢。

由于编者的水平有限，书中难免存在一些不足之处，恳请读者批评指正。

编　者

2011 年 7 月

目 录

第1章 数控车床加工 ……………… 1

1.1 数控车床基本操作 …………… 1
- 1.1.1 FANUC Oi 系统数控车床基本操作 …………………… 1
- 1.1.2 FANUC Oi 系统数控车床基本编程指令 ……………… 6
- 1.1.3 华中数控车床基本操作 … 12
- 1.1.4 华中世纪星 HNC-21T 数控车床基本编程指令 … 22
- 1.1.5 SIEMENS 802D 系统数控车床基本操作 …………… 26
- 1.1.6 SIEMENS 802S 系统数控车床基本编程指令 ……… 38

1.2 数控车床基本加工 …………… 54
- 1.2.1 基本面板功能 …………… 54
- 1.2.2 系统功能熟悉 …………… 55
- 1.2.3 车削外圆、端面、台阶 … 56
- 1.2.4 圆弧车削练习 …………… 59
- 1.2.5 车槽与切断 ……………… 61
- 1.2.6 车圆柱孔和内沟槽 ……… 63
- 1.2.7 车外圆锥 ………………… 65
- 1.2.8 车内圆锥 ………………… 67
- 1.2.9 车外三角螺纹 …………… 68
- 1.2.10 车简单成形面 …………… 71
- 1.2.11 数控编程练习题 ………… 72

1.3 数控车削加工复合课题 ……… 79
- 1.3.1 复合课题一 ……………… 79
- 1.3.2 复合课题二 ……………… 81
- 1.3.3 复合课题三 ……………… 84
- 1.3.4 复合课题四 ……………… 87
- 1.3.5 复合课题五 ……………… 90

1.4 数控车床工具系统及使用 …… 92
- 1.4.1 常用量具及测量 ………… 92
- 1.4.2 常用夹具及工件安装 …… 95
- 1.4.3 数控车床刀具系统 ……… 97

1.5 车削加工实训 ……………… 102
- 1.5.1 对刀及工件坐标系的设定 …………………… 102
- 1.5.2 简单台阶轴加工 ……… 105
- 1.5.3 简单套类零件加工 …… 108
- 1.5.4 螺纹类零件加工 ……… 112

第2章 数控铣床加工 …………… 119

2.1 数控铣床基本操作 ………… 119
- 2.1.1 FANUC Oi 系统数控铣床基本操作 …………… 119
- 2.1.2 FANUC Oi Mate MDI 面板操作 ………………… 124
- 2.1.3 对刀及工件坐标系的设定 …………………… 129
- 2.1.4 FANUC 数控铣床基本编程指令 ………………… 133
- 2.1.5 华中世纪星 HNC-21M 数控铣床基本操作 …… 144
- 2.1.6 华中世纪星 HNC-21M 数控铣床基本编程指令 …………………………… 156
- 2.1.7 SIEMENS 802S 系统数控铣床基本操作 ……… 179
- 2.1.8 SIEMENS 802S 系统数控铣床基本编程指令 … 184

2.2 数控铣削加工复合课题 …… 195
- 2.2.1 复合课题一 …………… 195
- 2.2.2 复合课题二 …………… 197
- 2.2.3 复合课题三 …………… 199

2.3 数控铣削加工实训 ………… 201
- 2.3.1 坐标系设定 …………… 201
- 2.3.2 基本移动指令的应用 … 203
- 2.3.3 固定循环指令的应用 … 207
- 2.3.4 子程序 ………………… 210

2.3.5 刀具补偿 ……………… 211
2.4 数控铣床编程练习 …………… 214
  2.4.1 练习一 ………………… 214
  2.4.2 练习二 ………………… 217
  2.4.3 练习三 ………………… 219
  2.4.4 练习四 ………………… 220
  2.4.5 练习五 ………………… 221
  2.4.6 练习六 ………………… 222

第3章 数控线切割加工 …………… 227

3.1 数控线切割机床基本操作 …… 227
  3.1.1 线切割机床面板
        操作 ……………………… 227
  3.1.2 线切割机床的基本
        操作 ……………………… 230
3.2 数控线切割加工实例 ………… 232
  3.2.1 凹凸模加工实例 ……… 232
  3.2.2 凹模和凸模加工实例 … 234

第4章 CAXA制造工程师 …………… 237

4.1 基本造型 ……………………… 237
  4.1.1 轴承支架造型 ………… 237
  4.1.2 连杆造型 ……………… 240
  4.1.3 螺母造型 ……………… 241
  4.1.4 叶轮造型 ……………… 242

4.1.5 十字连接件造型 ……… 243
4.1.6 台钳搬子造型 ………… 244
4.2 五角星的造型与加工 ………… 246
  4.2.1 五角星造型 …………… 246
  4.2.2 绘制五角星框架 ……… 247
  4.2.3 生成五角星曲面 ……… 249
  4.2.4 生成加工实体 ………… 250
  4.2.5 五角星加工 …………… 251
4.3 鼠标的曲面造型与加工 ……… 259
  4.3.1 鼠标造型 ……………… 259
  4.3.2 生成扫描面 …………… 259
  4.3.3 曲面裁剪 ……………… 261
  4.3.4 生成直纹面 …………… 262
  4.3.5 曲面过渡 ……………… 263
  4.3.6 生成鼠标电极的托板 … 263
  4.3.7 鼠标加工 ……………… 263
4.4 连杆件的造型与加工 ………… 269
  4.4.1 连杆件的实体造型 …… 269
  4.4.2 连杆件加工 …………… 276
4.5 凸轮的造型与加工 …………… 284
  4.5.1 凸轮的实体造型 ……… 284
  4.5.2 凸轮加工 ……………… 288

实训报告 ………………………………… 295

参考文献 ………………………………… 301

第1章 数控车床加工

1.1 数控车床基本操作

本节主要介绍几种典型数控系统和机床的编程及相关的操作。

1.1.1 FANUC Oi 系统数控车床基本操作

1. 知识准备

(1) 数控车床的基本组成和工作原理。
(2) 数控车床的坐标系。

2. 实训仪器与设备

配置 FANUC Oi 数控系统的数控车床若干台。

3. 任务目的

(1) 掌握数控系统 CRT 显示器操作方法和 MDI 键盘的操作方法。
(2) 熟悉数控车床操作面板上各按键与旋钮功能,如图 1.1 所示。

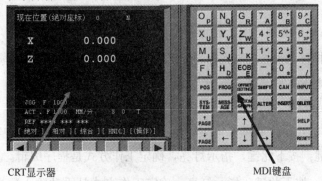

图 1.1 数控系统操作面板

(3) 掌握数控车床基本操作。

4. 任务实现

操作步骤1：CRT显示器的操作与MDI键盘的操作

1) CRT显示器

CRT显示器用于显示机床的各种参数和状态，状态显示主要是指显示工件在工件坐标系中的坐标以及工件坐标系在机床坐标系中的坐标。7个软键用于CRT各种界面的选择，左端的软键是返回键，右端的软键是扩展键，中间的软键对应于CRT上显示的内容。

2) MDI键盘

MDI键盘包括两部分：MDI地址、数字键和MDI功能键，程序编辑键。

MDI地址、数字键：主要是用于数字和字母的输入，系统会自动识别输入的类型。

MDI功能键：用于控制CRT的显示模式，它由以下功能键组成。

POS键：位置键，用于显示当前机床坐标位置，位置显示有相对坐标、绝对坐标和综合显示3种方式，用PAGE键可以进行显示切换。

PROG键：程序键，主要是用于程序的显示和编辑，有3种工作方式。①编辑方式：编辑、显示程序。②MDI方式：手动输入程序，编辑程序。③自运行方式。

OFFSET/SETTING键：偏置键，主要用来显示和设定刀具相对于机床坐标系的偏置，确定工件坐标系与刀具在机床坐标系中的位置。

SYSTEM键：系统参数设置键，用于系统参数的设置、自动诊断数据的显示。

MESSAGE键：报警操作键，用于报警号的显示。

CUSTOM/GRAPH键：图形显示键，用于模拟加工刀具运动轨迹的显示。

SHIFT键：字母数字转换键，用于选择字母或者数字的输入。

ALTER键：修改键，用于程序的修改，用输入的数据修改光标处的数据。

INSERT键：插入键，用于程序的插入，把程序插入到光标所在处的后面。

CAN键：取消键，用于删除光标正在输入的数据。

DELETE键：删除键，用于删除程序，也可用于删除光标所在处的数据。

INPUT键：参数设置和修改键，可以输入刀具偏置值和修改参数值。

PAGE键：翻页键，用于页面的整体更换。

EOB键：换行键，一段程序语句结束换行，即";"的输入和换行切换。

RESET键：复位键，用于解除报警，使数控系统复位，按下此键，数控机床马上停止所有操作。

HELP键：系统帮助键，用于显示系统帮助菜单。

：光标移动键，控制光标的上下、左右移动，方便程序的编辑和修改系统参数。

操作步骤2：数控车床操作面板按键和按钮的操作(图1.2)

1) 工作方式选择键

AUTO按键：按下此键，指示灯亮，确定工作方式是程序自动运行。

EDIT按键：按下此键，指示灯亮，确定工作方式是程序编辑。

MDI按键：按下此键，指示灯亮，确定工作方式是手动输入数据，即数字和字母

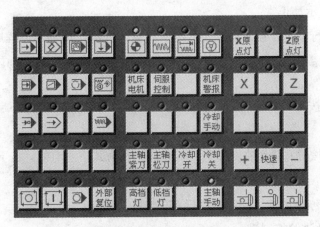

图 1.2 数控车床操作面板

的输入。

DNC 按键：按下此键，指示灯亮，用于实现从外部输入/输出设备上选择程序并进行在线加工。

2）数控加工操作键

REF 按键：按下此键，指示灯亮，返回参考点。

JOG 按键：按下此键，指示灯亮，实现手动连续进给方式。

INC 按键：按下此键，实现增量进给方式，即步进进给方式。

HND 按键：按下此键，实现手轮进给方式。

单步执行按键：按下此键，指示灯亮，锁定程序单段执行方式，每按一次单步执行键，执行一条程序。

程序跳读按键：在自动方式下按下此键，指示灯亮，可以跳过程序段开头带有"/"的程序。

3）程序运行控制键

旋钮：程序编辑开关，旋钮至左边竖线位置时，可以对程序进行编辑或者修改，至圆圈位置时，无法编辑和修改程序。

选择停止按键：按下此键，"选择停止"功能有效，若程序中有 M01（选择停止）指令，机床停止工作，自动循环停止。若想机床继续执行指令，必须按循环启动按钮。若不按下此键，在程序中出现的 M01 指令无效，程序执行到 M01 时，机床运动不会停止。

手动示教按键：手动示教或手轮示教方式。

程序重启按键：当程序执行由于某种原因停止，按下此键可以实现程序从指定的程序段重新启动。

机床锁定按键：在自动方式下按下此键，指示灯亮，机床进给不执行，但是程序的执行和数据的显示都正常。

机床空运行按键：在自动方式下按下此键，进给运动轴不以程序指定的进给速度移动，而以机床参数设定了的速度移动，该键只用于检查刀具的运动轨迹，不用于实际加工。

进给保持按键：即暂停键，按下此键，程序停止，再按循环启动键使程序继续执行。

循环启动按键：该键在 AUTO 和 MDI 工作方式下才有效，按下此键，指示灯亮，程序开始执行。

M00 程序停止按键：程序中执行 M00 时，该键指示灯亮。

4）机床主轴及进给控制键

主轴控制按键：控制主轴的正转、停止、反转。

坐标轴控制按键：按下 X 键后，机床的 X 轴被选中，再按"＋"键，机床的 X 轴朝正方向移动，按下"－"键，机床的 X 轴朝负方向移动。

急停按钮：机床出现紧急情况时，机床立刻停止执行，从而避免机床发生危险，重新运行机床时，要首先回参考点，否则机床易出现紊乱。

进给速度调节按钮，调节进给的倍率，可在 0%～120% 之间调节。

主轴转速倍率调节按钮，调节主轴的转速，可在 0%～120% 之间调节。在加工中不要随便调节主轴的速度，以免影响刀具和加工质量。

旋钮：在手轮工作方式下有效，可以通过手轮来控制 X 轴和 Z 轴的移动速度和方向。

5）开关按钮

数控系统电源控制开关：控制电源的开和关。

操作步骤 3：数控车床的基本操作

1）开机的基本操作

（1）接通车间电源，采用的是三相 380V 交流电。

（2）旋转机床侧面的旋钮开关，打开机床总电源。

（3）按下操作面板上的绿色按钮，CNC 系统电源接通，CRT 显示相关的信息。按下红色按钮，关闭 CNC 系统电源。

（4）松开急停按钮，机床强电接通三相 380V 交流电。

（5）机床回参考点。按下回参考点按键，指示灯亮。再分别选择 X 轴和 Z 轴，按下方向键"＋"，即可使机床回到参考点。

注意：在回参考点前，如果系统报警，可以通过 RESET 键来消除报警。如果在回参考点时发生报警（一般是超程报警），可以先按下 JOG 按键，将机床沿着 X 轴和 Z 轴的负方向移动一小段距离，以消除超程报警。

2) 数控车床的手动操作

(1) 主轴手动操作。主轴的运动有 3 种状态：正转、停止、反转，通过 3 个按键来实现；主轴的转速也可以进行调节，通过主轴转速倍率旋钮 来实现，调节倍率是 0~1.2 倍。

(2) 手动进给操作。手动操作包括 4 个部分：回参考点手动操作、手动连续进给操作、手动增量进给操作和手轮进给操作。回参考点操作是在机床启动后，确定机床坐标系的操作，是机床进行操作时的第一步操作；手动连续和手动增量进给操作是实现工作台快速进给的手动操作；手轮进给操作是实现工作台微量精确进给运动的操作。

① 手动返回参考点。具体操作过程：按下返回参考点工作方式键，再按下 JOG 键，将机床的 X 轴和 Z 轴沿负方向移动一小段距离，适当调节进给倍率旋钮。按下坐标轴控制键和方向选择键 "+"，刀具快速返回参考点，返回参考点的指示灯亮。

② 手动连续进给。具体操作过程：按下连续进给工作方式键，接着按下 X 轴或 Z 轴控制键，再按方向键 "+" 或 "-"，机床会沿着相应的方向运动。如按下 X 轴控制键和 "+" 键，机床的工作台会沿着 X 轴的正方向快速移动，移动的速度可以通过倍率旋钮进行调节。

③ 手动增量进给。具体操作过程：按下增量进给工作方式键，接着按下坐标轴控制键和方向选择键，机床就会沿着选择的轴和方向移动，每按一次 "+" 键，就移动一步，移动的速度可以通过进给倍率旋钮进行调节。

④ 手轮进给。具体操作过程：按下手轮工作方式键，按下进给轴选择按钮，选择一个需要移动的轴，X 轴或 Z 轴，转动手轮脉冲发生器，机床沿着相应的方向移动，移动的速度可以通过手轮进给倍率旋钮进行调节。

3) 程序编辑与运行的操作

(1) 程序的编辑。程序的编辑包括对存储器内程序的调用、程序的直接编辑、程序的修改等操作。

① 对存储器内程序的调用。按下自动运行方式键，按下 PROG 键，按下地址键，用数字键输入要选择的程序名，按下软键，调出需要的程序，按下循环启动键，程序自动运行。

② 程序的直接编辑。程序的直接编辑一般有两种情况：MDI 工作方式下的程序编辑和 EDIT 工作方式下的程序编辑。

a. MDI 工作方式下的程序编辑。编辑过程：按下 MDI 方式选择键，接着按下 MDI 面板上的 PROG 键，显示程序画面，在画面中即可进行程序编辑，按下 "自动运行" 键，程序即可运行，但在此方式下最多只能编辑 10 条语句。当执行了程序结束代码 M02 或 M30 时，程序自动被删除。

b. EDIT 工作方式下的程序编辑。编辑过程：程序保护锁打开，按下 EDIT 方式选择键，接着按下 MDI 面板上的 PROG 键，显示程序编辑画面，按下地址键和数字键，输入程序名，再按下 INSERT 键，程序名显示在 CRT 界面上程序的起始位置，接着通过 MDI 面板进行程序的编辑，通过换行键来进行程序的换行。

(2) 程序的运行。程序编辑好了以后，紧接着就是对程序进行运行，编辑好的程序未必完全正确，所以首要对程序进行校验，校验的方法有单段程序调试法和机床功能锁定法。

单段程序调试法的过程：选择机床的工作方式为自动方式，调节进给倍率，按下程序"单步执行"键 ➡，按 POS 键，屏幕显示机床坐标位置画面，最后按"循环启动"键，程序执行一条语句后停止，这时通过观察坐标的变化及进给轴的运动来检验程序的正确性，此后每按一次循环启动键，程序就往下执行一条语句，直到全部执行完。

空运行调试法的过程：选择机床的工作方式为自动方式，调节进给倍率，按下"机床锁定"键 ➡，按下 CUSTOM/GRAPH 键，按下"循环启动"键，程序开始执行，此时，在 CRT 屏幕上显示刀具坐标位置随着程序的变化情况，通过这种变化来检查整个程序的正确性。

除了以上两种方法以外，机床空运行法也可用来校验程序的正确性，这种方法在校验时，不允许安装工件。

4）关机的基本操作

（1）检查机床上所有可移动部件是否停止，关闭外部输入/输出设备。

（2）将 X 轴和 Z 轴停在合适的位置上。

（3）按下机床急停按钮，使机床处于急停状态。

（4）按下面板上的红色按钮，使数控系统断电。

（5）将机床侧面电器柜上的开关旋到 OFF 位置。

（6）关闭总三相电源。

1.1.2 FANUC Oi 系统数控车床基本编程指令

1. 建立工件坐标系与坐标尺寸

1）工件坐标系设定指令

工件坐标系设定指令是规定工件坐标系原点的指令，工件坐标系原点又称编程零点。

指令格式：

G50　X　Z；

其中：X、Z 为刀尖的起始点距工件坐标系原点在 X 向、Z 向的尺寸。

执行 G50 指令时，机床不动作，即 X、Z 轴均不移动，系统内部对 X、Z 的数值进行记忆，CRT 显示器上的坐标值发生了变化，这就相当于在系统内部建立了以工件原点为坐标原点的工件坐标系。用 G50 设定的工件坐标系不具有记忆功能，当机床关机后，设定的坐标系立即消失。

2）尺寸系统的编程方法

（1）绝对尺寸和增量尺寸。在数控编程时，刀具位置的坐标通常有两种表示方式：一种是绝对坐标，另一种是增量（相对）坐标。数控车床编程时，可采用绝对值编程、增量值编程或者二者混合编程。

① 绝对值编程：所有坐标点的坐标值都是从工件坐标系的原点计算的，称为绝对坐标，用 X、Z 表示。

② 增量值编程：坐标系中的坐标值是相对于刀具的前一位置（或起点）计算的，称为增量（相对）坐标。X 轴坐标用 U 表示，Z 轴坐标用 W 表示，正负由运动方向确定。

注意事项：当 X 和 U 或 Z 和 W 在一个程序段中同时指令时，后面的指令有效。

（2）直径编程与半径编程。数控车床编程时，由于所加工的回转体零件的截面为圆形，所以其径向尺寸就有直径和半径两种表示方法。采用哪种方法是由系统的参数决定的。数控车床出厂时一般设定为直径编程，所以程序中的 X 轴方向的尺寸为直径值。如果需要用半径编程，则需要改变系统中的相关参数，使系统处于半径编程状态。

(3) 公制尺寸与英制尺寸。包括 G20 英制尺寸输入和 G21 公制尺寸输入。

工程图纸中的尺寸标注有公制和英制两种形式，数控系统可根据所设定的状态，利用代码把所有的几何值转换为公制尺寸或英制尺寸，系统开机后，机床处在公制 G21 状态。

公制与英制单位的换算关系为：1mm≈0.0394in；1in≈25.4mm。

2. 主轴控制、进给控制及刀具选用

1) 主轴功能 S

S 功能由地址码 S 和后面的若干数字组成。

(1) 恒线速度控制指令 G96。系统执行 G96 指令后，S 指定的数值表示切削速度。例如 G96 S150，表示切削速度为 150m/min。

(2) 取消恒线速度控制指令 G97。系统执行 G97 指令后，S 指定的数值表示主轴每分钟的转速。例如 G97 S1200，表示主轴转速为 1200r/min。FANUC Oi 系统开机后，一般默认为 G97 状态。

(3) 最高速度限制指令 G50。G50 除有坐标系设定功能外，还有主轴最高转速设定功能。例如 G50 S2000，表示把主轴最高转速设定为 2000r/min。用恒线速度控制进行切削加工时，为了防止出现事故，必须限定主轴转速。

2) 进给功能 F

F 功能是表示进给速度，它由地址码 F 和若干位数字组成。

(1) 每分钟进给指令 G98。数控系统在执行了 G98 指令后，便认定 F 所指的进给速度单位为 mm/min，如 F200 即进给速度是 200mm/min。

(2) 每转进给指令 G99。数控系统在执行了 G99 指令后，便认定 F 所指的进给速度单位为 mm/r，如 F0.2 即进给速度是 0.2mm/r。

注意事项：G98 与 G99 互相取代；FANUC Oi 数控车床开机后一般默认为 G99 状态。

3) 刀具选用

FANUCT Oi 系统采用 T 指令选刀，由地址码 T 和 4 位数字组成。前两位是刀具号，后两位是刀具补偿号。

例如，T0101 前面的 01 表示调用第一号刀具，后面的 01 表示使用 1 号刀具补偿，至于刀具补偿的具体数值，应通过操作面板到 1 号刀具补偿位去查找和修改。如果后面两位数是 00，例如 T0300，表示调用第 3 号刀具，并取消刀具补偿。

3. 快速定位、直线插补、圆弧插补

1) 快速定位指令 G00

G00 指令使刀具以点定位控制方式从刀具所在点快速运动到下一个目标位置。它只是快速定位，而无运动轨迹要求，且无切削加工过程。

指令格式：G00 X(U)　Z(W)；

其中：X、Z 为刀具所要到达点的绝对坐标值；

U、W 为刀具所要到达点距离现有位置的增量值（不运动的坐标可以不写）。

说明：

(1) G00 是模态指令，一般用于加工前的快速定位或加工后的快速退刀。

(2) 使用 G00 指令时，刀具的移动速度是由机床系统设定的。

(3) 根据机床不同，刀具的实际运动路线有时不是直线，而是折线。使用 G00 指令时要注意刀具是否和工件及夹具发生干涉，忽略这一点，就容易发生碰撞。

提示：应用 G00 指令时，对于不适合联动的场合，在进退刀时尽量采用单轴移动。

2) 直线插补指令 G01

G01 指令是直线运动命令，规定刀具在两坐标间以插补联动方式按指定的进给速度 F 做任意的直线运动。

指令格式：G01 X(U) Z(W) F；

其中：

(1) X、Z 或 U、W 含义与 G00 相同；

(2) F 为刀具的进给速度（进给量），应根据切削要求确定。

说明：

(1) G01 指令是模态指令。

(2) 在编写程序时，当第一次应用 G01 指令时，一定要规定一个 F 指令，在以后的程序段中，如果没有新的 F 指令，则进给速度保持不变，不必每个程序段中都指定 F。如果程序中第一次出现的 G01 指令中没有指定 F，则机床不运动。

3) 圆弧插补指令 G02、G03

圆弧插补指令使刀具在指定平面内按给定的进给速度 F 做圆弧运动，切削出圆弧轮廓。

(1) 指令格式：

顺时针圆弧插补：G02 X(U) Z(W) R F 或 G02 X(U) Z(W) I K F；

逆时针圆弧插补：G03 X(U) Z(W) R F 或 G03 X(U) Z(W) I K F；

其中：X、Z 为刀具所要到达点的绝对坐标值；U、W 为刀具所要到达点距离现有位置的增量值；R 为圆弧半径；F 为刀具的进给量，应根据切削要求确定；I、K 为圆弧的圆心相对圆弧起点在 X 轴、Z 轴方向的坐标增量（I 值为半径量），当方向与坐标轴的方向一致时为"＋"，反之为"－"。

注意：

① 当用半径方式指定圆心位置时，由于在同一半径 R 的情况下，从圆弧的起点到终点有两个圆弧的可能性，为区别两者，规定圆心角 $\alpha \leqslant 180°$ 时，用"＋R"表示；当 $\alpha > 180°$ 时，用"－R"表示。

② 用半径 R 方式指定圆心位置时，不能描述整圆。

(2) 圆弧方向的判断。圆弧插补的顺(G02)、逆(G03)可按图 1.3 所示的方向判断。

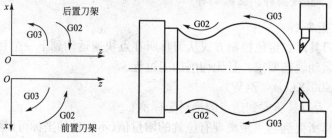

图 1.3　圆弧顺逆的判断

(3) 圆弧的车削方法。圆弧加工时，因受吃刀量的限制，一般情况下不可能一刀将圆弧车好，需分几刀加工。常用的加工方法有车锥法(斜线法)和车圆法(同心圆法)两种。

① 车锥法。车锥法就是加工时先将零件车成圆锥，最后再车成圆弧的方法，一般适用于圆心角小于 90°的圆弧。

② 车圆法。车圆法就是用不同半径的同心圆弧车削，逐渐加工成所需圆弧的方法。此方法数值计算简单，编程方便，但空行程时间较长，适用于圆心角大于 90°的圆弧粗车。

4) 刀尖圆弧半径补偿

(1) 刀尖圆弧半径补偿的目的。数控车床编程时，车刀的刀尖理论上是一个点，但通常情况下，为了提高刀具的寿命及降低零件表面的粗糙度，将车刀刀尖磨成圆弧状，刀尖圆弧半径一般取 0.2~1.6mm。切削时，实际起作用的是圆弧上的各点。在切削圆柱内、外表面及端面时，刀尖的圆弧不影响零件的尺寸和形状，但在切削圆弧面及圆锥面时，就会产生过切或少切等加工误差，若零件的精度要求不高或留有足够的精加工余量时，可以忽略此误差，否则应考虑刀尖圆弧半径对零件的影响。数控车床的刀具半径补偿功能就是通过刀尖圆弧半径补偿来消除刀尖圆弧半径对零件精度的影响。具有刀具半径补偿功能的数控车床，编程时不用计算刀尖半径的中心轨迹，只需按零件轮廓编程，并在加工前输入刀具半径数据，通过程序中的刀具半径补偿指令，数控装置可自动计算出刀具中心轨迹，并使刀具中心按此轨迹运动。也就是说，执行刀具半径补偿后，刀具中心将自动在偏离工件轮廓一个半径值的轨迹上运动，从而加工出所要求的工件轮廓。

(2) 刀尖圆弧半径补偿指令。

① 刀具半径左补偿指令 G41：沿刀具运动方向看，刀具在工件左侧时，称为刀具半径左补偿。

② 刀具半径右补偿指令 G42：沿刀具运动方向看，刀具在工件右侧时，称为刀具半径右补偿。

③ 取消刀具半径补偿指令 G40。

④ 指令格式。刀具半径左补偿：G41 G01 (G00) X(U)　Z(W)　F；

刀具半径右补偿：G42 G01 (G00) X(U)　Z(W)　F；

取消刀具半径补偿：G40 G01 (G00) X(U)　Z(W)。

⑤ 说明：a. G41、G42 和 G40 是模态指令。G41 和 G42 指令不能同时使用，即前面的程序段中如果有 G41，就不能接着使用 G42，必须先用 G40 取消 G41 刀具半径补偿后，才能使用 G42，否则补偿就不正常了。

b. 不能在圆弧指令段建立或取消刀具半径补偿，只能在 G00 或 G01 指令段建立或取消。

c. 刀具半径补偿的过程。刀具半径补偿的过程分为 3 步：刀补的建立，刀具中心从编程轨迹重合过渡到与编程轨迹偏离一个偏移量的过程；刀补的进行，执行 G41 或 G42 指令的程序段后，刀具中心始终与编程轨迹相距一个偏移量；刀补的取消，刀具离开工件，刀具中心轨迹过渡到与编程重合的过程。

(3) 刀尖方位的确定。刀具刀尖半径补偿功能执行时除了和刀具刀尖半径大小有关外，还和刀尖的方位有关。不同的刀具，刀尖圆弧的位置不同，刀具自动偏离零件轮廓的方向就不同，车刀方位有 9 个，分别用参数 0~9 表示。

5) 程序走向控制

(1) 程序的斜杠跳跃。在程序段的前面编"/"符号，该符号称为斜杠跳跃符号，该程序段称为可跳跃程序段。如下列程序段：

/N10 G00 X100.0;

这样的程序段可以由操作者对程序段和执行情况进行控制。当操作机床并使系统的"跳跃程序段"信号生效时，程序在执行中将跳过这段程序段；当"跳跃程序段"的信号无效时，该程序段照样执行，即与不加"/"符号的程序段相同。

（2）暂停指令 G04。G04 指令的作用是按指定的时间延迟执行下一个程序段。

指令格式：

G04 X 或 G04 U 或 G04 P；

其中：X 为指定暂停时间，s，允许小数点；U 为指定暂停时间，s，允许小数点；P 为指定暂停时间，ms，不允许小数点。

6）螺纹加工

（1）单行程螺纹切削指令 G32。用 G32 指令可加工固定导程的圆柱螺纹或圆锥螺纹，也可用于加工端面螺纹。但是刀具的切入、切削、切出、返回都靠编程来完成，所以加工程序较长，一般多用于小螺距螺纹的加工。

程序格式：

G32 X(U)　Z(W)　F;

其中：X、Z 为螺纹切削终点的绝对坐标（X 为直径值）；U、W 为螺纹切削终点相对切削起点的增量坐标（U 为直径值）；F 为螺纹的导程，mm。

注：单线螺纹中导程＝螺距。

多线螺纹中导程＝螺距×螺纹头数。

G32 加工直螺纹时，每一次加工分 4 步：进刀(AB)→切削(BC)→退刀(CD)→返回(DA)。

G32 加工切削斜角 α 在 45°以下的圆锥螺纹时，螺纹导程以 Z 方向指定，大于 45°时，螺纹导程以 X 方向指定。

（2）螺纹切削循环指令 G92。G92 是 FANUC Oi 系统中使用最多的螺纹加工指令。

提示：加工多头螺纹时的编程，应在加工完一个头后，用 G00 或 G01 指令将车刀轴向移动一个螺距，然后再按要求编写车削下一条螺纹的加工程序。

程序格式：

G92 X(U)　Z(W)　R　F;

其中：X、Z 为螺纹终点的绝对坐标；U、W 为螺纹终点相对于螺纹起点的坐标增量；F 为螺纹的导程（单线螺纹时为螺距）；R 为圆锥螺纹起点和终点的半径差，当圆锥螺纹起点坐标大于终点坐标时为正，反之为负。加工圆柱螺纹时，R 为零，省略。

（3）螺纹切削复合循环指令 G76。G76 指令用于多次自动循环切削螺纹，切深和进刀次数等设置后可自动完成螺纹的加工，经常用于不带退刀槽的圆柱螺纹和圆锥螺纹的加工。

指令格式：

G76 P(m)(r)(α)　Q(Δd_{min})　R(d);

G76 X(U)　Z(W)　R(i)　P(k)　Q(Δd)　F(f);

其中：m 为精车重复次数，从 1～99 次，该值为模态值；r 为螺纹尾部倒角量（斜向退刀），是螺纹导程(L)的 0.1～9.9 倍，以 0.1 为一挡逐步增加，设定时用 00～99 之间的两位整数来表示；α为刀尖角度，可以从80°、60°、55°、30°、29°和0°这6个角度中选择，用两位整数表示，常用60°、55°和30°这3角度；m、r和α用地址P同时指定，例如，m=2，r=1.2L，α=60°，表示为P021260；Δd_{min}为切削时的最小背吃刀量，μm，用半径编程；d为精车余量，用半径编程；X(U)、Z(W)为螺纹终点坐标；i为螺纹半径差，与G92中的R相同，i=0时，为直螺纹；k为螺纹高度，μm，用半径值指定；Δd为第一次车削深度，用半径值指定；f为螺距。

7) 固定循环指令

(1) 外径/内径切削循环指令G90。该指令主要用于圆柱面和圆锥面的循环切削。

指令格式：

圆柱切削循环：G90X(U)　Z(W)　F；

注意：G90指令中F的含义与G92指令中F的区别。

圆锥切削循环：G90X(U)　Z(W)　R　F；

注意：G90指令中R的含义与G92指令中的R含义相同。

其中：X、Z为切削终点的绝对坐标；U、W为切削终点相对于循环起点的坐标增量；R为圆锥面切削起点和切削终点的半径差，若起点坐标值大于终点坐标值(X轴方向)，R为正，反之为负；F为进给量，应根据切削要求确定。

(2) 端面切削循环指令G94。G94与G90指令的使用方法类似，可以互相代替。G90主要用于轴类零件的切削，G94主要用于大小径之差较大而轴向台阶长度较短的盘类工件端面的切削。G94的特点是选用刀具的端面切削刃作为主切削刃，以车端面的方式进行循环加工。G90与G94的区别在于：G90是在工件径向作分层粗加工，而G94是在工件轴向作分层粗加工。

指令格式：

平端面切削循环：G94 X(U)　Z(W)　F；

斜端面切削循环：G94 X(U)　Z(W)　R　F；

其中：X、Z、U、W、F、R的含义与G90相同。

8) 复合循环指令

使用复合循环指令时，只需在程序中编写最终走刀轨迹及每次的背吃刀量等加工参数，机床即自动重复切削，完成从粗加工到精加工的全部过程。

(1) 外圆粗车复合循环指令G71。G71指令用于切除棒料毛坯的大部分加工余量。

指令格式：

G71　U(Δd)　R(e)；

G71　P(ns)　Q(nf)　U(Δu)　W(Δw)　F　S　T；

其中：Δd为每次切削深度(半径量)，无正负号；e为径向退刀量(半径量)；ns为精加工路线的第一个程序段的顺序号；nf为精加工路线的最后一个程序段的顺序号；Δu为X方向上的精加工余量(直径值)，加工内径轮廓时为负值；Δw为Z方向上的精加工余量。

(2) 精加工复合循环指令G70。使用G71、G72或G73指令完成粗加工后，用G70指令实现精车循环，精车时的加工量是粗车循环时留下的精车余量，加工轨迹是工件的轮廓线。

指令格式：

G70　P(ns)　Q(nf)；

其中：ns为精加工路线的第一个程序段的顺序号；nf为精加工路线的最后一个程序段的顺序号。

(3) 端面粗车复合循环指令 G72。G72 适用于对大小径之差较大而长度较短的盘类工件端面复杂形状粗车。

指令格式：

G72　W(Δd)　R(e);

注意：只有此处与 G71 稍有不同，表示 Z 向每次的切削深度，走刀方向为端面方向，其余各参数的含义与 G71 完全相同。

G72　P(ns)　Q(nf)　U(Δu)　W(Δw)　F　S　T。

(4) 固定形状粗车循环指令 G73。G73 指令主要用于加工毛坯形状与零件轮廓形状接近的铸造成型、锻造成型或已粗车成型的工件。如果是外圆毛坯直接加工，会走很多空刀，降低了加工效率。

指令格式：

G73　U(Δi)　W(Δk)　R(d);

G73　P(ns)　Q(nf)　U(Δu)　W(Δw)　F　S　T;

其中：Δi 为 X 方向上的总退刀量（半径值）；Δk 为 Z 方向的总退刀量；d 为循环次数。其余各参数的含义与 G71 相同，为固定形状粗车循环 G73 的路径。

注意：

① G70 指令与 G71、G72、G73 配合使用时，不一定紧跟在粗加工程序之后立即进行。通常可以更换刀具，另用一把精加工的刀具来执行 G70 的程序段，但中间不能用 M02 或 M30 指令来结束程序。

② 在使用 G71、G72、G73 进行粗加工循环时，只有在 G71、G72、G73 程序段中的 F、S、T 功能才有效，而包含在 N(ns)~N(nf)程序段中的 F、S、T 功能无效。使用精加工循环指令 G70 时，在 G71、G72、G73 程序段中的 F、S、T 指令都无效，只有在 N(ns)~N(nf)程序段中的 F、S、T 功能才有效。

9) 子程序

某些被加工的零件中，常常会出现几何形状完全相同的加工轨迹，在程序编制中，将有固定顺序和重复模式的程序段作为子程序存放到存储器中，由主程序调用，可以简化程序。

(1) 子程序的格式。子程序的程序格式与主程序基本相同，第一行为程序名，最后一行用 M99 结束。M99 表示子程序结束并返回到主程序或上一级子程序。

(2) 子程序的调用。子程序可以在自动方式下调用，其程序段格式为：

M98 P△△△××××;

其中：△△△为子程序重复调用次数，取值范围为 1~999，若调用一次子程序，可省略；××××为被调用的子程序名，当调用次数大于 1 时，子程序名前面的 0 不可以省略。

例如：M98P50020 表示调用程序名为 0020 的子程序 5 次；M98P20 表示调用程序名为 0020 的子程序 1 次。

1.1.3　华中数控车床基本操作

1. 知识准备

(1) 数控车床的基本组成和工作原理。

(2) 数控车床的坐标系。

2. 实训仪器与设备

华中世纪星 HNC-21T 数控车床若干台。

3. 任务目的

(1) 掌握数控系统 CRT 显示器操作方法和 MDI 键盘的操作方法。
(2) 熟悉数控车床操作面板上各按键与旋钮功能。
(3) 掌握数控车床基本操作。

4. 任务实现

操作步骤1：面板操作
1) 操作面板结构(图 1.4)

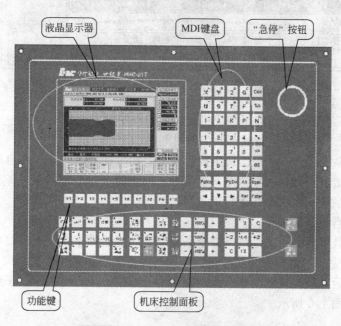

图 1.4 HNC-21T 的面板结构

2) 软件操作界面

HNC-21T 的软件操作界面如图 1.5 所示，其界面由如下几个部分组成。
(1) 图形显示窗口：可以根据需要用功能键 F9 设置窗口的显示内容。
(2) 菜单命令条：通过菜单命令条中的功能键 F1～F10 来完成系统功能的操作。
(3) 运行程序索引：自动加工中的程序名和当前程序段行号。
(4) 选定坐标系下的坐标值。坐标系可在机床坐标系、工件坐标系、相对坐标系之间切换；显示值可在指令位置、实际位置、剩余进给、跟踪误差、负载电流、补偿值之间切换(负载电流只对Ⅱ型伺服有效)。
(5) 工件坐标零点：工件坐标系零点在机床坐标系下的坐标。
(6) 倍率修调。主轴修调：当前主轴修调倍率；进给修调：当前进给修调倍率；快速修调：当前快进修调倍率。
(7) 辅助机能：自动加工中的 M、S、T 代码。

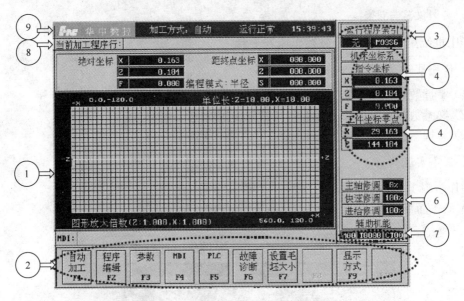

图 1.5 HNC-21T 的软件操作界面

(8) 当前加工程序行：当前正在或将要加工的程序段。

(9) 当前加工方式系统运行状态及当前时间。

工作方式：系统工作方式根据机床控制面板上相应按键的状态可在自动运行、单段运行、手动运行、增量运行、回零急停、复位等之间切换。

运行状态：系统工作状态在运行正常和出错间切换。

系统时钟：当前系统时间。

操作界面中最重要的一块是菜单命令条。系统功能的操作主要通过菜单命令条中的功能键F1～F10来完成。由于每个功能包括不同的操作，菜单采用层次结构，即在主菜单下选择一个菜单项后，数控装置会显示该功能下的子菜单，用户可根据该子菜单的内容选择所需的操作，如图1.6所示。

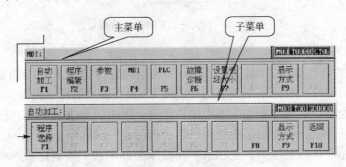

图 1.6 菜单层次

当要返回主菜单时，按子菜单中的F10键即可。

HNC-21T 的菜单结构如图1.7所示。

操作步骤2：上电、关机、急停操作

主要介绍机床数控装置的上电、关机、急停、复位、回参考点、超程解除等操作。

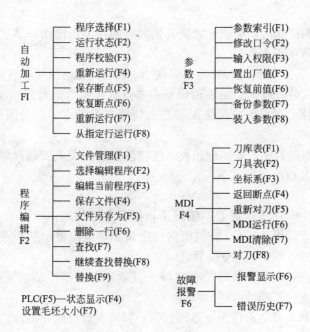

图 1.7 HNC-21T 的菜单结构

1) 上电
(1) 检查机床状态是否正常。
(2) 检查电源电压是否符合要求、接线是否正确。
(3) 按下急停按钮。
(4) 机床上电。
(5) 数控上电。
(6) 检查风扇电机运转是否正常。
(7) 检查面板上的指示灯是否正常。
接通数控装置电源后,HNC-21T 自动运行系统软件工作方式为急停。

2) 复位
系统上电进入软件操作界面时,系统的工作方式为急停,为控制系统运行,需左旋并拔起操作台右上角的急停按钮,使系统复位并接通伺服电源,系统默认进入回参考点方式,软件操作界面的工作方式变为回零。

3) 返回机床参考点
控制机床运动的前提是建立机床坐标系,为此,系统接通电源、复位后首先应进行机床各轴回参考点,操作方法如下。
(1) 如果系统显示的当前工作方式不是回零方式,按一下控制面板上的回零按键,确保系统处于回零方式。
(2) 根据 X 轴机床参数回参考点方向,按一下＋X(回参考点方向为＋)或－X(回参考点方向为－)按键,X 轴回到参考点后,＋X 或－X 按键内的指示灯亮。
(3) 用同样的方法使用＋Z、－Z 按键,使 Z 轴回参考点。
所有轴回参考点后,即建立了机床坐标系。

注意：

（1）在每次电源接通后，必须先完成各轴的返回参考点操作，然后再进入其他运行方式，以确保各轴坐标的正确性。

（2）同时按下 X、Z 轴向选择按键，可使 X、Z 轴同时返回参考点；

（3）在回参考点前，应确保回零轴位于参考点的回参考点方向相反侧（如 X 轴的回参考点方向为负，则回参考点前应保证 X 轴当前位置在参考点的正向侧），否则应手动移动该轴直到满足此条件。

（4）在回参考点过程中，若出现超程，应按住控制面板上的超程解除按键，向相反方向手动移动该轴使其退出超程状态。

4）急停

机床运行过程中，在危险或紧急情况下，按下急停按钮，CNC 即进入急停状态，伺服进给及主轴运转立即停止工作（控制柜内的进给驱动电源被切断）。松开急停按钮（左旋此按钮，自动跳起），CNC 进入复位状态。

解除紧急停止前，先确认故障是否排除，且紧急停止解除后应重新执行回参考点操作，以确保坐标位置的正确性。

注意：在上电和关机之前应按下急停按钮，以减少设备电冲击。

5）超程解除

在伺服轴行程的两端各有一个极限开关，作用是防止伺服机构碰撞而损坏。每当伺服机构碰到行程极限开关时，就会出现超程。当某轴出现超程（超程解除按键内指示灯亮）时，系统视其状况为紧急停止，要退出超程状态，必须进行下列操作。

（1）松开急停按钮，置工作方式为手动或手摇方式。

（2）一直按着超程解除按键（控制器会暂时忽略超程的紧急情况）。

（3）在手动（手摇）方式下，使该轴向相反方向退出超程状态。

（4）松开超程解除按键。

若显示屏上运行状态栏"运行正常"取代了"出错"，表示恢复正常，可以继续操作。

注意：在操作机床退出超程状态时，务必注意移动方向及移动速率，以免发生撞机。

6）关机

（1）按下控制面板上的急停按钮，断开伺服电源。

（2）断开数控电源。

（3）断开机床电源。

操作步骤 3：机床手动操作

机床的手动操作主要包括手动移动机床坐标轴（点动、增量、手摇）、手动控制主轴（启停、点动）、机床锁住、刀位转换、卡盘松紧、冷却液启停、手动数据输入（MDI）运行等。

机床手动操作主要由手持单元和机床控制面板共同完成。机床控制面板如图 1.8 所示。

1）坐标轴移动

手动移动机床坐标轴的操作由手持单元和机床控制面板上的方式选择、轴手动、增量倍率、进给修调、快速修调等按键共同完成。

（1）点动进给。按一下手动按键（指示灯亮），系统处于点动运行方式，可点动移动机床坐标轴（下面以点动移动 X 轴为例说明）。

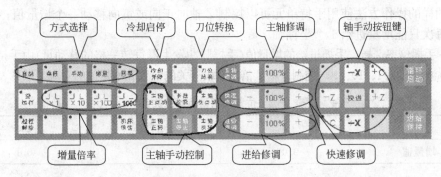

图 1.8 机床控制面板

① 按压+X 或-X 按键(指示灯亮),X 轴将产生正向或负向连续移动。

② 松开+X 或-X 按键(指示灯灭),X 轴即减速停止。

用同样的方法使用+Z、-Z 按键可使 Z 轴产生正向或负向连续移动;在点动运行方式下同时按压 X、Z 方向的轴手动按键能同时手动连续移动 X、Z 坐标轴。

(2) 点动快速移动。在点动进给时若同时按压快进按键则产生相应轴的正向或负向快速运动。

(3) 点动进给速度选择。在点动进给时,进给速率为系统参数最高快移速度的 1/3 乘以进给修调选择的进给倍率。点动快速移动的速率为系统参数最高快移速度乘以快速修调选择的快移倍率。

按压进给修调或快速修调右侧的 100%按键(指示灯亮),进给或快速修调倍率被置为100%,按一下"+"按键修调倍率递增 5%,按一下"-"按键修调倍率递减 5%。

(4) 增量进给。当手持单元的坐标轴选择波段开关置于 OFF 挡时,按一下控制面板上的增量按键,指示灯亮,系统处于增量进给方式,可增量移动机床坐标轴(下面以增量进给 X 轴为例说明)。

① 按一下+X 或-X 按键(指示灯亮),X 轴将向正向或负向移动一个增量值。

② 再按一下+X 或-X 按键,X 轴将向正向或负向继续移动一个增量值。

用同样的方法使用+Z、-Z 按键可使 Z 轴向正向或负向移动一个增量值。同时按一下 X、Z 方向的轴手动按键,能同时增量进给 X、Z 坐标轴。

(5) 增量值选择。增量进给的增量值由 4 个增量倍率按键控制。增量倍率按键和增量值的对应关系见表 1-1。

表 1-1 增量倍率按键和增量值对应关系

增量值/mm	0.001	0.01	0.1	1
增量倍率按键	1	10	100	1000

(6) 手摇进给。当手持单元的坐标轴选择波段开关置于 X、Y、Z、4THR 挡(对车床而言只有 X、Z 有效)。按一下控制面板上的增量按键,指示灯亮,系统处于手摇进给方式。可手摇进给机床坐标轴(下面以手摇进给 X 轴为例说明)。

① 手持单元的坐标轴选择波段开关置于 X 挡。

② 顺时针/逆时针旋转手摇脉冲发生器一格可控制 X 轴向正向或负向移动一个增量值。

用同样的操作方法使用手持单元可以控制 Z 轴向正向或负向移动一个增量值；手摇进给方式每次只能增量进给 1 个坐标轴。

(7) 手摇倍率选择。手摇进给的增量值(手摇脉冲发生器每转一格的移动量)由手持单元的增量倍率波段开关 1、10、100 控制。增量倍率波段开关的位置和增量值的对应关系见表 1-2。

表 1-2　位置和增量值对应关系

位置	1	10	100
增量值	0.001	0.01	0.1

2) 主轴控制

主轴手动控制由机床控制面板上的主轴手动控制按键完成。

(1) 主轴正转：在手动方式下，按一下主轴正转按键，指示灯亮。主电机以机床参数设定的转速正转直到按压"主轴停止"或"主轴反转"按键。

(2) 主轴反转：在手动方式下，按一下主轴反转按键，指示灯亮。主电机以机床参数设定的转速反转直到按压"主轴停止"或"主轴正转"按键。

(3) 主轴停止：在手动方式下，按一下"主轴停止"按键，指示灯亮，主电机停止运转。

(4) 主轴点动：在手动方式下，可用"主轴正点动"或"主轴负点动"按键点动转动主轴。"松开主轴正点动"或"主轴负点动"按键，指示灯灭，主轴即减速停止。

(5) 主轴速度修调：主轴正转及反转的速度可通过主轴修调调节。

按压主轴修调右侧的 100% 按键，指示灯亮。主轴修调倍率被置为 100%，按一下"+"按键，主轴修调倍率递增 5%，按一下"-"按键，主轴修调倍率递减 5%。机械齿轮换挡时，主轴速度不能修调。

注意："主轴正转"、"主轴反转"、"主轴停止"这几个按键互锁，即按一下其中一个(指示灯亮)，其余两个会失效(指示灯灭)。

3) 机床锁住

机床锁住禁止机床所有运动。在手动运行方式下，按一下"机床锁住"按键(指示灯亮)，再进行手动操作，系统继续执行，显示屏上的坐标轴位置信息变化，但不输出伺服轴的移动指令，所以机床停止不动。

4) 其他手动操作

(1) 刀位转换：在手动方式下，按一下"刀位转换"按键，转塔刀架转动一个刀位。

(2) 冷却启动与停止：在手动方式下，按一下"冷却开停"按键，冷却液开，默认值为冷却液关。再按一下又为冷却液关，如此循环。

(3) 卡盘松紧：在手动方式下，按一下"卡盘松紧"按键，松开工件，默认值为夹紧，可以进行更换工件操作。再按一下又为夹紧工件，可以进行加工工件操作，如此循环。

5) 手动数据输入(MDI)运行(F4、F6)

在如图 1.8 所示的主操作界面中按 F4 键进入 MDI 功能子菜单。命令行与菜单条如图 1.9 所示。

图 1.9　MDI 功能子菜单

在 MDI 功能子菜单下按 F6 键，进入 MDI 运行方式，命令行的底色变成了白色，并且有光标在闪烁，如图 1.10 所示，这时可以从 NC 键盘输入并执行一个 G 代码指令段，即"MDI 运行"。

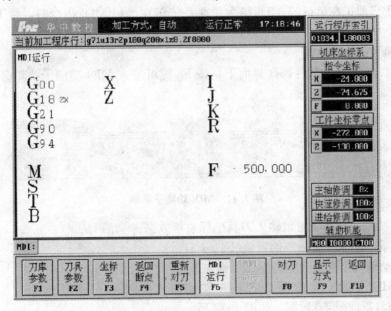

图 1.10　MDI 运行

注意：自动运行过程中，不能进入 MDI 运行方式，可在进给保持后进入。

（1）输入 MDI 指令段。MDI 输入的最小单位是一个有效指令字。因此，输入一个 MDI 运行指令段可以有下述两种方法。

① 一次输入，即一次输入多个指令字的信息。

② 多次输入，即每次输入一个指令字信息。

例如要输入"G00 X100 Z1000"MDI 运行指令段，可以进行如下操作。

① 直接输入"G00 X100 Z1000"并按 Enter 键，图 1.10 显示窗口内的关键字 G、X、Z 的值将分别变为 00、100、1000。

② 先输入"G00"并按 Enter 键，图 1.10 显示窗口内将显示大字符"G00"，再输入"X100"并按 Enter 键，然后输入"Z1000"并按 Enter 键，显示窗口内将依次显示大字符"X100"、"Z1000"。

在输入命令时，可以在命令行看见输入的内容，在按 Enter 键之前，发现输入错误，可用 BS、▶、◀ 键进行编辑；按 Enter 键后，系统发现输入错误，会提示相应的错误信息。

（2）运行 MDI 指令段。在输入完一个 MDI 指令段后，按一下操作面板上的"循环启动"键，系统即开始运行所输入的 MDI 指令。

如果输入的 MDI 指令信息不完整或存在语法错误，系统会提示相应的错误信息，此时不能运行 MDI 指令。

（3）修改某一字段的值。在如运行 MDI 指令段之前如果要修改输入的某一指令字，可直接在命令行上输入相应的指令字符及数值。

例如在输入"X100"并按 Enter 键后,希望 X 值变为 109,可在命令行上输入"X109"并按 Enter 键。数据其他指令字依然有效,显示窗口内 X、Z、I、K、R 等字符后面的数据全部消失,此时可重新输入新的数据。

(4)停止当前正在运行的 MDI 指令。在系统正在运行 MDI 指令时,按 F7 键可停止 MDI 运行。

操作步骤 4:数据设置

在如图 1.11 所示的软件操作界面下,按 F6 键可进入 MDI 功能子菜单命令行与菜单条的显示。

图 1.11 MDI 功能子菜单

在 MDI 功能子菜单下可以输入刀具坐标系等数据。

1)坐标系手动输入坐标系偏置值(F4、F3)

MDI 手动输入坐标系数据的操作步骤如下。

(1)在 MDI 功能子菜单(图 1.9)下按 F3 键进入坐标系,手动数据输入方式图形显示窗口首先显示 G54 坐标系数据,如图 1.12 所示。

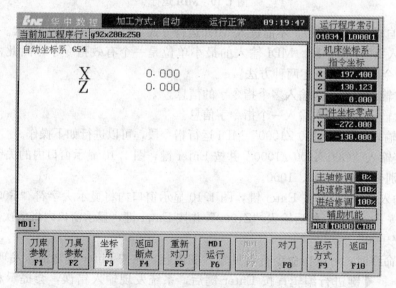

图 1.12 MDI 方式下的坐标系设置

(2)按 PgUp 或 PgDn 键选择要输入的数据类型 G54、G55、G56、G57、G58、G59 坐标系、当前工件坐标系等的偏置值(坐标系零点相对于机床零点的值)或当前相对值零点。

(3)在命令行输入所需数据,在如图 1.12 所示情况下输入 X0、Z0 并按 Enter 键,将设置 G54 坐标系的 X 及 Z 偏置分别为 0、0。

(4)若输入正确,图形显示窗口相应位置将显示修改过的值,否则原值不变。

注：编辑过程中，在按 Enter 键之前按 Esc 键可退出编辑，此时输入的数据将丢失，系统将保持原值不变。

2) 自动设置坐标系偏置值(F4、F8)

(1) 在 MDI 功能子菜单(图 1.9)下按 F8 键进入坐标系自动数据设置方式，如图 1.13 所示。

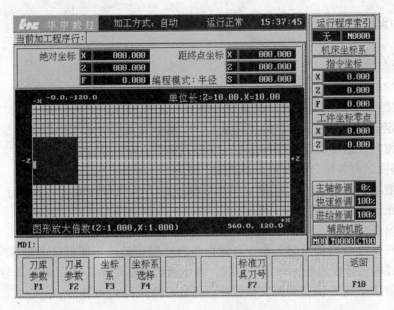

图 1.13 自动数据设置

(2) 按 F4 键弹出如图 1.14 所示的对话框，用▲、▼键移动蓝色亮条选择要设置的坐标系。

(3) 选择一把已设置好刀具参数的刀具试切工件外径，然后沿着 Z 轴方向退刀。

(4) 按 F5 键弹出如图 1.15 所示的对话框，用▲、▼键移动蓝色亮条选择 X 轴对刀。

(5) 按 Enter 键弹出如图 1.16 所示的输入框。

图 1.14 选择要　　　　图 1.15 选择　　　　图 1.16 工件直径
　设置的坐标系　　　　　对刀轴　　　　　　　输入对话框

(6) 输入试切后工件的直径值(直径编程)或半径值(半径编程)，系统将自动设置所选坐标系下的 X 轴零点偏置值。

(7) 选择一把已设置好刀具参数的刀具试切工件端面，然后沿着 X 轴方向退刀。

(8) 按 F5 键弹出对话框"选择 Z 轴对刀"选项。

(9) 按 Enter 键，弹出"请输入 Z 轴的距离"输入框。

（10）输入试切端面到所选坐标系的 Z 轴零点的距离，系统将自动设置所选坐标系下的 Z 轴零点偏置值。

注意：

（1）自动设置坐标系零点偏置前，机床必须先回机械零点。

（2）Z 轴距离有正负之分。

1.1.4　华中世纪星 HNC-21T 数控车床基本编程指令

1. 快速定位 G00

格式：G00 X(U)＿　　　　　Z(W)＿

说明：X、Z 为绝对编程时，快速定位终点在工件坐标系中的坐标；U、W 为增量编程时，快速定位终点相对于起点的位移量。G00 指令刀具相对于工件以各轴预先设定的速度，从当前位置快速移动到程序段指令的定位目标点。G00 指令中的快移速度由机床参数"快移进给速度"对各轴分别设定，不能用 F 规定。

G00 一般用于加工前快速定位或加工后快速退刀。快移速度可由面板上的"快速修调"按钮修正。

G00 为模态功能，可由 G01、G02、G03 或 G32 功能注销。

注意：在执行 G00 指令时，由于各轴以各自速度移动，不能保证各轴同时到达终点，因而联动直线轴的合成轨迹不一定是直线。操作者必须格外小心，以免刀具与工件发生碰撞。常见的做法是将 X 轴移动到安全位置，再放心地执行 G00 指令。

2. 线性进给 G01

格式：G01 X(U)＿　　　　　Z(W)＿ F＿；

说明：X、Z 为绝对编程时，终点在工件坐标系中的坐标；U、W 为增量编程时，终点相对于起点的位移量；F＿为合成进给速度。G01 指令刀具以联动的方式，按 F 规定的合成进给速度，从当前位置按线性路线（联动直线轴的合成轨迹为直线）移动到程序段指令的终点。G01 是模态代码，可由 G00、G02、G03 或 G32 功能注销。

倒直角

格式：G01 X(U)＿ Z(W)＿ C＿；

说明：直线倒角 G01，指令刀具从 A 点到 B 点，然后到 C 点。X、Z 为绝对编程时，未倒角前两相邻轨迹程序段的交点 G 的坐标值；U、W 为增量编程时，G 点相对于起始直线轨迹的始点 A 点的移动距离；C 是相邻两直线的交点 G 相对于倒角始点 B 的距离。

倒圆角

格式：G01 X(U)＿ Z(W)＿ R＿；

3. 圆弧进给 G02/G03

格式：G02 X(U)＿ Z(W)＿ I＿ K＿ F

说明：G02/G03 指令刀具按顺时针/逆时针进行圆弧加工。圆弧插补 G02/G03 的判断是在加工平面内，根据其插补时的旋转方向为顺时针/逆时针来区分的。加工平面为观察者迎着 Y 轴的指向所面对的平面。

G02：顺时针圆弧插补；G03：逆时针圆弧插补；X、Z 为绝对编程时，圆弧终点在工件坐标系中的坐标；U、W 为增量编程时，圆弧终点相对于圆弧起点的位移量；I、K 圆心相对于圆弧起点的增加量等于圆心的坐标减去圆弧起点的坐标，在绝对、增量编程时都是以增量方式指定，在直径、半径编程时 I 都是半径值 R(圆弧半径)；F 为被编程的两个轴的合成进给速度。

4. 螺纹切削 G32

格式：G32 X(U)__ Z(W)__ R__ E__ P__ F__；

说明：

X、Z 为绝对编程时，有效螺纹终点在工件坐标系中的坐标；U、W 为增量编程时，有效螺纹终点相对于螺纹切削起点的位移量；F 为螺纹导程，即主轴每转一圈，刀具相对于工件的进给值；R、E 为螺纹切削的退尾量，R 表示 Z 向退尾量；E 为 X 向退尾量，R、E 在绝对或增量编程时都以增量方式指定，其为正表示沿 Z、X 正向回退，为负表示沿 Z、X 负向回退。使用 R、E 可免去退刀槽。R、E 可以省略，表示不用回退功能；根据螺纹标准 R 一般取 0.75～1.75 倍的螺距，E 取螺纹的牙型高。

P 为主轴基准脉冲处距离螺纹切削起始点的主轴转角。使用 G32 指令能加工圆柱螺纹、锥螺纹和端面螺纹。

(1) 从螺纹粗加工到精加工，主轴的转速必须保持为一常数。

(2) 在没有停止主轴的情况下，停止螺纹的切削将非常危险，因此螺纹切削时进给保持功能无效，如果按下进给保持按键，刀具在加工完螺纹后将停止运动。

(3) 在螺纹加工中不使用恒定线速度控制功能。

(4) 在螺纹加工轨迹中应设置足够的升速进刀段 δ 和降速退刀段 δ′，以消除伺服滞后造成的螺距误差；简单循环有三类，分别是 G80：内(外)径切削循环；G81：端面切削循环；G82：螺纹切削循环。

5. 圆柱面内(外)径切削循环 G80

格式：G80 X__ Z__ F__；

说明：X、Z 在绝对值编程时，为切削终点 C 在工件坐标系下的坐标；增量值编程时，为切削终点 C 相对于循环起点 A 的有向距离，图形中用 U、W 表示，其符号由轨迹 1 和 2 的方向确定。该指令执行 A→B→C→D→A 的轨迹动作。

6. 圆锥面内(外)径切削循环

格式：G80 X__ Z__ I__ F__；

说明：

X、Z 在绝对值编程时，为切削终点 C 在工件坐标系下的坐标；增量值编程时，为切削终点 C 相对于循环起点 A 的有向距离，可用 U、W 表示；

I 为切削起点 B 与切削终点 C 的半径差，其符号为差的符号(无论是绝对值编程还是增量值编程)。

7. 端平面切削循环 G81

格式：G81 X__ Z__ F；

圆锥端面切削循环

格式：G81 X＿ Z＿ K＿ F＿；

8. 螺纹切削循环 G82

直螺纹切削循环

格式：G82 X(U)＿ Z(W)＿ R＿ E＿ C＿ P＿ F＿；

说明：X、Z 为绝对值编程时，为螺纹终点 C 在工件坐标系下的坐标；增量值编程时，为螺纹终点 C 相对于循环起点 A 的有向距离，用 U、W 表示。R、E 为螺纹切削的退尾量，R、E 均为向量，R 为 Z 向回退量；E 为 X 向回退量，R、E 可以省略，表示不用回退功能；

C 为螺纹头数，为 0 或 1 时切削单头螺纹；

P 在单头螺纹切削时，为主轴基准脉冲处距离切削起始点的主轴转角（默认值为 0）；多头螺纹切削时，为相邻螺纹头的切削起始点之间对应的主轴转角；

F 为螺纹导程。

注意：螺纹切削循环同 G32 螺纹切削一样，在进给保持状态下，该循环在完成全部动作之后才停止运动。

格式：G82 X＿ Z＿ I＿ R＿ E＿ C＿ P＿ F＿；

说明：

X、Z 在绝对值编程时，为螺纹终点 C 在工件坐标系下的坐标；增量值编程时，为螺纹终点 C 相对于循环起点 A 的有向距离，用 U、W 表示；

I 为螺纹起点 B 与螺纹终点 C 的半径差，其符号为差的符号（无论是绝对值编程还是增量值编程）；

R、E 为螺纹切削的退尾量，R、E 均为向量，R 为 Z 向回退量；E 为 X 向回退量，R、E 可以省略，表示不用回退功能；

C 为螺纹头数，为 0 或 1 时切削单头螺纹；

P 在单头螺纹切削时，为主轴基准脉冲处距离切削起始点的主轴转角（默认值为 0）；多头螺纹切削时，为相邻螺纹头的切削起始点之间对应的主轴转角；

F 为螺纹导程。

9. 复合循环

有四类复合循环，分别是 G71：内(外)径粗车复合循环；G72：端面粗车复合循环；G73：封闭轮廓复合循环；G76：螺纹切削复合循环。

运用这组复合循环指令，只需指定精加工路线和粗加工的吃刀量，系统会自动计算粗加工路线和走刀次数。

1) 内(外)径粗车复合循环 G71

无凹槽加工时

格式：G71 U(Δd) R(r) P(ns) Q(nf) X(Δx) Z(Δz) F(f) S(s) T(t)；

Δd：切削深度(每次切削量)，指定时不加符号，方向由矢量 AA' 决定；

r：每次退刀量；

ns：精加工路径第一程序段的顺序号；

nf：精加工路径最后程序段的顺序号；

Δx：X 方向精加工余量；

Δz：Z 方向精加工余量；

f、s、t：粗加工时 G71 中编程的 F、S、T 有效，而精加工处于 ns 到 nf 程序段之间的 F、S、T 有效。

G71 切削循环下，切削进给方向平行于 Z 轴，X(U)和 Z(W)的符号是："＋"表示沿轴正方向移动，"－"表示沿轴负方向移动。

有凹槽加工时

格式：

G71　U(Δd)　R(r)　P(ns)　Q(nf)　X(Δx)　Z(Δz)　F(f)　S(s)　T(t);

Δd：切削深度（每次切削量），指定时不加符号，方向由矢量 AA′决定；

r：每次退刀量；

ns：精加工路径第一程序段的顺序号；

nf：精加工路径最后程序段的顺序号；

f、s、t：粗加工时 G71 中编程的 F、S、T 有效，而精加工时处于 ns 到 nf 程序段之间的 F、S、T 有效。

注意：

(1) G71 指令必须带有 P、Q 地址 ns、nf，且与精加工路径起、止顺序号对应，否则不能进行该循环加工。

(2) ns 的程序段必须为 G00/G01 指令，即从 A 到 A′的动作必须是直线或点定位运动。

(3) 在顺序号为 ns 到顺序号为 nf 的程序段中，不应包含子程序。

2) 端面粗车复合循环 G72

格式：G72　W(Δd)　R(r)　P(ns)　Q(nf)　X(Δx)　Z(Δz)　F(f)　S(s)　T(t);

说明：该循环与 G71 的区别仅在于切削方向平行于 X 轴。

Δd：切削深度（每次切削量），指定时不加符号，方向由矢量 AA′决定；

r：每次退刀量；

ns：精加工路径第一程序段的顺序号；

nf：精加工路径最后程序段的顺序号；

Δx：X 方向精加工余量；

Δz：Z 方向精加工余量；

f、s、t：粗加工时 G71 中编程的 F、S、T 有效，而精加工时处于 ns 到 nf 程序段之间的 F、S、T 有效。

注意：

(1) G72 指令必须带有 P、Q 地址，否则不能进行该循环加工。

(2) 在 ns 的程序段中应包含 G00/G01 指令，进行由 A 到 A′的动作，且该程序段中不应编有 X 向移动指令。

(3) 在顺序号为 ns 到顺序号为 nf 的程序段中，可以有 G02/G03 指令，但不应包含子程序。

3) 螺纹切削复合循环 G76

格式：G76　C(c)　R(r)　E(e)　A(a)　X(x)　Z(z)　I(i)　K(k)　U(d)　V(Δdmin)　Q(Δd)　P(p)　F(L);

说明：

c：精整次数(1~99)，为模态值；

r：螺纹 Z 向退尾长度(00~99)，为模态值；

e：螺纹 X 向退尾长度(00~99)，为模态值；

a：刀尖角度(二位数字)，为模态值；在 80°、60°、55°、30°、29°和 0° 6 个角度中选一个；

x, z：绝对值编程时，为有效螺纹终点 C 的坐标；增量值编程时，为有效螺纹终点 C 相对于循环起点 A 的有向距离；(用 G91 指令定义为增量编程，使用后用 G90 定义为绝对编程)

i：螺纹两端的半径差；如 i=0，为直螺纹(圆柱螺纹)切削方式；

k：螺纹高度；该值由 x 轴方向上的半径值指定；

Δdmin：最小切削深度(半径值)；当第 n 次切削深度(Δdn)小于 Δdmin 时，则切削深度设定为 Δdmin；

d：精加工余量(半径值)；

Δd：第一次切削深度(半径值)；

p：主轴基准脉冲处距离切削起始点的主轴转角；

L：螺纹导程(同 G32)。

注意：

按 G76 段中的 X(x)和 Z(z)指令实现循环加工，增量编程时，要注意 u 和 w 的正负号(由刀具轨迹 AC 和 CD 段的方向决定)。G76 循环进行单边切削，减小了刀尖的受力。第一次切削时切削深度为 Δd，第 n 次的切削总深度为 Δdn，每次循环的背吃刀量为 Δd(nΔnΔ1)。

复合循环指令注意事项：

G71、G72、G73 复合循环中地址 P 指定的程序段，应有准备机能 01 组的 G00 或 G01 指令，否则产生报警。在 MDI 方式下，不能运行 G71、G72、G73 指令，可运行 G76 指令。在复合循环 G71、G72、G73 中由 P、Q 指定顺序号的程序段之间，不应包含 M98 子程序调用及 M99 子程序返回指令。刀具补偿功能包括刀具的偏置和磨损补偿，刀尖半径补偿。

1.1.5 SIEMENS 802D 系统数控车床基本操作

1. 知识准备

(1) 数控车床的基本组成和工作原理。

(2) 数控车床的坐标系。

2. 实训仪器与设备

配置 SIEMENS 802D 数控系统的数控车床若干台。

3. 任务目的

(1) 掌握数控系统 CRT 显示器操作方法和 MDI 键盘的操作方法。

(2) 熟悉数控车床操作面板上各按键与旋钮的功能。

(3) 掌握数控车床基本操作。

4. 任务实现

操作步骤1：数控系统面板操作(图1.17)

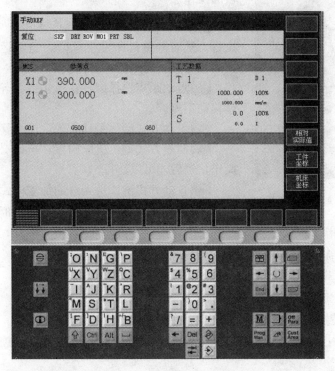

图 1.17　数控系统操作面板

显示器：用于显示机床的各种参数和状态，状态显示主要是指显示工件在工件坐标系中的坐标以及工件坐标系在机床坐标系中的坐标。

报警应答键：机床出现问题时此键红灯亮，报警。

通道转换键。

信息键。

上挡键：对键上的两种功能进行转换。用了上挡键，当按下字符键时，该键上行的字符(除了光标键)就被输出。

删除键：自左向右删除字符。

删除键(退格键)：自右向左删除字符。

取消键。

回车/输入键：接受一个编辑值，打开、关闭一个文件目录，打开文件。

加工操作区域键：按此键，进入机床操作区域。

程序操作区域键。

参数操作区域键：按此键，进入参数操作区域。

程序管理操作区域键：按此键，进入程序管理操作区域。

报警/系统操作区域键。

图 1.18 数控车床操作面板

选择转换键：一般用于单选、多选框。

操作步骤 2：数控车床操作面板（图 1.18）按键和按钮的操作

急停按钮：机床出现紧急情况时，机床立刻停止执行，从而避免机床发生危险，重新运行机床时，要首先回参考点，否则机床易出现紊乱。

点动距离选择键：在单步或手轮方式下，用于选择移动距离。

手动方式键：手动方式，连续移动。

回零方式键：机床回零，机床必须首先执行回零操作，然后才可以运行。

自动方式键：进入自动加工模式。

单段执行键：当此按钮被按下时，运行程序时每次执行一条数控指令。

手动数据输入键：单程序段执行模式。

主轴正转控制键：按下此按钮，主轴开始正转。

主轴停止控制键：按下此按钮，主轴停止转动。

主轴反转控制键：按下此按钮，主轴开始反转。

快速移动控制键：在手动方式下，按下此按钮后，再按下移动按钮则可以快速移动机床。

+Z -Z +Y -Y +X -X 移动方向控制键：控制进给的方向。

复位键：按下此按钮，复位 CNC 系统，包括取消报警、主轴故障复位、中途退出自动操作循环和输入、输出过程等。

循环保持键：程序运行暂停，在程序运行过程中，按下此按钮运行暂停，按 键可恢复运行。

运行开始键：按下此按钮，程序运行开始。

主轴倍率修调键：将光标移至此旋钮上后，通过单击鼠标的左键或右键来调节主轴倍率。

进给倍率修调：调节数控程序自动运行时的进给速度倍率，调节范围为 0%～120%。置光标于旋钮上，单击鼠标左键，旋钮逆时针转动，单击鼠标右键，旋钮顺时针转动。

操作步骤 3：数控车床的基本操作

1）开机的基本操作

（1）接通车间电源，采用的是三相 380V 交流电。

（2）旋转机床侧面的旋钮开关，打开机床总电源。

（3）按下操作面板上的绿色按钮，CNC 系统电源接通，CRT 显示相关的信息。按下红色按钮，关闭 CNC 系统电源。

（4）松开急停按钮 ，机床强电接通三相 380V 交流电。

(5) 机床回参考点。按下回参考点按键，指示灯亮。再分别选择 X 轴和 Z 轴，按下方向键"＋"，即可使机床回到参考点。

注意：在回参考点前，如果系统报警，可以通过 RESET 键来消除报警。如果在回参考点时发生报警(一般是超程报警)，可以先按下手动方式键，将机床沿着 X 轴和 Z 轴的负方向移动一点距离，以消除超程报警。

2) 数控车床的手动操作

(1) 主轴手动操作。主轴的运动有 3 种状态：正转、反转、停止，通过 3 个按键来实现。主轴的转速也可以进行调节，通过主轴转速倍率旋钮来实现，调节倍率是 0～1.2 倍。

(2) 手动进给操作。手动操作包括 4 个部分：回参考点手动操作、手动连续进给操作、手动增量进给操作和手轮进给操作。回参考点操作时在机床启动后，确定机床坐标系的操作，是机床进行操作时的第一步操作；手动连续和手动增量进给操作是实现工作台快速进给的手动操作；手轮进给操作是实现工作台微量精确进给运动的操作。

① 手动返回参考点。具体操作过程：按下返回零键，再按下手动方式键，将机床的 X 和 Z 轴沿负方向移动一小段距离，适当调节进给倍率按钮。按下进给轴键和方向键"＋"，刀具快速返回参考点，返回参考点的指示灯亮。

② 手动连续进给。具体操作过程：按下手动方式键，接着按下 X 轴或 Z 轴控制键，再按方向键"＋"或"－"，机床会沿着相应的方向运动。如按下 X 轴控制键和"＋"键，机床的工作台会沿着 X 轴的正方向快速移动。移动的速度可以通过倍率旋钮进行调节。

③ 手动增量进给。具体操作过程：按下点动距离选择键，接着按下进给轴控制键和方向选择键，机床就会沿着选择的轴和方向移动，每按一次"＋"键，就移动一步，移动的速度可以通过进给倍率键进行调节。

④ 手轮进给操作。单击按钮进入手动方式，单击按钮设置手轮进给速率(1 INC、10 INC、100 INC、1000 INC)。

单击软键按钮，出现的界面如图 1.19 所示。

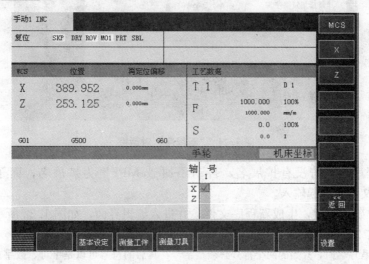

图 1.19 "手轮方式"界面

用软键 X 或 Z 可以选择当前需要用手轮操作的轴；在系统面板的右边单击 手轮 按钮，打开手轮；鼠标对准手轮，单击鼠标左键或右键，精确控制机床的移动。单击 按钮，可隐藏手轮。

3）程序编辑与运行的操作

(1) 程序的建立。在系统面板上按下 Prog Man 键进入程序管理界面，如图 1.20 所示。

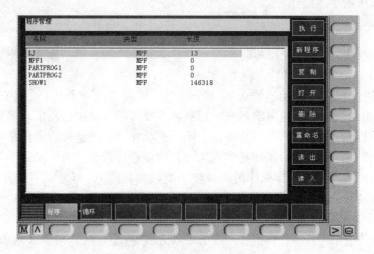

图 1.20　程序管理界面

① 单击"新程序"键，则弹出对话框，如图 1.21 所示。

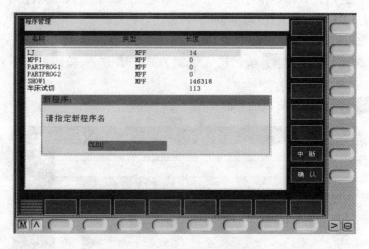

图 1.21　"新程序"对话框

② 输入程序名，若没有扩展名，自动添加 ".MPF" 为扩展名，而子程序扩展名 ".SPF" 需随文件名一起输入。

③ 单击"确认"键，生成新程序文件，并进入编辑界面，如图 1.22 所示。

④ 若单击"中断"软键，将关闭此对话框并回到程序管理主界面。

注：输入新程序名时，开始的两个符号必须是字母，其后的符号可以是字母、数字或下划线，最多为 16 个字符，不得使用分隔符。

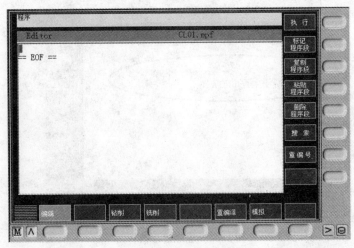

图 1.22 编辑界面

(2) 数控程序传送。

① 读入程序。先利用记事本或写字板编辑好加工程序并保存为文本格式文件,文本文件的头两行必须是如下的内容:％＿N＿复制进数控系统之后的文件名＿MPF,＄PATH=/＿N＿MPF＿DIR。打开键盘,按下 键,进入程序管理界面;单击 软键;在菜单栏中单击"机床/DNC 传送"按钮,选择事先编辑好的程序,此程序将被自动复制进数控系统。

② 读出程序。打开键盘,按下 键,进入程序管理界面;用 、 或 、 键选择要读出的程序;单击"读出"软键,显示如图 1.23 所示的对话框。

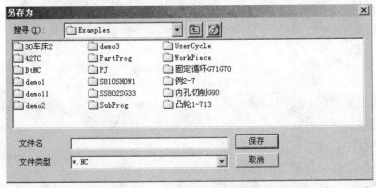

图 1.23 "另存为"对话框

选择好需要保存的路径,输入文件名,单击"保存"按钮保存。

(3) 选择待执行的程序。

① 在系统面板上按"程序管理器"(Program Manager)键 ,系统将进入如图 1.24 所示的界面,显示已有程序列表。

② 用光标键 、 移动选择条,在目录中选择要执行的程序,单击"执行"软键,选择的程序将被作为运行程序,在 POSITION 域中右上角将显示此程序的名称,如图 1.25 所示

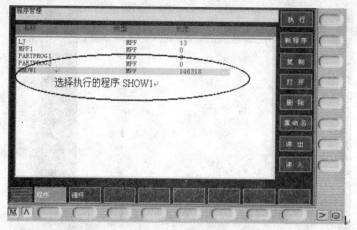

图 1.24 程序管理器界面

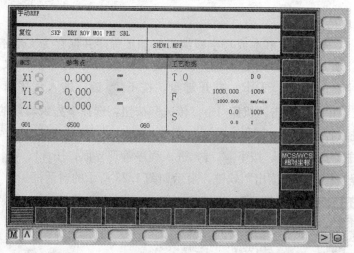

图 1.25 选定运行程序

③ 按其他主域键（如 POSITION M 或 PARAMTER OFF 等），切换到其他界面。

(4) 程序复制。

① 进入到程序管理主界面的"程序"界面。

② 使用光标选择一段要复制的程序。

③ 单击"复制"软键，系统出现如图 1.26 所示的"复制"对话框，标题上显示要复制的程序。输入程序名，若没有扩展名，自动添加".MPF"为扩展名，而子程序扩展名".SPF"需随文件名一起输入。文件名必须以两个字母开头。

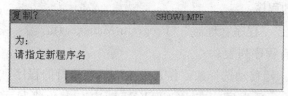

图 1.26 "复制"对话框

④ 单击"确认"软键,复制原程序到指定的新程序名,关闭对话框并返回到程序管理界面。若单击"中断"软键,将关闭此对话框并回到程序管理主界面。

注:若输入的程序与源程序名相同或输入的程序名与一段已存在的程序名相同时,将不能创建程序,可以复制正在执行或选择的程序。

(5) 删除程序。

① 进入程序管理主界面的"程序"界面。

② 按光标键选择要删除的程序。

③ 单击"删除"软键,系统出现如图 1.27 所示的"删除"对话框。按光标键选择选项,第一项为刚才选择的程序名,表示删除这一个文件,第二项"删除全部文件"表示要删除程序列表中所有文件。单击"确认"软键,将根据选择删除类型删除文件并返回程序管理界面。若单击"中断"软键,将关闭此对话框并到程序管理主界面。

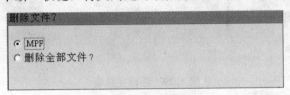

图 1.27 "删除"对话框

注:若没有运行机床,可以删除当前选择的程序,但不能删除当前正在运行的程序。

(6) 重命名程序。

① 进入到程序管理主界面的"程序"界面。

② 按光标键选择要重命名的程序。

③ 单击"重命名"软键,系统出现如图 1.28 所示的"重命名"对话框。输入新的程序名,若没有扩展名,自动添加".MPF"为扩展名,而子程序扩展名".SPF"需随文件名一起输入。

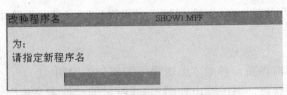

图 1.28 "重命名"对话框

④ 单击"确认"软键,源文件名更改为新的文件名并返回到程序管理界面。若单击"中断"软键,将关闭此对话框并回到程序管理主界面。

注:若文件名不合法(应以两个字母开头)、新名与旧名相同、名与一个已存在的文件相同,将弹出警告对话框。

若在机床停止时重命名当前选择的程序,则当前程序变为空程序,显示同删除当前选择程序相同的警告。可以重命名当前运行的程序,改名后,当前显示的运行程序名也随之改变。

(7) 程序编辑。

编辑程序:

① 在程序管理主界面选中一个程序,单击"打开"软键或按 INPUT 键 ,进入如图 1.29 所示的编辑主界面,编辑程序为选中的程序。在其他主界面下,按下系统面板的

键，也可进入编辑主界面，其中程序为以前载入的程序。

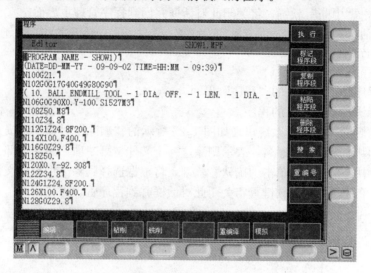

图1.29　编辑主界面

② 输入程序，程序立即被储存。
③ 单击"执行"软键来选择当前编辑程序为运行程序。
④ 单击"标记程序段"软键，开始标记程序段，单击"复制"或"删除"软键或输入新的字符时将取消标记。
⑤ 单击"复制程序段"软键，将当前选中的一段程序复制到剪切板。
⑥ 单击"粘贴程序段"软键，当前剪切板上的文本将粘贴到当前的光标位置。
⑦ 单击"删除程序段"软键可以删除当前选择的程序段。
⑧ 单击"重编号"软键将重新编排行号。

注："钻削"、"车削"软键及铣床中的"铣削"软键暂不支持，若编辑的程序是当前正在执行的程序，则不能输入任何字符。

搜索程序：
① 切换到程序编辑界面，参考"编辑程序"部分的说明。
② 单击"搜索"软键，系统弹出如图1.30所示的"搜索文本"对话框。若需按行号搜索，单击"行号"软键，对话框变为如图1.31所示的对话框。

图1.30　"搜索文本"对话框

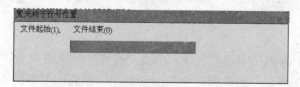

图1.31　"按行号搜索文本"对话框

③ 单击"确认"软键后,若找到了要搜索的字符串或行号,将光标停到此字符串的前面或对应行的行首。搜索文本时,若搜索不到,主界面无变化,在底部显示"未搜索到字符串"。搜索行号时,若搜索不到,光标停到程序尾。

程序段搜索:

使用程序段搜索功能查找所需要的零件程序中的指定行,且从此行开始执行程序。

① 按下控制面板上的自动方式键 切换到如图 1.32 所示的自动加工主界面。

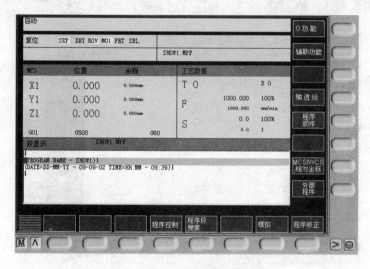

图 1.32 自动加工主界面

② 单击"程序段搜索"软键切换到如图 1.33 所示的程序段搜索窗口,若不满足前置条件,此软键单击无效。

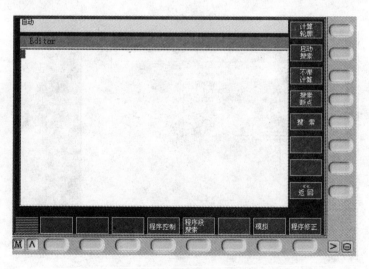

图 1.33 程序段搜索窗口

③ 单击"搜索断点"软键,光标移动到上次执行程序中止时的行上。单击"搜索"软键,弹出如图 1.33 所示的窗口,可从当前光标位置开始搜索或从程序头开始,输入数

据后,确认,则跳到搜索到的位置。

④ 单击"启动搜索"软键,界面回到自动加工主界面下,并把搜索到的行设置为运行行。

使用"计算轮廓"可使机床返回到中断点,并返回到自动加工主界面。

注:若已使用过一次"启动搜索"软键,则单击"启动搜索"软键时,会弹出对话框,警告不能启动搜索,需按 RESET 键后才可再次使用"启动搜索"功能。

(8) 插入固定循环。单击 Prog Man 键进入程序管理面板,如图 1.34 所示。

图 1.34 程序管理面板

注:界面右侧为可设定的参数栏,按键盘上的方位键,单击 打开 软键,进入如图 1.35 所示的程序界面。

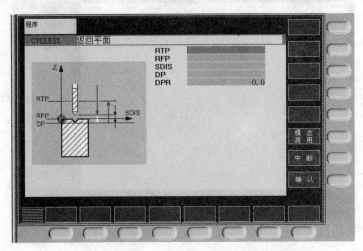

图 1.35 程序界面

在程序界面中可看到 钻削 与 车削 软键,单击 钻削 软键可进入如图 1.36 所示的钻削界面。

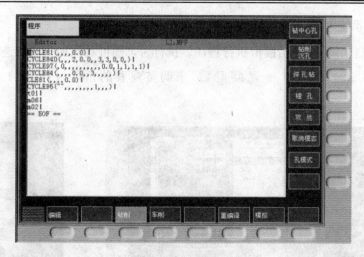

图 1.36 钻削界面

在钻削界面中单击 钻削 软键可进入如图 1.36 所示的钻削程序界面，在此界面中读者可以看到 钻中心孔 、 钻削沉孔 、 深孔钻 、 镗孔 、 攻丝 等，不同程序类型对应的软键，若想调用某类型的程序则单击相应的软键，即可进入相应的固定循环程序参数设置界面，输入参数后，单击 确认 软键确认，即可调用该程序。例如，若调用钻中心孔程序，则单击 钻中心孔 软键进入如图 1.37 所示的界面，在此界面的左上角可看到为实现钻中心孔操作，系统自动调用的程序的名称为"CYCLE81"。

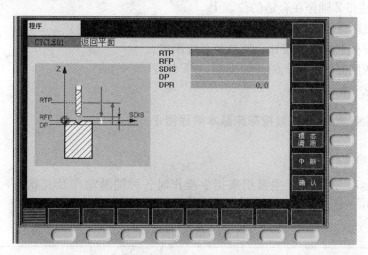

图 1.37 钻中心孔程序界面

界面右侧为可设定的参数栏，单击键盘上的方位键 ↑ 和 ↓ ，使光标在各参数栏中移动，输入参数后，单击 确认 软键确认，即可调用该程序。

(9) 检查运行轨迹。通过线框图模拟出刀具的运行轨迹。

前置条件：当前为自动运行方式且已经选择了待加工的程序。

① 按 → 键，在自动模式主界面下，单击"模拟"软键或在程序编辑主界面下按"模

拟"软键 ▢ ，系统进入如图 1.38 所示的界面。

② 按数控启动键 ▢ 开始模拟执行程序。执行后，则可看到加工的轨迹并可以通过工具栏上的 ▢ 来调整观看的角度及画面的大小，结果如图 1.39 所示。

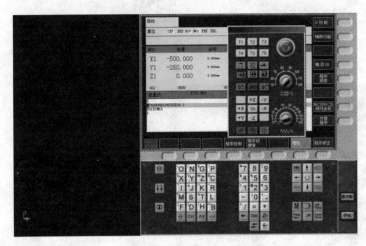

图 1.38　模拟界面　　　　　　　　图 1.39　模拟执行程序结果

4）关机的基本操作

（1）检查机床上所有可移动部件是否停止，关闭外部输入/输出设备。

（2）将 X 轴和 Z 轴停在合适的位置上。

（3）按下机床急停按钮，使机床处于急停状态。

（4）按下面板上的红色按钮，使数控系统断电。

（5）将机床侧面电器柜上的开关旋到 OFF 位置。

（6）关闭总三相电源。

1.1.6　SIEMENS 802S 系统数控车床基本编程指令

1. 辅助功能

辅助功能也称 M 功能，主要用来指令操作时各种辅助动作及其状态，如主轴的开、停，冷却液的开、关等。SIEMENS 802S 系统 M 指令代码见表 1-3。

表 1-3　辅助功能 M 代码

M 指令	功能	M 指令	功能
M00	程序暂停	M05	主轴停
M01	选择性停止	M06	自动换刀，适应加工中心
M02	主程序结束	M08	切削液开
M03	主轴正转	M09	切削液关
M04	主轴反转	M30	主程序结束，返回开始状态

2. 进给功能

进给功能主要用来指令切削的进给速度。对于车床，进给方式可分为每分钟进给和每转进给两种，SIEMENS 系统用 G94、G95 规定。

(1) 每转进给指令 G95。在含有 G95 程序段后面，遇到 F 指令时，则认为 F 所指定的进给速度单位为 mm/r。系统开机状态为 G95 状态，只有输入 G94 指令后，G95 才被取消。

(2) 每分钟进给指令 G94。在含有 G94 程序段后面，遇到 F 指令时，则认为 F 所指定的进给速度单位为 mm/min。G94 被执行一次后，系统将保持 G94 状态，即使断电也不受影响，直到被 G95 取消为止。

3. 主轴转速功能

主轴转速功能主要用来指定主轴的转速，单位为 r/min。

(1) 恒线速度控制指令 G96。G96 是接通恒线速度控制的指令。系统执行 G96 指令后，S 后面的数值表示切削线速度。用恒线速度控制车削工件端面、锥度和圆弧时，由于 X 轴不断变化，故当刀具逐渐移近工件旋转中心时，主轴转速会越来越高，工件有可能从卡盘中飞出。为了防止事故，必须限制主轴转速，SIEMENS 系统用 LIMS 来限制主轴转速（FANUC 系统用 G50 指令）。例如，"G96 S200 LIMS=2500" 表示切削速度是 200mm/min，主轴转速限制在 2500r/min 以内。

(2) 主轴转速控制指令 G97。G97 是取消恒线速度控制的指令。系统执行 G97 指令后，S 后面的数值表示主轴每分钟的转数。例如，"G97 S600" 表示主轴转速为 600r/min，系统开机状态为 G97 状态。

4. 刀具功能

刀具功能主要用来指令数控系统进行选刀或换刀，SIEMENS 系统用 "刀具号＋刀补号" 的方式来进行选刀和换刀。例如，T2 D2 表示选用 2 号刀具和 2 号刀补（FANUC 系统用 T0202 表示）。

5. 程序结构及传输格式

SIEMENS 802S 系统的加工程序由程序名（号）、程序段（程序内容）和程序结束符三部分组成。802S 系统的程序名由程序地址码 "％" 表示，开始的两个符号必须是字母，其后的符号可以是字母、数字或下划线，最多为 8 个字符，不得使用分隔符。例如，程序名 "％KGl8"，其传输格式为：

％_ N _ KGl8；
＄PATH=/_ N _ MPF _ DIR。

6. 米制和英寸制输入指令 G71/G70

G70 和 G71 是两个互相取代的模态功能，机床出厂时一般设定为 G71 状态，机床的各项参数均以米制单位设定。

7. 绝对/增量尺寸编程指令 G90/G91

绝对/增量尺寸编程指令 G90/G91 的程序段格式为：

G90/G91 X__ Z__

SIEMENS 系统用绝对尺寸编程时,用 G90 指令,指令后面的 X、Z 表示 X 轴、Z 轴的坐标值,所有程序段中的尺寸均是相对于工件坐标系原点的。增量(相对)尺寸编程时,用 G91 指令,执行 G91 指令后,其后的所有程序段中的尺寸均是以前一位置为基准的增量尺寸,直到被 G90 指令取代。系统默认状态为 G90。

8. 直径/半径方式编程指令 G22/G23

数控车床的工件外形通常是旋转体,其 X 轴尺寸可以用两种方式加以指定:直径方式和半径方式。SIEMENS 系统 G23 为直径编程,G22 为半径编程,G23 为默认值。机床出厂一般设为直径编程。

9. 可设置零点偏移指令 G54~G57

编程人员在编写程序时,有时需要知道工件与机床坐标系之间的关系。SIEMENS 802S 车床系统中允许编程人员使用 4 个特殊的工件坐标系,操作者在安装工件后,测量出工件原点相对机床原点的偏移量,并通过操作面板输入到工件坐标偏移存储器中。其后系统在执行程序时,可在程序中用 G54~G57 指令来选择它们。

G54~G57 指令设置的工件原点在机床坐标系中的位置是不变的,在系统断电后也不破坏,再次开机后仍然有效(与刀具的当前位置无关)。

10. 取消零点偏移指令 G500、G53

G500 和 G53 都是取消零点偏移指令,但 G500 是模态指令,一旦指定后,就一直有效,直到被同组的 G54~G57 指令取代。而 G53 是非模态指令,仅在它所在的程序段中有效。

11. 可编程零点偏移指令 G158

如果工件上在不同的位置有重复出现的形状和结构,或者选用了一个新的参考点,在这种情况下可使用可编程零点偏移指令,由此产生一个当前工件坐标系,新输入的尺寸均是在该坐标系中的数据尺寸。用 G158 指令可以对所有坐标轴编程零点偏移,后面的 G158 指令取代先前的可编程零点偏移指令,如图 1.40 所示,M 点为机床原点,W_1、W_2 分别为工件原点。G158 与 G54 都为零点偏移指令,但 G158 不需要在上述零点偏移窗口中设置,只需在程序中书写 G158 X__ Z__程序段,地址 X、Z 后面的数值为偏移的距离。

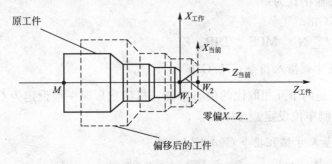

图 1.40 零点偏移指令 G158 应用举例

例 1-1 零点偏移指令 G158。

应用举例一

N10　G54;	调用第一可设置零点偏移指令,把 M 点偏移至 W_1 点
N20　G158 X__;	调用可编程零点偏移指令,再把 W_1 点偏移至 W_2 点则建立以 W_2 为工件原点的坐标系
N30　X__ Z__;	加工工件

应用举例二

N10　G55;	调用第二可设置零点偏移指令,把 M 点偏移至 W_2 点,建立以 W_2 点为工件原点的工件坐标系
N20　X__ Z__;	加工工件
…	
N60　G158 X__ Z__;	调用可编程零点偏移指令,再把 W_2 点偏移至 W_3 点,建立以 W_3 点为工件原点的当前工件坐标系
N70　X__ Z__;	以 W_3 点为工件原点的当前工件坐标系加工工件
…	
N100 G500	取消可编程零点偏移指令
或 N100　G53;	可设定、可编程零点偏移指令一起取消,恢复机床坐标系

12. 快速定位指令 G00

G00 指令的程序段格式为:

G00 X__ Z__;

G00 是模态(续效)指令,它命令刀具以点定位控制方式从刀具所在点以机床的最快速度移动到坐标系的设定点。它只是快速定位,而无运动轨迹要求。

13. 直线插补指令 G01

G01 指令的程序段格式为:

G01 X__ Z__ F__;

G01 指令刀具从当前点以 F 指令的进给速度进行直线插补,移至坐标值为 X、Z 的点上;在程序中,G01 与 F 都是模态(续效)指令,应用第一个 G01 指令时,一定要规定一个 F 指令,在以后的程序段中,若没有新的 F 指令,进给速度将保持不变,所以不必在每个程序段中都写入 F 指令。

14. 圆弧插补指令 G02/G03

SIEMENS 802S 系统的圆弧插补编程有下列 4 种格式。

(1) 用圆心坐标和圆弧终点坐标进行圆弧插补,其程序段格式为:

G02/G03　X__ Z__ I__ K__ F__。

(2) 用圆弧终点坐标和半径尺寸进行圆弧插补,其程序段格式为:

G02/G03　X__ Z__ CR= __ F__。

(3) 用圆心坐标和圆弧张角进行圆弧插补,其程序段格式为:

G02/G03　I__ K__ AR= __ F__。

(4) 用圆弧终点坐标和圆弧张角进行圆弧插补,其程序段格式为:

G02/G03　X __ Z __ AR= __ F __。

说明：

(1) 用绝对尺寸编程时，X、Z 为圆弧终点坐标，用增量尺寸编程时，X、Z 为圆弧终点相对起点的增量尺寸。

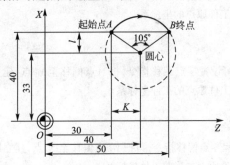

图 1.41　用圆弧插补指令编程

(2) 不论是用绝对尺寸编程还是用增量尺寸编程，I、K 始终是圆心在 X、Z 轴方向上相对起始点的增量尺寸，当 I、K 为零时可以省略。

(3) CR 是圆弧半径，当圆弧所对的圆心角小于等于 180°时，CR 取正值，当圆心角大于 180°时，CR 取负值，AR 为圆弧张角。

例 1-2　用 4 种圆弧插补指令编制如图 1.41 所示的加工程序，A 为圆弧的起点，B 为圆弧的终点。

程序一：

N5　G90 G00 X40 Z30;　　　　　　进刀至圆弧的起始点 A
N10 G02 X40 Z50 I-7 K10 F100;　　用终点和圆心编程

程序二：

N5　G90 G00 X40 Z30;　　　　　　进刀至圆弧的起始点 A
N10 G02 X40 Z50 CR=12.027 F100;　用终点半径编程

程序三：

N5　G90 G00 X40 Z30;　　　　　　进刀至圆弧的起始点 A
N10 G02 I-7 K10 AR=105 F100;　　用圆心张角编程

程序四：

N5　G90 G00 X40 Z30;　　　　　　进刀至圆弧的起始点 A
N10 G02 X40 Z50 AR=105 F100;　　用终点和张角编程

15. 通过中间点进行圆弧插补指令 G05

G05 程序段格式：

G05 X __ Z __ IK= __ KZ= __ F __。

如果不知道圆弧的圆心、半径或张角，但已知圆弧轮廓上 3 个点的坐标，则可以使用 G05 指令。程序段中 X、Z 为圆弧终点的坐标值，IK、KZ 为中间点在 X、Z 轴上的坐标值，通过起始点和终点之间的中间点位置确定圆弧的方向(图 1.42)。G05 指令为模态指令，直到被 G 功能组中其他指令(G00、G01、G02、G03、G33)取代为止。

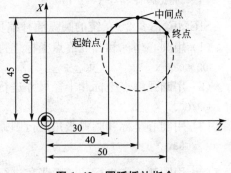

图 1.42　圆弧插补指令

例 1-3 用 G05 指令编制图 1.42 中圆弧的加工程序

```
N5  G90  G00  X40  Z30;              进刀至圆弧的起始点 A
N10 G05  X40  Z50  IK= 45  KZ= 40;   圆弧的终点和中间点
```

16. 刀具补偿功能

刀具的补偿包括刀具的偏移和磨损补偿、刀尖半径补偿。

1) 刀具的几何(偏移)、磨损补偿

在编程时,一般以其中一把刀具为基准,并以该刀具的刀尖位置 A 为依据来建立工件坐标系。这样,当其他刀具转到加工位置时,刀尖的位置 B 就会有偏差,原设定的工件坐标系对这些刀具就不适用了,如图 1.43 所示。此外,每把刀具在加工过程中都有不同程度的磨损,如图 1.44 所示。因此,应对偏移值 ΔX、ΔZ 进行补偿,使刀尖从位置 B 移至位置 A。

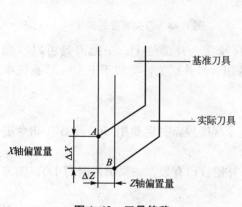

图 1.43 刀具偏移

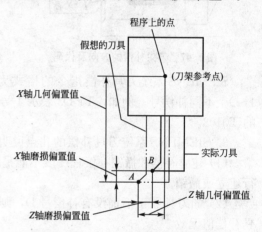

图 1.44 刀具几何偏移与磨损偏移

2) 刀尖半径补偿

在编程中,通常将刀尖看作是一个点,即所谓理想(假设)刀尖,如图 1.45 所示。但放大来看,实际上刀尖是有圆弧的,如图 1.46 所示。在切削内孔、外圆及端面时,刀尖圆弧不影响加工尺寸和形状,但在切削锥面和圆弧时,则会造成过切或少切现象。此时,可以用刀尖半径补偿功能来消除误差。G41 为刀尖半径左补偿指令,沿进给方向看,刀尖位置在编程轨迹的左边;G42 为刀尖半径右补偿指令,沿进给方向看,刀尖位置在编程轨迹的右边,如图 1.47 所示。

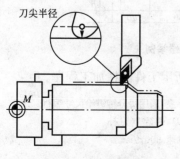

图 1.45 刀尖圆角半径

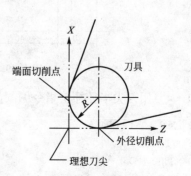

图 1.46 理想刀尖

数控车床总是按刀尖对刀，使刀尖位置与程序中的起刀点重合。刀尖位置方向不同，即刀具在切削时所摆的位置不同，则补偿量与补偿方向也不同。刀尖方位共有8种可供选择，如图1.48所示，外圆车刀的位置码为3。

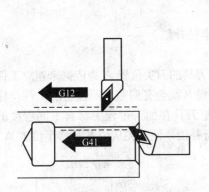

图 1.47 刀尖补偿的方向及代码

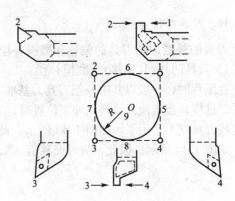

图 1.48 刀尖方位的规定

SIEMENS系统刀具补偿指令的格式为：刀具号T+补偿号D。一把刀具可以匹配1～9个不同补偿号。例如，T1 D3 表示1号刀具选用3号补偿值，类似于FANUC系统中的T0103。

3) SIEMENS系统刀具补偿的几点说明

（1）建立补偿和撤销补偿程序段不能是圆弧指令程序段，一定要用G00或G01指令进行建立或撤销。

（2）如刀具号T后面没有补偿号D，则D1号补偿自动有效。如果编程时写D0，则刀具补偿值无效。

（3）补偿方向指令G41和G42可以相互变换，无需在其中再写入G40指令。原补偿方向的程序段在其轨迹终点处按补偿矢量的正常状态结束，然后在新的补偿方向开始进行补偿。

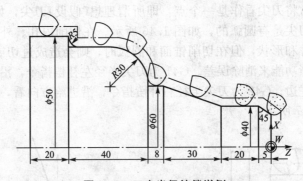

图 1.49 刀尖半径补偿举例

例 1-4 用刀尖半径补偿指令编制如图1.49所示工件的精加工程序。

```
N100  G90  G54  G94;          建立工件坐标系,采用每分钟进给尺寸编程
N105  T1  D1;                  换1号外圆刀,并建立刀补
N110  S800  M03;               主轴正转,转速800r/min
N115  G00  X0  Z6;             快速进刀
N120  G01  G42  X0  Z0  F50;   工作进给至工件原点并开始补偿运行
```

N125	G01 X40 Z0 CHF=5;	车端面,并倒角 C5
N130	Z-25;	车φ40外圆
N135	X60 Z-55;	车圆锥
N140	Z-63;	车φ60外圆
N145	G03 X100 Z-83 CR=20 F150;	车R20圆弧
N150	G01 Z-98;	车外圆
N155	G02 X110 Z-103 CR=5;	车R5圆弧
N160	G01 Z-123;	车φ110外圆
N165	G40 G00 X200 Z100;	退回换刀点
N170	M05;	主轴停转
N175	M02;	主程序结束

17. 恒螺距螺纹车削指令 G33

用 G33 指令可以加工以下各种类型的恒螺距螺纹,如圆柱螺纹、圆锥螺纹、内螺纹/外螺纹、单线螺纹/多线螺纹等,但前提条件是主轴上有位移测量系统。

(1) 圆柱螺纹加工,其程序段格式为:

G33　Z__ K__ SF=__。

(2) 端面螺纹加工,其程序段格式为:

G33　X__ I__ SF=__。

(3) 圆锥螺纹加工,其程序段格式为:

G33　Z__ X__ I__,　　　　　锥角大于 45°;
G33　Z__ X__ K__,　　　　　锥角小于 45°。

其中:Z、X 为螺纹终点坐标,K、I 为螺距,SF 为起始点偏移量,单线螺纹可不设,加工多线螺纹时要求设置起始点偏移量,加工完一条螺纹后,再加工第二条螺纹时,要求车刀的起始偏移量与加工第一条螺纹的起始偏移量偏移(转)一定的角度,如图 1.50 所示,也可以使车刀的起始点偏移一个螺距。

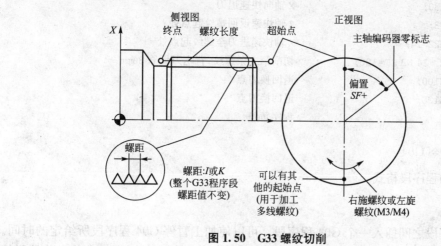

图 1.50　G33 螺纹切削

例 1-5 编制如图 1.51 所示的双线螺纹 $M24\times 3$ (P1.5)的加工程序。空刀导入量 $\delta_1=3$mm，空刀导出量 $\delta_2=2$mm。

1) 计算螺纹小径 d_1。

$$d=d-2\times 0.62p=(24-2\times 0.62\times 1.5)\text{mm}=22.14\text{mm}$$

2) 确定背吃刀量分布：1mm、0.5mm、0.36mm

3) 加工程序

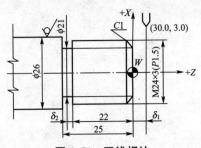

图 1.51 双线螺纹

N100	S300	M03;	主轴正转,转速 300r/min
N105	T3	D3;	换 3 号螺纹刀
N110	G00	X23 Z3;	快速进刀至螺纹起点
N115	G33	Z-24 K3 SF=0;	切削第一条螺纹,背吃刀量 1mm
N120	G00	X30;	X轴向快速退刀
N125	G00	Z3;	Z轴快速返回螺纹起点处
N130	G00	X22.5;	X轴快速进刀至螺纹起点处
N135	G33	Z-24 K3 SF=0;	切削第一条螺纹,背吃刀量 0.5mm
N140	G00	X30;	X轴向快速退刀
N145	G00	Z3;	Z轴快速返回螺纹起点处
N150	G00	X22.14;	X轴快速进刀至螺纹起点处
N155	G33	Z-24 K3 SF=0;	切削第一条螺纹,背吃刀量 0.36mm
N160	G00	X30;	X轴向快速退刀
N165	G00	Z3;	Z轴快速返回螺纹起点处
N170	G00	X23;	X轴快速进刀至螺纹起点处
N175	G33	Z-24 K3 SF=180;	切削第二条螺纹,背吃刀量 1mm
N180	G00	X30;	X轴向快速退刀
N185	G00	Z3;	Z轴快速返回螺纹起点处
N190	G00	X22.5;	X轴快速进刀至螺纹起点处
N195	G33	Z-24 K3 SF=180;	切削第二条螺纹,背吃刀量 0.5mm
N200	G00	X30;	X轴向快速退刀
N205	G00	Z3;	Z轴快速返回螺纹起点处
N210	G00	X22.14;	X轴快速进刀至螺纹起点处
N215	G33	Z-24 K3 SF=180;	切削第二条螺纹,背吃刀量 0.36mm
N220	G00	X100;	退回换刀点
N225	G00	Z100;	退回换刀点
N230	M00;		程序暂停

18. 暂停指令 G04

G04 指令的程序段格式：

G04 F/S __;

在两个程序段之间插入一个 G04 程序段,可以使加工暂停 G04 程序段所给定的时间。G04 程序段(含地址 F 或 S)只对自身程序段有效,并暂停所给定的时间,在此之前编程的进给速度 F 和主轴转速 S 保持存储状态。在 G04 程序段中，用 F 指令暂停进给时间，单位为秒(s)；在 G04 程序段中用 S 指令暂停主轴转数，只有在主轴受控的情况下才有效。例如，

```
N5   S300  M03;              主轴正转,转速 300r/min
N10  G01  Z-50  F200;        以 200mm/min 的速度进给
N15  G04  F2.5;              暂停进给 2.5s
N20  G00  X100  Z100;
N25  G04  S30;               主轴暂停 30 转相当于主轴转速 300r/min,且转速修调开
                             关置于 100%时,暂停 0.1min,进给速度
N30;                         和主轴转速继续有效
```

19. 倒角、倒圆角指令

在一个轮廓拐角处可以插入倒角或倒圆，指令"CHF=…"或者"RND=…"与加工拐角的轴运动指令一起写入到程序段中。

1) 倒角指令 CHF=__

例如，

```
N10  G01  X__  Z__  CHF=2;倒角 2mm
```

表示直线轮廓之间、圆弧轮廓之间以及直线轮廓和圆弧轮廓之间切入一直线并倒去棱角，程序中 X、Z 为两直线轮廓的交点 A 的坐标，如图 1.52 所示。

2) 倒圆角指令 RND=__

表示直线轮廓之间、圆弧轮廓之间以及直线轮廓和圆弧轮廓之间切入一圆弧，圆弧与轮廓进行切线过渡。例如，直线与直线之间倒圆角（图 1.53(a)）。

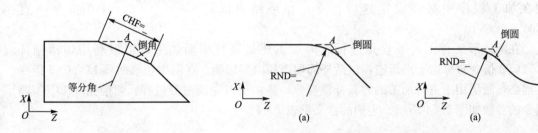

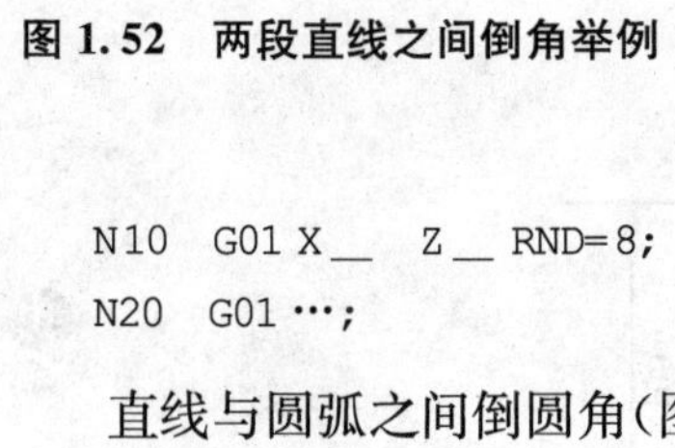

图 1.52 两段直线之间倒角举例

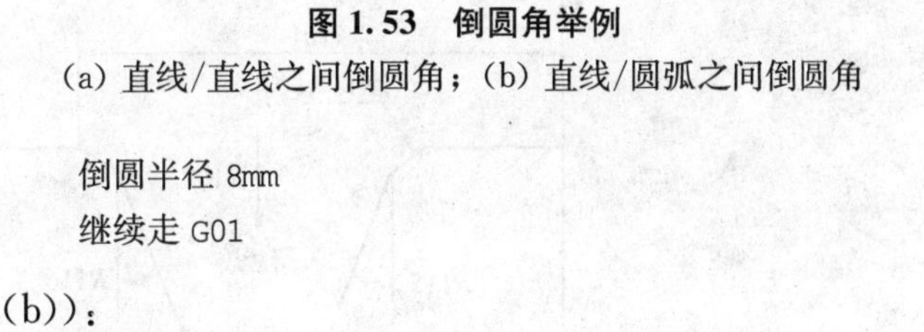

图 1.53 倒圆角举例
(a) 直线/直线之间倒圆角；(b) 直线/圆弧之间倒圆角

```
N10  G01 X__  Z__  RND=8;    倒圆半径 8mm
N20  G01 …;                  继续走 G01
```

直线与圆弧之间倒圆角（图 1.53(b)）：

```
N50  G01 X__  Z__  RND=7.3;  倒圆半径 7.3mm
N60  G03 …;                  继续走 G03
```

注意：程序中 X、Z 为图示轮廓线切线的交点 A 的坐标，如果其中一个程序段轮廓长度不够，则在倒圆角或倒角时会自动削减编程值。如果几个连续编程的程序段中有不含坐

标轴移动指令的程序段，则不可以进行倒角或倒圆角。

20. 子程序

当在程序中出现重复使用的某段固定程序时，为简化编程，可将这一段程序作为子程序事先存入存储器，以作为子程序调用。

子程序的结构与主程序的结构一样，SIEMENS 802S 系统结束子程序除了用 M17 指令外，还可以用 RET 指令。在一个程序中（主程序或子程序）可以直接用程序名调用子程序，子程序调用要求占用一个独立的程序段。例如，

N10　KL785;　　　　　　　　　调用子程序 KL785
N20　AA1;　　　　　　　　　　调用子程序 AA1

如果要求多次连续地执行某一子程序，必须在所调用子程序的程序名后，用地址字符 P 写下调用次数，最大次数可以为 9999。例如，N10　KL785　P3 表示调用子程序 KL785，运行 3 次。子程序不仅可以从主程序中调用，也可以从其他子程序中调用，这个过程称为子程序的嵌套。802S 系统子程序的嵌套深度可以为 3 层。

21. 切槽循环 LCYC93 指令

循环是指用于特定加工过程的工艺子程序，一般应用于切槽、轮廓切削或螺纹车削等编程量较大的加工过程。循环在用于上述加工过程时只要改变相应的参数，进行少量的编程即可。调用一个循环之前，必须对该循环的传递参数已经赋值。循环结束后传递参数的值保持不变。

使用加工循环时，编程人员必须事先保留参数 R100～R249，保证这些参数只用于加工循环而不被程序中的其他地方使用。在调用循环之前，直径尺寸指令 G23 必须有效，否则系统会报警。如果在循环中没有设定 F 指令、S 指令和 M03 指令等，则在加工程序中必须设定这些指令。循环结束以后 G00、G90、G40 指令一直有效。

在圆柱形工件上，不管是进行纵向加工还是进行横向加工均可以利用切槽循环 LCYC93 指令对称加工出切槽，包括外部切槽和内部切槽。在调用切槽循环 LCYC93 指令之前必须激活用于进行加工的刀具补偿参数，且切槽刀完成对刀过程。切槽循环 LCYC93 指令的参数如图 1.54 所示。它们的含义见表 1-4。

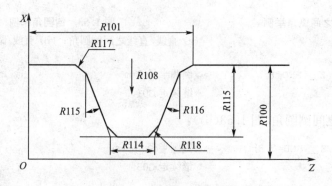

图 1.54　纵向加工时切槽循环参数

表 1-4 切槽循环 LCYC93 参数

参数	含义及数值范围	说明
R100	横向(X向)坐标轴切槽起始点直径	
R101	纵向(Z向)坐标轴切槽起始点	
R105	加工方式,数值1~8(含义见表1-5)	
R106	切槽粗加工时预留的精加工余量,无符号	
R107	刀具宽度,无符号	实际刀具宽度不能大于该参数
R108	每次切入深度,无符号	每次切入深度,刀具上提1mm,以便断屑
R114	槽底宽度(不考虑倒角),无符号	
R115	槽深,无符号	
R116	切槽斜度,无符号,范围:0°~89.999°	值为0时,表明与轴平行切槽(矩形槽)
R117	槽沿倒角长度	
R118	槽底倒角长度	
R119	槽底停留时间	

表 1-5 切槽加工方式参数 R105

数值	纵向/横向	外部/内部	起始点位置
1	纵向	外部	左边
2	横向	外部	左边
3	纵向	内部	左边
4	横向	内部	左边
5	纵向	外部	右边
6	横向	外部	右边
7	纵向	内部	右边
8	横向	内部	右边

例 1-6 从起始点(35,60)起加工深度为25mm,宽度为30mm的切槽,槽底倒角的编程长度为2mm,精加工余量为0.5mm,刀具宽度为4mm(图1.55)。

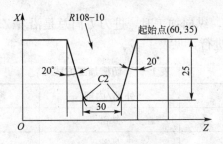

图 1.55 切槽循环举例

```
N10 G00 G90 X100 Z100 T2 D1 G23 ;    选择起始位置,换 2 号刀,直径编程
N20 S400 M03 ;                       主轴正转,转速 400r/min
N30 G95 F0.3 ;                       采用转进给,进给量 0.3mm
R100=35 ;                            切槽起始点直径 35mm
R101=60 ;                            切槽起始点 Z 坐标 60
R105=5 ;                             切槽方式:纵向、外部、从右往左切
R106=0.1 ;                           精加工余量 0.1mm(半径值)
R107=4 ;                             切槽刀宽 4mm
R108=2 ;                             每次切入深度 2mm
R114=30 ;                            槽宽 30mm
R115=25 ;                            槽深 25mm(半径值)
R116=20 ;                            切槽斜度 20°
R117=0 ;                             槽沿倒角长度为 0
R118=2 ;                             槽底倒角长度为 2mm
R119=1 :                             槽底停留时间:主轴转 1 转
N40 LCYC93 ;                         切槽循环
N50 G90 G00 X100 Z100 ;              退回至起始位置(X100、Z100)
N60 M02 ;                            主程序结束
```

22. 毛坯切削(轮廓)循环指令 LCYC95

LCYC95 指令可沿坐标轴平行方向加工由子程序编程的轮廓循环,通过变量名调用子程序,可以进行纵向和横向加工,也可以进行内外轮廓的加工。

在 LCYC95 指令中可以选择不同的切削工艺方式:粗加工、精加工或者综合加工。只要刀具不会发生碰撞就可以在任意位置调用此循环指令。这是一种非常实用的循环指令,可以大大简化编程工作量,并且在循环过程中没有空切削。LCYC95 轮廓循环参数见表 1-6。

表 1-6 LCYC95 轮廓循环参数

参数	含义及数字范围	参数	含义及数字范围
R105	加工方式:数值 1~12	R110	粗加工退刀量
R106	精加工余量,无符号	R111	粗加工进给速度
R108	背吃刀量	R112	精加工进给速度
R109	粗加工切入角		

R105 为加工方式参数,纵向加工时,进刀方向总是沿着 Z 轴方向进行;横向加工时进刀方向则沿着 X 轴方向进行,见表 1-7。

表 1-7 切槽加工方式

数值	纵向/横向	外部/内部	粗加工/精加工/综合加工
1	纵向	外部	粗加工
2	横向	外部	粗加工

(续)

数值	纵向/横向	外部/内部	粗加工/精加工/综合加工
3	纵向	内部	粗加工
4	横向	内部	粗加工
5	纵向	外部	精加工
6	横向	外部	精加工
7	纵向	内部	精加工
8	横向	内部	精加工
9	纵向	外部	综合加工
10	横向	外部	综合加工
11	纵向	内部	综合加工
12	横向	内部	综合加工

工件外形轮廓可通过变量_CNAME名下的子程序来调用。轮廓由直线或圆弧组成，并可以插入倒圆角和倒角。编程的圆弧段最大可以为四分之一圆。加工轮廓不能有凹处，否则系统将报警。循环开始之前，刀具所达到的位置必须保证从该位置回轮廓起点时不发生刀具碰撞。轮廓的编程方向必须与精加工时所选择的加工方向一致。

例1-7 图1.56所示的轮廓加工方式为"纵向、外部加工"，粗加工背吃刀量为1.5mm(半径值)，进刀角度为7°。P_0点为循环加工起始点，P_8点为轮廓终点。调用LCYC95轮廓循环指令编制加工程序。

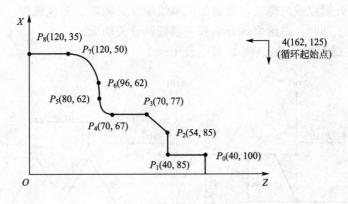

图1.56 轮廓加工举例

```
N10  G90  G54  G95  G71;          采用G54工件坐标系,用绝对尺寸编程
N20  T1  D1  G23  S500;           换1号刀,直径编程,主轴正转,转速500mm/min
N30  G00  X162  Z125;             调用循环之前无碰撞快进至循环起始点
_CNAME="TESK"                     轮廓循环子程序名
R105=9;                           纵向,综合加工
```

R106=0.3;	精加工余量 0.33mm(半径值)
R108=1.5;	粗加工背吃刀量 1.5mm(半径值)
R109=7;	粗加工切入角 7°
R110=2;	粗加工退刀量 2mm(半径值)
R111=0.4;	粗加工进给率 0.4mm/r
R112=0.2;	精加工进给率 0.2mm/r
N40 LCYC95;	调用轮廓循环
N50 G00 G90 X162;	沿 X 轴快退回循环起始点
N60 Z125;	沿 Z 轴快退回循环起始点
N70 M30;	主程序结束
TESK	子程序名
N10 G01 X40 Z100;	工作进给至轮廓起始点 P_0
N20 Z85;	工作进给至轮廓起始点 P_1
N30 X54;	工作进给至轮廓起始点 P_2
N40 X70 Z77;	工作进给至轮廓起始点 P_3
N50 Z67;	工作进给至轮廓起始点 P_4
N60 G02 X80 Z62 CR=5;	工作进给至轮廓起始点 P_5
N70 G01 X96 Z62;	工作进给至轮廓起始点 P_6
N80 G03 X120 Z50 CR=12;	工作进给至轮廓起始点 P_7
N90 G01 Z35;	工作进给至轮廓起始点 P_8
N100 M17;	子程序结束

综合加工的缺点是粗、精车主轴的转速相同。若加工方式为"横向、外部轮廓加工",即 R105=2,则必须按照从 P_8(120,35)到 P_0(40,100)的方向编程。

23. 螺纹切削循环指令 LCYC97

螺纹切削循环也是一种非常实用的循环编程指令,它可以按纵向或横向加工圆柱螺纹、圆锥螺纹、外螺纹或内螺纹,既能加工单线螺纹又能加工多线螺纹。背吃刀量可自动设定。在螺纹加工期间,进给修调开关和主轴修调开关均无效。

1) LCYC97 螺纹循环参数(图 1.57、表 1-8)

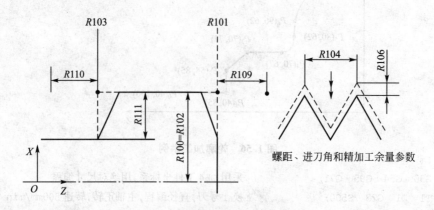

图 1.57 螺纹切削循环参数示意图

表 1-8 LCYC97 螺纹循环参数

参数	含义及数值范围	参数	含义及数值范围
R100	螺纹起始点直径(X向)	R109	空刀导入量，无符号
R101	螺纹纵向起始点坐标(Z向)	R110	空刀导出量，无符号
R102	螺纹终点直径(X向)	R111	螺纹深度，无符号
R103	螺纹纵向终点坐标(Z向)	R112	起始点偏移，无符号
R104	螺纹导程值，无符号	R113	粗切削次数，无符号
R105	加工类型：数值1(外螺纹)，数值2(内螺纹)	R114	螺纹线数，无符号
R106	精加工余量，无符号		

(1) R100、R101：螺纹起始点直径参数。它分别用于确定螺纹在 X 轴和 Z 轴方向上的起点。

(2) R102、R103：螺纹终点直径参数。它分别用于确定螺纹在 X 轴和 Z 轴方向上的终点。若是圆柱螺纹，则其中必有一个数值和 R100 或 R101 相同。

(3) R104：螺纹导程参数。它用于确定螺纹的导程，不含符号。

(4) R105：加工方式参数。R105＝1，加工外螺纹；R105＝2，加工内螺纹。若该参数编成了其他数值，则循环中断，并给出报警：61002(加工方式错误编程)。

(5) R106：精加工余量参数。精加工余量是指粗加工之后的切削余量。螺纹深度减去参数 R106 设定的精加工余量后剩下的部分划分为几次粗切削进给。

(6) R109、R110：空刀导入量参数、空刀导出量参数。由于车螺纹起始时有一个加速过程，结束前有一个减速过程。在这段距离中，螺距不可能保持均匀。因此车螺纹时，为避免因车刀升降速而影响螺距的稳定，两端必须设置足够的空刀导入量和空刀导出量。

(7) R111：螺纹深度参数。螺纹牙型原始三角形高度可按经验公式 $H=0.62P$ 计算。

(8) R112：起始点偏移参数。该参数编程一个角度值，由该角度确定第一条螺纹线的切入点位置，即螺纹的加工起始点。参数范围为 $0.0001°\sim 359.999°$，没有特殊要求则 R112＝0。

(9) R113：粗切削次数参数。根据参数 R106 和 R111 自动地计算出每次粗车的进刀深度。

(10) R114：螺纹线数参数。该参数确定螺纹头数，螺纹头数应对称地分布在工件圆周。

2) 纵向螺纹和横向螺纹的判别

循环自动地判别纵向螺纹或横向螺纹。如果圆锥角小于或等于 45°，则按纵向螺纹加工，否则按横向螺纹加工。调用循环之前必须保证刀具无碰撞地到达编程确定的位置(螺纹起始点＋空刀导入量)。

例 1-8 编制如图 1.58 所示双头螺纹 M24×3(P1.5)的加工程序。空刀导入量 δ_1＝4mm，空刀导出量 δ_2＝3mm，螺纹牙型深度＝$(0.62P\times 1.5)$mm＝0.93mm，其加工程序为：

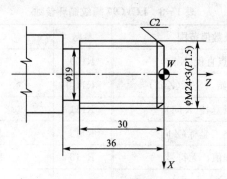

图1.58 双头螺纹加工零件图

程序	说明
N10 G54 G90 G95 F0.3 T1 D1 S600 M03;	采用G54工件坐标系,绝对编程,转进给、主轴正转
N20 G00 X100 Z100;	编程的起始位置
R100=24;	螺纹起点直径24mm
R101=0;	螺纹轴向起点坐标0
R102=24;	螺纹终点直径24mm
R103=-30;	螺纹轴向终点Z坐标
R104=3;	螺纹导程3mm
R105=1;	螺纹加工类型,外螺纹
R106=0.1;	螺纹精加工余量0.1mm(半径值)
R109=4;	空刀导入量4mm
R110=3;	空刀导出量3mm
R111=0.93	螺纹牙深度0.93mm(半径值)
R112=0;	螺纹起始点偏移
R113=8;	粗切削次数8次
R114=2;	螺纹线数
N30 LCYC97;	调用螺纹切削循环
N40 G00 X100 Z100;	循环结束后返回起始点
N50 M05;	主轴停
N60 M02;	程序结束

1.2 数控车床基本加工

1.2.1 基本面板功能

实训教学目的和要求

1. 目的

(1) 了解整个操作面板的基本结构。
(2) 熟悉面板各区的分布位置及功能。
(3) 掌握各功能键的功能,能运用各功能键进行操作。

2. 要求

(1) 严格按照数控车床的操作进行操作。

(2) 严格遵守实训室的各项规定。

(3) 对操作有疑问时要先向指导老师请教后方可进行操作。

1.2.2 系统功能熟悉

1. 实训教学目的和要求

1) 目的

(1) 掌握规范的操作动作和操作的基本要求。

(2) 掌握数控车床的基本操作。

(3) 熟悉系统的每一个功能键的功能。

(4) 熟练运用每个键进行各项操作。

2) 要求

(1) 严格按照机床的操作说明进行操作。

(2) 严格遵守各项安全规定，以免发生人身或机床事故。

(3) 不清楚的问题要在指导老师的指导后方可进行操作，不可擅自操作。

2. 机床的基本操作

1) 急停

2) 工作方式选择

3) 轴手动按键

4) 速率修调

5) 回参考点

6) 手动进给

7) 增量进给

8) 手摇进给

9) 自动运行

10) 单段运行

11) 超程解除

12) 手动机床动作控制

3. 手动数据输入（MDA）运行

1) 输入 MDA 指令段

2) 运行 MDA 指令段

3) 修改某一字段的值

4) 停止当前运行的 MDA 指令

4. 显示切换

1) 主显示窗口

2) 显示模式

3) 正文显示
4) 坐标系选择
5) 位置值类型选择。当前位置显示
6) 图形选择
7) 设置图形显示模式

5. 程序的选择、编辑、新建以及文件的管理

在软件主操作面板界面下，按程序键进入编辑功能子菜单，命令行与菜单的显示。
1) 选择编辑程序
2) 程序的编辑

选择"打开"按钮后即可编辑一个程序，完成后自动保存。
3) 程序的新建
4) 文件管理
(1) 更改文件名。
(2) 文件复制。
(3) 删除文件。

6. 对刀

要求：
(1) 严格按照数控车床的操作规程进行操作。
(2) 严格遵守实训室的各项规定。
(3) 对操作有疑问时要先向指导老师请教后方可进行操作。
(4) 要时刻保持精神集中，不可挂胸卡进行操作。
(5) 不许戴手套进行操作，长发者要带帽子。

1.2.3 车削外圆、端面、台阶

1. 实训教学目的和要求

1) 实训目的
(1) 合理安排工作位置，注意操作姿势，养成良好的操作习惯。
(2) 掌握车削外圆、端面、台阶的程序编制，熟练运用 G00、G01 指令。
(3) 掌握程序的输入、检查、修改的技能。
(4) 掌握装夹刀具及试切对刀的技能。
(5) 进一步提高 90°车刀的刀具刃磨技能与使用量具的技能。
(6) 按图要求完成工件的外圆面、端面、台阶车削加工，并理解粗车与精车的概念。
(7) 掌握在数控车床上加工零件、控制尺寸方法及切削用量的选择。
(8) 通过对工件的外圆、端面、台阶进行车削加工，掌握在数控车床上加工零件的基本方法。

2) 实训要求
(1) 严格按照数控车床的操作规程进行操作，防止人身、设备事故的发生。

(2) 在自动加工前应由实习指导教师检查各项调试是否正确后方可进行加工。

2. 相关工艺知识

1) 刀具安装要求

(1) 车刀装夹时,刀尖必须严格对准工件旋转中心,过高或过低都造成刀尖碎裂。

(2) 安装时刀头伸出长度约为刀杆厚度的 1~1.5 倍。

2) 编程要求

(1) 熟练掌握 G00 快速定位指令的格式、走刀线路及运用。

G00 X__ Z__。

(2) 熟练掌握 G01 定位指令的格式、走刀线路及运用。

G01 X__ Z__。

(3) 辅助指令 S、M、T 指令功能及运用。

3) 粗车、精车的概念

(1) 粗车:转速不宜太快,切削力大,进给速度快,以求在尽量短的时间内把工件余量车掉。粗车对切削表面没有严格要求,只需留一定的精车余量即可,加工中要求装夹牢靠。

(2) 精车:精车指车削的末道工序,加工能使工件获得准确的尺寸和规定的表面粗糙度。此时,刀具应较锋利,切削速度较快,进给速度应适中一些。

3. 工量具及材料准备

(1) 刀具:90°外圆硬质合金车刀 YT15(每组 3 把)。

(2) 量具:0~125 游标卡尺、25~50 千分尺、0~150 钢尺(每组 1 套)。

(3) 材料:$\phi 45 \times 83$mm 尺寸 $45^\#$ 钢(每人一件)。

4. 操作步骤

che1 编制如图 1.59 所示的加工程序。

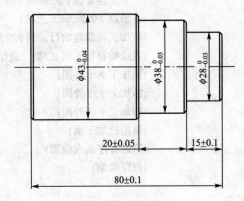

图 1.59 阶梯轴

```
N01 T01                    (换一号刀,确定其坐标系)
N02 G00 X80 Z80            (到程序起点或换刀点位置)
N03 M03 S800               (主轴正转,转速为 800r/min)
```

N04 G00 X46 Z2   (刀尖快速定位到φ46，距端面2mm处)
N05 X43.4   (刀尖快速定位到φ43.4处，留0.4mm精加工余量)
N06 G01 Z-80 F0.1   (粗工φ43外圆、进给速度为0.1mm/r)
N07 X44.4   (退回到φ44.4处)
N08 G00 Z2   (刀尖快速定位到距端面2mm处)
N09 X40   (到φ40处)
N10 G01 Z-35 F0.1   (粗工φ38外圆，进给速度为0.1mm/r)
N11 X41   (退回到φ41处)
N12 G00 Z2   (刀尖快速定位到距端面2mm处)
N13 X38.4   (到φ38.4处，留0.4mm精加工余量)
N14 G01 Z-35 F0.1   (粗工φ38外圆，进给速度为0.1mm/r)
N15 X39.4   (退回到φ39.4处)
N16 G00 Z2   (刀尖快速定位到距端面2mm处)
N17 X35   (到φ35处)
N18 G01 Z-15 F0.1   (粗工φ28外圆，进给速度为0.1mm/r)
N19 X36   (退回到φ36处)
N20 G00 Z2   (刀尖快速定位到距端面2mm处)
N21 X32   (到φ32处)
N22 G01 Z15 F0.1   (粗工φ28外圆，进给速度为0.1mm/r)
N23 X33   (退回到φ33处)
N24 G00 Z2   (刀尖快速定位到距端面2mm处)
N25 X30   (到φ30处)
N26 G01 Z-15 F0.1   (粗工φ28外圆，进给速度为0.1mm/r)
N27 X31   (退回到φ31处)
N28 G00 Z2   (刀尖快速定位到距端面2mm处)
N29 X28.4   (到φ28.4处，留0.4mm精加工余量)
N30 G01 Z-15 F0.1   (粗工φ28外圆，进给速度为0.1mm/r)
N31 X29.4   (退回到φ29.4处)
N32 G00 Z2   (刀尖快速定位到距端面2mm处)
N33 M03 S1600   (主轴以1600r/min正转)
N34 G00 X27   (精加工轮廓起始行，到φ27处)
N35 G01 Z0 F0.08   (直线插补加工到Z0处，进给速度为0.08mm/r)
N37 Z-15   (精加工φ28外圆)
N39 Z-35   (精加工φ38外圆)
N41 Z-80   (精加工φ43外圆)
N42 X45.5   (退出已加工面)
N43 G00 X80 Z80   (返回程序起点位置)
N44 M30   (程序结束)

5. 相关问题及注意事项

（1）切削用量选择不合理，刀具刃磨不当，致使铁屑不断屑，应选择合理切削用量及刀具。

（2）程序在输入后要养成用图形模拟的习惯，以保证加工的安全性。

(3) 要按照操作步骤逐一进行相关训练,实习中对未涉及的问题及不明白之处要询问指导教师,切忌盲目加工。

(4) 尺寸及表面粗糙度达不到要求时,要找出其原因,知道正确的操作方法及注意事项。

1.2.4 圆弧车削练习

1. 实训教学目的和要求

1) 实训目的

(1) 合理安排工作位置,注意操作姿势,养成良好的操作习惯。
(2) 掌握车削外圆、端面、台阶的程序编制,熟练运用 G02、G03 指令。
(3) 掌握程序的输入、检查、修改的技能。
(4) 掌握装夹刀具及试切对刀的技能。
(5) 进一步提高 90°车刀的刀具刃磨技能与使用量具的技能。
(6) 按图要求完成工件的外圆面、端面、台阶车削加工,并理解粗车与精车的概念。
(7) 掌握在数控车床上加工零件、控制尺寸方法及切削用量的选择。
(8) 通过对工件的外圆、端面、台阶进行车削加工,掌握在数控车床上加工零件的基本方法。

2) 实训要求

(1) 严格按照数控车床的操作规程进行操作,防止人身、设备事故的发生。
(2) 在自动加工前应由实习指导教师检查各项调试是否正确后方可进行加工。

2. 相关工艺知识

1) 刀具安装要求

(1) 车刀装夹时,刀尖必须严格对准工件旋转中心,过高或过低都会造成刀尖碎裂。
(2) 安装时刀头伸出长度约为刀杆厚度的 1~1.5 倍。

2) 编程要求

(1) 熟练掌握 G02 圆弧插补的指令的格式、走刀线路及运用。

G02X __ Z __ CR= __。

(2) 熟练掌握 G03 圆弧插补的指令的格式、走刀线路及运用。

G03X __ Z __ CR= __。

3) 粗车、精车的概念

(1) 粗车:转速不宜太快,切削力大,进给速度快,以求在尽量短的时间内把工件余量车掉。粗车对切削表面没有严格要求,只需留一定的精车余量即可,加工中要求装夹牢靠。

(2) 精车:精车指车削的末道工序,加工能使工件获得准确的尺寸和规定的表面粗糙度。此时,刀具应较锋利,切削速度较快,进给速度应适中一些。

3. 工量具及材料准备

(1) 刀具：90°外圆硬质合金车刀 YT15（每组 3 把）。

(2) 量具：0～125 游标卡尺、25～50 千分尺、0～150 钢尺（每组 1 套）。

(3) 材料：φ45×83mm 尺寸 45# 钢（每人一件）。

4. 操作步骤

che2 编制如图 1.60 所示的加工程序。

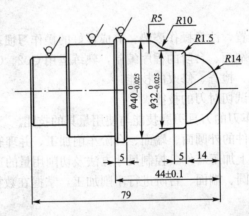

图 1.60 圆弧车削练习

```
N01 T01                              (换一号刀,确定其坐标系)
N02 G00 X80 Z80                      (到程序起点或换刀点位置)
N03 M03 S800                         (主轴正转,转速为 800r/min)
N04 G00 X44 Z2                       (刀尖快速定位到 φ44,距端面 2mm 处)
N05 G71 U1 R0.5 P1 Q2 X0.4 Z0.2 F100 (外径粗车复合循环加工)
N06 M03 S1600                        (主轴以 1600r/min 正转)
N07 N1 G00 Z0                        (精加工轮廓起始行,到 Z0 处)
N08 G01 X-0.5 F80                    (直线插补加工到 X-0.5 处)
N09 X0                               (退回 X0 处)
N10 G03 X28 Z-14 R14                 (精加工 R14 圆弧)
N11 G01 X29                          (精加工距零点-14 处的端面)
N12 G03 X32 Z-15.5 R1.5              (精加工 R1.5 圆弧)
N13 G01 Z-19                         (精加工 φ32 外圆)
N14 G02 X37.33 Z-25.8 R10            (精加工 R10 圆弧)
N15 G03 X40 Z-29.2 R5                (精加工 R5 圆弧)
N16 G01 Z-39                         (精加工 φ40 外圆)
N17 N2 X43 C0.5                      (精加工 0.5×45°倒角)
N18 G00 X80 Z80                      (返回程序起点位置)
N19 M05 M09                          (主轴停、冷却液关)
N20 M30                              (主程序结束并复位)
```

5. 相关问题及注意事项

(1) 切削用量选择不合理，刀具刃磨不当，致使铁屑不断屑，应选择合理切削用量及刀具。

(2) 程序在输入后要养成用图形模拟的习惯,以保证加工的安全性。

(3) 要按照操作步骤逐一进行相关训练,实习中未涉及的问题及不明白之处要询问指导教师,切忌盲目加工。

(4) 尺寸及表面粗糙度达不到要求时,要找出其原因,知道正确的操作方法及注意事项。

1.2.5 车槽与切断

1. 实训教学目的和要求

1) 实训目的

(1) 合理安排工作位置,注意操作姿势,养成良好的操作习惯。

(2) 掌握车削外圆、端面、台阶、切槽与切断的程序编制,熟练运用 G00、G01 指令。

(3) 掌握程序的输入、检查、修改的技能。

(4) 掌握装夹刀具及试切对刀的技能。

(5) 进一步提高切槽与切断车刀的刀具刃磨技能与使用量具的技能。

(6) 按图要求完成工件的外圆面、端面、台阶车削加工,并理解粗车与精车的概念。

(7) 掌握在数控车床上加工零件、控制尺寸方法及切削用量的选择。

(8) 通过对工件的外圆、端面、台阶进行车削加工,掌握在数控车床上加工零件的基本方法。

2) 实训要求

(1) 严格按照数控车床的操作规程进行操作,防止人身、设备事故的发生。

(2) 在自动加工前应由实习指导教师检查各项调试是否正确后方可进行加工。

2. 相关工艺知识

1) 刀具安装要求

(1) 车刀装夹时,刀尖必须严格对准工件旋转中心,过高或过低都会造成刀尖碎裂。

(2) 安装时刀头伸出长度约为刀杆厚度的 1~1.5 倍。

2) 编程要求

(1) 熟练掌握 G00 快速定位指令的格式、走刀线路及运用。G00 X__ Z__。

(2) 熟练掌握 G01 快速定位指令的格式、走刀线路及运用。G01 X__ Z__。

(3) 辅助指令 S、M、T 指令的功能及运用。

3) 粗车、精车的概念

(1) 粗车:转速不宜太快,切削力大,进给速度快,以求在尽量短的时间内把工件余量车掉。粗车对切削表面没有严格要求,只需留一定的精车余量即可,加工中要求装夹牢靠。

(2) 精车:精车指车削的末道工序,加工能使工件获得准确的尺寸和规定的表面粗糙度。此时,刀具应较锋利,切削速度较快,进给速度应适中一些。

3. 工量具及材料准备

(1) 刀具：90°外圆硬质合金车刀 YT15(每组 3 把)。

(2) 量具：0～125 游标卡尺、25～50 千分尺、0～150 钢尺(每组 1 套)。

(3) 材料：$\phi 45 \times 83$mm 尺寸 $45^\#$ 钢(每人一件)。

4. 操作步骤

che3 编制如图 1.61 所示的加工程序。

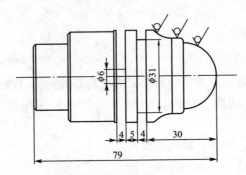

图 1.61　切槽与切断练习

N01 G00 X80 Z80	(到程序起点或换刀点位置)
N02 T0202	(换二号刀,假设刀宽为 3mm,确定其坐标系)
N03 M08 M03 S800	(冷却液开,主轴正转,转速为 800r/min)
N04 G00 X40 Z-33	(刀尖快速定位到 $\phi 40$ 直径,距端面-33mm 处)
N05 G01 X31 F30	(加工第一刀 $\phi 31$ 的槽)
N06 G00 X40	(刀尖快速退回到 $\phi 40$ 直径处)
N07 Z-34	(刀尖快速定位到距端面-34mm 处)
N08 G01 X31 F30	(加工第二刀 $\phi 31$ 的槽)
N09 G00 X40	(刀尖快速退回到 $\phi 40$ 直径处)
N10 Z-42	(刀尖快速定位到距端面-42mm 处)
N11 G01 X6 F30	(加工第一刀 $\phi 6$ 的槽)
N12 G00 X40	(刀尖快速退回到 $\phi 40$ 直径处)
N13 Z-43	(刀尖快速定位到距端面-43mm 处)
N14 G01 X6 F30	(加工第二刀 $\phi 6$ 的槽)
N15 G00 X80	(刀尖快速退回到 $\phi 80$ 直径处)
N16 Z80	(返回程序起点位置)
N17 M05 M09	(主轴停、冷却液关)
N18 M30	(主程序结束并复位)

5. 相关问题及注意事项

(1) 切削用量选择不合理，刀具刃磨不当，致使铁屑不断屑，应选择合理切削用量及刀具。

(2) 程序在输入后要养成用图形模拟的习惯，以保证加工的安全性。

(3) 要按照操作步骤逐一进行相关训练，实习中未涉及的问题及不明白之处要询问指导教师，切忌盲目加工。

(4) 尺寸及表面粗糙度达不到要求时，要找出其原因，知道正确的操作方法及注意事项。

1.2.6 车圆柱孔和内沟槽

1. 实训教学目的和要求

1) 实训目的

(1) 合理安排工作位置，注意操作姿势，养成良好的操作习惯。
(2) 掌握车削圆柱孔和内沟槽的程序编制，熟练运用 G00、G01 指令。
(3) 掌握程序的输入、检查、修改的技能。
(4) 掌握装夹刀具及试切对刀的技能。
(5) 进一步提高镗孔刀及内沟槽刀的刀具刃磨技能与使用量具的技能。
(6) 按图要求完成工件的内孔和内槽车削加工，并理解粗车与精车的概念。
(7) 掌握在数控车床上加工零件、控制尺寸方法及切削用量的选择。
(8) 通过对工件的内轮廓进行车削加工，掌握在数控车床上加工零件的内轮廓的基本方法。

2) 实训要求

(1) 严格按照数控车床的操作规程进行操作，防止人身、设备事故的发生。
(2) 在自动加工前应由实习指导教师检查各项调试是否正确后方可进行加工。

2. 相关工艺知识

1) 刀具安装要求

(1) 车刀装夹时，刀尖必须严格对准工件旋转中心，过高或过低都会造成刀尖碎裂。
(2) 安装时刀头伸出长度约为刀杆厚度的 1～1.5 倍。

2) 编程要求

(1) 熟练掌握 G00 快速定位指令的格式、走刀线路及运用。G00 X__ Z__。
(2) 熟练掌握 G01 定位指令的格式、走刀线路及运用。G01 X__ Z__。
(3) 辅助指令 S、M、T 指令功能及运用。
(4) 熟练掌握 G71 内(外)径粗精车复合循环指令的格式、走刀线路及运用。
G71U__ R__ P__ Q__ X__ Z__ F__ S__ T__。

3) 粗车、精车的概念

(1) 粗车：转速不宜太快，切削力大，进给速度快，以求在尽量短的时间内尽快把工件余量车掉。粗车对切削表面没有严格要求，只需留一定的精车余量即可，加工中要求装夹牢靠。
(2) 精车：精车指车削的末道工序加工能使工件获得准确的尺寸和规定的表面粗糙度。此时，刀具应较锋利，切削速度较快，进给速度应适中一些。

3. 工量具及材料准备

(1) 刀具：镗孔刀、内沟槽刀 YT15(每组 3 把)。
(2) 量具：0～125 游标卡尺、25～50 内径千分尺、0～150 钢尺(每组 1 套)。

(3) 材料：$\phi 80 \times 83$ mm 尺寸 45# 钢（每人一件）。

4. 操作步骤

che4　编制如图 1.62 所示的加工程序。

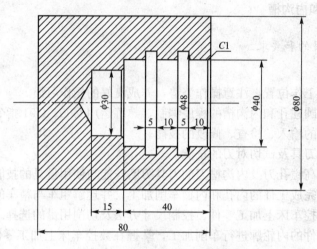

图 1.62　车圆柱孔和内沟槽练习

```
N01 T0101                    (换一号刀,本程序为镗孔刀)
N02 G00 X80 Z80              (快速定位到程序起点或换刀点位置)
N03 M08 M03 S800             (冷却液开,主轴正转,转速为 800r/min)
N04 G00 X28 Z2               (快速定位到 φ28,距端面 2mm 处)
N05 G71 U0.5 R0.1 P7 Q14 E0.4 F120  (内轮廓粗加工复合循环)
N06 M03 S1600                (精加工循环转速提高到 1600r/min)
N07 G00 X42                  (精加工轮廓起始行,到处 φ42 处)
N08 G01 Z0 F100              (精加工前刀具靠近工件端面)
N09 G01 X40 Z-1 F100         (精加工第一个倒角)
N10 G01 Z-40 F100            (精加工 φ40 的内径)
N11 G01 X32 F100             (车刀走到第二个倒角的大端)
N12 G01 X30 Z-41             (精加工第二个倒角)
N13 G01 Z-55 F100            (精加工 φ30 的内径)
N14 G01 X28 F100             (车刀走到 φ28 处,保证有安全的位置退刀)
N15 G00 Z80                  (Z 方向先快速退回程序起始位置)
N16 G00 X80                  (X 方向快速退回程序起始位置)
N17 M05 M09                  (主轴停止、冷却液关)
N18 M00                      (程序停止)
N19 T0303                    (换三号刀,加工内槽)
N20 M03 S500                 (主轴转速为 500r/min)
N21 G00 X38 Z2               (快速定位到 φ38,距端面 2mm 处)
N22 G01 Z-30 F100            (刀尖走到 Z-30 处)
N23 G01 X48 P0.2 F25         (加工内槽,并在槽底刀具停留 0.2 秒)
N24 G00 X38                  (快速退刀到 φ38 处)
N25 G00 Z-28                 (快速退刀到 Z-28 处)
```

N26 G01 X48 P0.2 F25	(对槽宽进行修整,并在槽底刀具停留 0.2 秒)
N27 G00 X38	(快速退刀到 $\phi 38$ 处)
N28 G00 Z-15	(快速退刀到 Z-15 处)
N29 G01 X48 P0.2 F25	(加工内槽,并在槽底刀具停留 0.2 秒)
N30 G00 X38	(快速退刀到 $\phi 38$ 处)
N31 G00 Z-13	(快速退刀到 Z-13 处)
N32 G01 X48 P0.2 F25	(对槽宽进行修整,并在槽底刀具停留 0.2 秒)
N33 G00 X38	(快速退刀到 $\phi 38$ 处)
N34 G00 Z80	(Z 方向先快速退回程序起始位置)
N35 G00 X80	(X 方向快速退回程序起始位置)
N36 M30 M09	(主程序结束并复位、冷却液关)

5. 相关问题及注意事项

(1) 切削用量选择不合理,刀具刃磨不当,致使铁屑不断屑,应选择合理切削用量及刀具。

(2) 程序在输入后要养成用图形模拟的习惯,以保证加工的安全性。

(3) 要按照操作步骤逐一进行相关训练,实习中未涉及的问题及不明白之处要询问指导教师,切忌盲目加工。

(4) 尺寸及表面粗糙度达不到要求时,要找出其原因,知道正确的操作方法及注意事项。

(5) 注意内外表面加工的区别,要注意进退刀的区别,防止发生事故。

1.2.7 车外圆锥

1. 实训教学目的和要求

1) 实训目的

(1) 合理安排工作位置,注意操作姿势,养成良好的操作习惯。

(2) 掌握车削外圆锥的程序编制,熟练运用 G00、G01、G71 及其他 M 指令。

(3) 掌握程序的输入、检查、修改的技能。

(4) 掌握装夹刀具及试切对刀的技能。

(5) 进一步提高 90°车刀的刀具刃磨技能与使用量具的技能。

(6) 通过对工件的外圆锥进行车削加工,掌握在数控车床上加工不同零件的不同的基本方法。

(7) 掌握锥度检查的方法。

① 使用游标角度尺测量锥体的方法。

② 使用套规检查锥体的方法,要求用套规涂色检查时接触面在 50% 以上。

2) 实训要求

(1) 严格按照数控车床的操作规程进行操作,防止人身、设备事故的发生。

(2) 在自动加工前应由实习指导教师检查各项调试是否正确后方可进行加工。

2. 相关工艺知识

1) 刀具安装要求

(1) 车刀装夹时,刀尖必须严格对准工件旋转中心,过高或过低都会造成刀尖碎裂。

(2) 安装时刀头伸出长度约为刀杆厚度的 1~1.5 倍。

2) 编程要求

(1) 熟练掌握 G00 快速定位指令的格式、走刀线路及运用。

G00 X __ Z __。

(2) 熟练掌握 G01 定位指令的格式、走刀线路及运用。

G01 X __ Z __。

(3) 辅助指令 S、M、T 指令功能及运用。

(4) 熟练掌握 G71 内(外)径粗精车复合循环指令的格式、走刀线路及运用。

G71U __ R __ P __ Q __ X __ Z __ F __ S __ T __。

3) 粗车、精车的概念

(1) 粗车:转速不宜太快,切削力大,进给速度快,以求在尽量短的时间内把工件余量车掉。粗车对切削表面没有严格要求,只需留一定的精车余量即可,加工中要求装夹牢靠。

(2) 精车:精车指车削的末道工序,加工能使工件获得准确的尺寸和规定的表面粗糙度。此时,刀具应较锋利,切削速度较快,进给速度应适中一些。

3. 工量具及材料准备

(1) 刀具:90°外圆硬质合金车刀 YT15(每组 3 把)。

(2) 量具:0~125 游标卡尺、25~50 千分尺、0~150 钢尺(每组 1 套)。

(3) 材料:ϕ55×75mm 尺寸 45# 钢(每人一件)。

4. 操作步骤

che5 编制如图 1.63 所示的加工程序。

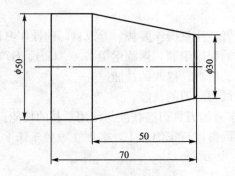

图 1.63 车外圆锥练习

N01 T0101	(换一号刀)
N02 G00 X80 Z80	(快速定位到程序起点或换刀点位置)
N03 M08 M03 S800	(冷却液开,主轴正转,转速为 800r/min)
N04 G00 X57 Z2	(快速定位到 ϕ57,距端面 2mm 处)
N05 G71 U1 R0.5 P7 Q11 E0.4 F120	(外轮廓粗加工复合循环)
N06 M03 S1600	(主轴正转,转速为 1600r/min)
N07 G00 X28	(精加工轮廓起始行,到处 ϕ28 处)

N08 G01 Z0 F100	(精加工前刀具靠近工件端面)
N09 G01 X30 Z-1 F100	(精加工倒角)
N10 G01 X50 Z-50 F100	(精加工锥度表面)
N11 G01 Z-70	(精加工ϕ70外圆柱表面)
N12 G00 X80 Z80	(退回程序起始位置)
N13 M03 M09	(主程序结束并复位、冷却液关)

1.2.8 车内圆锥

che5 编制如图1.64所示的加工程序。

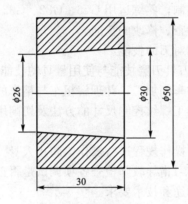

图1.64 车内圆锥练习

N01 T0101	(换一号刀)
N02 G00 X80 Z80	(快速定位到程序起点或换刀点位置)
N03 M08 M03 S800	(冷却液开,主轴正转,转速为800r/min)
N04 G00 X24 Z2	(快速定位到ϕ24,距端面2mm处)
N05 G71 U0.5 R0.2 P Q E0.4 F120	(内轮廓粗加工复合循环)
N06 M03 S1600	(主轴正转,转速为1600r/min)
N06 G00 X30	(精加工轮廓起始行,到处ϕ30处)
N07 G01 Z0 F100	(精加工前刀具靠近工件端面)
N08 G01 X26 Z-30 F100	(精加工圆锥表面)
N09 G01 X25 F100	(刀具退到安全位置)
N10 G00 Z80	(Z方向先快速退回程序起始位置)
N11 G00 X80	(X方向快速退回程序起始位置)
N12 M03 M09	(主程序结束并复位、冷却液关)

1. 相关问题及注意事项

(1) 切削用量选择不合理,刀具刃磨不当,致使铁屑不断屑,应选择合理切削用量及刀具。

(2) 程序在输入后要养成用图形模拟的习惯,以保证加工的安全性。

(3) 要按照操作步骤逐一进行相关训练,实习中未涉及的问题及不明白之处要询问指导教师,切忌盲目加工。

(4) 尺寸及表面粗糙度达不到要求时,要找出其原因,知道正确的操作方法及注意事项。

(5) 注意内外表面加工的区别。

(6) 注意内表面加工的安全，加工前必须确定程序的正确性。

1.2.9 车外三角螺纹

1. 实训教学目的和要求

1) 实训目的

(1) 合理安排工作位置，注意操作姿势，养成良好的操作习惯。

(2) 掌握车螺纹的程序编制，熟练运用 G76、G82、G32 指令。

(3) 掌握程序的输入、检查、修改的技能。

(4) 掌握装夹刀具及试切对刀的技能。

(5) 提高 60°螺纹车刀的刀具刃磨技能与使用量具的技能。

(6) 按图要求完成工件的车削加工，并理解粗车与精车的概念。

(7) 掌握在数控车床上加工螺纹控制尺寸的方法及切削用量的选择。

2) 实训要求

(1) 严格按照数控车床的操作规程进行操作，防止人身、设备事故的发生。

(2) 在自动加工前应由实习指导教师检查各项调试是否正确后方可进行加工。

(3) 了解三角形螺纹的用途和技术要求。

(4) 能根据螺纹样板正确装夹车刀。

(5) 能判断螺纹牙型、底径、牙宽的正确与否并进行修正，熟练掌握中途对刀的方法。

(6) 掌握用螺纹环规检查三角形螺纹的方法。

2. 相关工艺知识

在机械制造业中，三角形螺纹应用广泛，常用于连接、紧固；在工具和仪器中还往往用于调节。

三角形螺纹的特点：螺距小、一般螺纹长度较短。其基本要求是：螺纹轴向剖面牙型角必须正确、两侧面表面粗糙度小，中径尺寸符合精度要求，螺纹与工件轴线保持同轴。

1) 螺纹车刀的装夹

(1) 夹车刀时，刀尖位置一般应对准工件中心(可根据尾座顶尖高度检查)。

(2) 车刀刀尖角的对称中心必须与工件轴线垂直。

(3) 车刀不应伸出过长，一般为 20～25mm(约为刀杆厚度的 1～1.5 倍)。

2) 螺纹的测量和检查

(1) 大径的测量。螺纹大径的公差较大，一般可用游标卡尺或千分尺测量。

(2) 螺距的测量。螺距一般可用钢直尺测量，如果螺距较小可先量 10 个螺距然后除以 10 得出一个螺距的大小。如果较大的可以只量 2～4 个，然后再求一个螺距。

(3) 中径的测量。精度较高的三角形螺纹可用螺纹千分尺测量，所测得的千分尺读数就是该螺纹的中径实际尺寸。

(4) 综合测量。用螺纹环规综合检查三角形外螺纹。首先对螺纹的直径、螺距、牙型和粗糙度进行检查，然后再用螺纹环规测量外螺纹的尺寸精度。如果环规通端正好拧进去，而且止端拧不进，说明螺纹精度符合要求。

3) 编程要求

(1) 熟练掌握 G32 直螺纹的加工的指令格式、走刀路线及运用。

G32 X__ Z__ R__ E__ P__ F__。

(2) 熟练掌握 G82 螺纹切削循环的指令格式、走刀路线及运用。

G82 X__ Z__ I__ R__ E__ C__ P__ F__。

(3) 辅助指令 S、M、T 指令的功能及运用。

(4) 熟练掌握 G76 内(外)螺纹切削复合循环指令的格式、走刀线路及运用。

G76 C__ R__ E__ A__ X__ Z__ I__ K__ U__ V__ Q__ P__ F__。

4) 粗车、精车的概念

(1) 粗车：转速不宜太快，切削力大，进给速度快，以求在尽量短的时间内尽快把工件余量车掉。粗车对切削表面没有严格要求，只需留一定的精车余量即可，加工中要求装夹牢靠。

(2) 精车：精车指车削的末道工序，加工能使工件获得准确的尺寸和规定的表面粗糙度。此时，刀具应较锋利，切削速度较快，进给速度应适中一些。

3. 工量具及材料准备

(1) 刀具：60°的螺纹车刀 YT15(每组 3 把)。

(2) 量具：0~125 游标卡尺、25~50 内径千分尺、0~150 钢尺(每组 1 套)。

(3) 材料：$\phi 80 \times 83$mm 尺寸 45# 钢(每人一件)。

4. 操作步骤

加工如图 1.65 所示的螺纹可以用 3 种不同的指令进行。

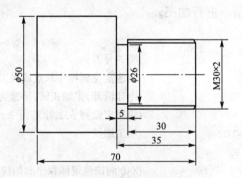

图 1.65 车外三角螺纹练习

方法一：运用 G32 指令进行加工。

che6

N01 T0101	(换一号刀)
N02 G00 X80 Z80	(快速定位到程序起点或换刀点位置)
N03 M08 M03 S800	(冷却液开,主轴正转,转速为 800r/min)
N04 G00 X32 Z3	(快速定位到 $\phi 32$,距端面 3mm 处)
N05 G00 X29	(到螺纹切削起点,吃刀深度 0.5mm)
N06 G32 X29 Z-30 F2	(切削螺纹到螺纹切削终点,导程为 2mm)
N07 G00 X32	(X 轴方向快退到 $\phi 32$ 处)
N08 G00 Z3	(Z 轴方向快退到距端面 3mm 处)

N09 G00 X28.2	(到螺纹切削起点,吃刀深度 0.4mm)
N10 G32 X28.2 Z-30 F2	(切削螺纹到螺纹切削终点,导程为 2mm)
N11 G00 X32	(X 轴方向快退到 $\phi 32$ 处)
N12 G00 Z3	(Z 轴方向快退到距端面 3mm 处)
N13 G00 X27.4	(到螺纹切削起点,吃刀深度 0.4mm)
N14 G32 X27.4 Z-30 F2	(切削螺纹到螺纹切削终点,导程为 2mm)
N15 G00 X80	(X 方向快速退回程序起始位置)
N16 G00 Z80	(Z 方向先快速退回程序起始位置)
N17 M30 M09	(主程序结束并复位、冷却液关)

方法二：运用 G82 指令进行加工。

che7

N01 T0101	(换一号刀)
N02 G00 X80 Z80	(快速定位到程序起点或换刀点位置)
N03 M08 M03 S800	(冷却液开,主轴正转,转速为 800r/min)
N04 G00 X32 Z3	(快速定位到 $\phi 32$,距端面 3mm 处)
N05 G82 X29 Z-30 F2	(第一次循环加工,吃刀深度 0.5mm)
N06 G82 X28.2 Z-30 F2	(第二次循环加工,吃刀深度 0.4mm)
N07 G82 X27.4 Z-30 F2	(第三次循环加工,吃刀深度 0.4mm)
N08 G00 X80	(X 方向快速退回程序起始位置)
N09 G00 Z80	(Z 方向先快速退回程序起始位置)
N10 M30 M09	(主程序结束并复位、冷却液关)

方法三：运用 G76 指令进行加工。

che8

N01 T0101	(换一号刀)
N02 G00 X80 Z80	(快速定位到程序起点或换刀点位置)
N03 M08 M03 S800	(冷却液开,主轴正转,转速为 800r/min)
N04 G00 X32 Z3	(快速定位到 $\phi 32$,距端面 3mm 处)
N05 G76 A60 X27.4 Z-30 C2 V0.1 K1.299 Q0.5 U0.3 F2	(加工螺纹)
N06 G00 X80	(X 方向快速退回程序起始位置)
N07 G00 Z80	(Z 方向先快速退回程序起始位置)
N08 M30 M09	(主程序结束并复位、冷却液关)

5. 相关问题及注意事项

（1）切削用量选择不合理，刀具刃磨不当，致使铁屑不断屑，应选择合理切削用量及刀具。

（2）程序在输入后要养成用图形模拟的习惯，以保证加工的安全性。

（3）要按照操作步骤逐一进行相关训练，实习中未涉及的问题及不明白之处要询问指导教师，切忌盲目加工。

（4）尺寸及表面粗糙度达不到要求时，要找出其原因，知道正确的操作方法及注意事项。

1.2.10 车简单成形面

1. 实训教学目的和要求

1) 实训目的

(1) 合理安排工作位置,注意操作姿势,养成良好的操作习惯。
(2) 掌握车螺纹的程序编制,熟练运用 G02、G03 指令。
(3) 掌握程序的输入、检查、修改的技能。
(4) 掌握装夹刀具及试切对刀的技能。
(5) 提高 45°外圆车刀的刀具刃磨技能与使用量具的技能。
(6) 按图要求完成工件的车削加工,并理解粗车与精车的概念。
(7) 掌握在数控车床上加工螺纹控制尺寸的方法及切削用量的选择。

2) 实训要求

(1) 严格按照数控车床的操作规程进行操作,防止人身、设备事故的发生。
(2) 在自动加工前应由实习指导教师检查各项调试是否正确后方可进行加工。

2. 相关工艺知识

1) 刀具安装要求

(1) 车刀装夹时,刀尖必须严格对准工件旋转中心,过高或过低都会造成刀尖碎裂。
(2) 安装时刀头伸出长度约为刀杆厚度的 1~1.5 倍。

2) 编程要求

(1) 熟练掌握 G02 顺时针圆弧插补指令的格式、走刀线路及运用。

G02 X__ Z__ R__。

(2) 熟练掌握 G03 逆时针圆弧插补指令的格式、走刀线路及运用。

G03 X__ Z__ R__。

(3) 辅助指令 S、M、T 指令功能及运用。

3) 粗车、精车的概念

(1) 粗车:转速不宜太快,切削力大,进给速度快,以求在尽量短的时间内把工件余量车掉。粗车对切削表面没有严格要求,只需留一定的精车余量即可,加工中要求装夹牢靠。
(2) 精车:精车指车削的末道工序,加工能使工件获得准确的尺寸和规定的表面粗糙度。此时,刀具应较锋利,切削速度较快,进给速度应适中一些。

3. 工量具及材料准备

(1) 刀具:45°外圆硬质合金车刀 YT15(每组 3 把)。
(2) 量具:0~125 游标卡尺、25~50 千分尺、0~150 钢尺(每组 1 套)。
(3) 材料:$\phi 40 \times 83$mm 尺寸 45#钢(每人一件)。

4. 操作步骤

che9 编制如图 1.66 所示的加工程序。

N01 T0101 (换一号刀)

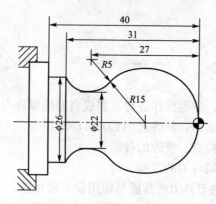

图 1.66 车简单成型面练习

```
N02 G00 X80 Z80              (快速定位到程序起点或换刀点位置)
N03 M08 M03 S800             (冷却液开,主轴正转,转速为 800r/min)
N04 G00 X42 Z2               (快速定位到φ42,距端面 2mm 处)
N05 G71 U1 R0.4 P7 Q11 E0.4 F100  (外轮廓粗加工复合循环)
N06 M03 S1600                (主轴以 1600r/min 正转)
N07 G00 X0                   (到达工件中心)
N05 G01 Z0 F60               (刀具接近工件毛坯)
N09 G03 X24 Z-24 R15 F60     (加工 R15 圆弧段)
N10 G02 X26 Z-31 R5 F60      (加工 R5 圆弧段)
N11 G01 Z-40                 (加工φ26)
N12 G00 X80                  (X 方向快速退回程序起始位置)
N13 G00 Z80                  (Z 方向先快速退回程序起始位置)
N14 M30 M09                  (主程序结束并复位、冷却液关)
```

5. 相关问题及注意事项

(1) 切削用量选择不合理,刀具刃磨不当,致使铁屑不断屑,应选择合理切削用量及刀具。

(2) 程序在输入后要养成用图形模拟的习惯,以保证加工的安全性。

(3) 要按照操作步骤逐一进行相关训练,实习中未涉及的问题及不明白之处要询问指导教师,切忌盲目加工。

(4) 尺寸及表面粗糙度达不到要求时,要找出其原因,知道正确的操作方法及注意事项。

(5) 准确地判断出 G02、G03 指令的使用。

1.2.11 数控编程练习题

1. 车练习一(图 1.67)

分析与提示

熟悉操作界面、零点设置对刀等。基本编程指令的使用。

编程步骤规范化。

数据处理。

注意形位公差。

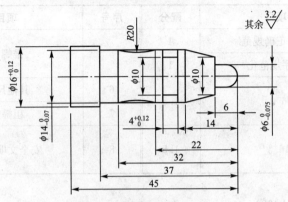

图 1.67 数控编程车练习一

刀具：93°外刀圆、割刀。

评分提示：

序号	项目	配分	序号	项目	配分
1	操作正确规范	1	5	$\phi16_{0}^{+0.12}$	1
2	程序规范化	0.5			
3	$\phi6_{-0.075}^{0}$	1.5	6	$4_{0}^{+0.12}$	1
			7	其他尺寸	1
4	$\phi14_{-0.07}^{0}$	1.5	8	粗糙度	1.5
			9	安全文明生产	1

2. 车练习二(图 1.68)

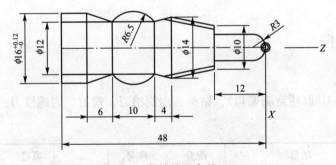

图 1.68 数控编程车练习二

分析与提示

数据处理、循环使用。

如何提高螺纹加工质量。

刀具：93°外圆刀，60°螺纹刀，割刀。

注意：外刀车刀副偏角。

评分提示：

序号	项目	配分	序号	项目	配分
1	操作正确规范	1	5	锥螺纹	1.5
2	程序规范化	1			
3	$\phi 6^{+0.12}_{0}$	1.5	6	其他尺寸	1
			7	粗糙度	1.5
4	$\phi 16^{+0.12}_{0}$	1.5	8	安全文明生产	1

3. 车练习三(图 1.69)

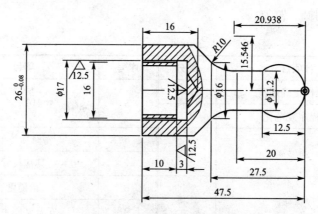

图 1.69 数控编程车练习三

分析与提示

数据处理技术。

循环技术。

半径补偿技术。

工艺优化。

注意◎要求。

刀具：93°外刀圆(注意副偏角)、钻头、内割槽刀、镗刀、内螺纹刀。

评分提示：

序号	项目	配分	序号	项目	配分
1	操作正确规范	1	6	M16	1
2	程序规范化	1	7	其他尺寸	1
3	工艺优化	1	8	◎(工艺保证)	1
4	$SR7.5^{+0.03}_{0}$	1	9	粗糙度	1
5	$\phi 26^{0}_{-0.084}$	1	10	安全文明生产	1

4. 车练习四(图1.70)

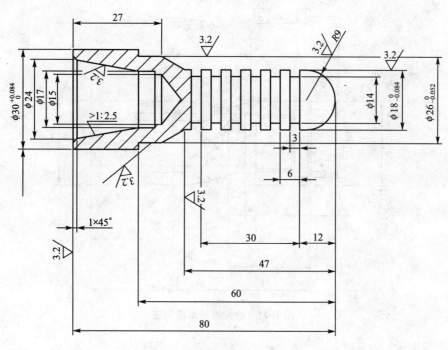

图1.70 数控编程车练习四

分析与提示
数据处理。
循环技术。
子程序相对编程技术。
注意↗要求。
刀具：93°外圆刀、割刀、钻头、内割槽刀、镗刀。
评分提示：

序号	项目	配分	序号	项目	配分
1	操作正确规范	1	6	∠1:2.5锥面	1
2	程序规范化	1	7	其他尺寸	1
3	$\phi 18_{-0.084}^{0}$	1	8	↗(工艺保证)	1
4	$\phi 26_{-0.052}^{0}$	1	9	粗糙度	1
5	$\phi 30_{0}^{+0.084}$	1	10	安全文明生产	1

5. 车练习五(图1.71)

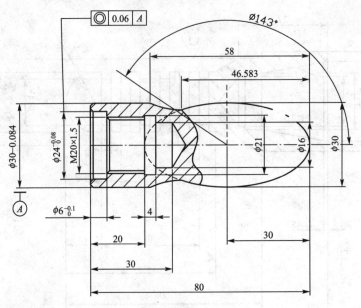

图 1.71 数控编程车练习五

分析与提示

坐标变换技术。

非圆曲线逼近处理。

参数、跳转编程技术。

刀具：93°外圆刀、钻头、内割刀、镗刀、

内螺纹刀。

评分提示：

序号	项目	配分	序号	项目	配分
1	操作正确规范	1	5	M20×1.5	1
2	椭圆	1	6	$6_0^{+0.1}$	1
3	$\phi 30_{-0.084}^{0}$	1	7	其他尺寸	1
			8	◎(工艺保证)	1
4	$\phi 24_{0}^{+0.084}$	1	9	粗糙度	1
			10	安全文明生产	1

6. 车练习六(图1.72)

分析与提示

循环技术。

提高螺纹加工质量方案。

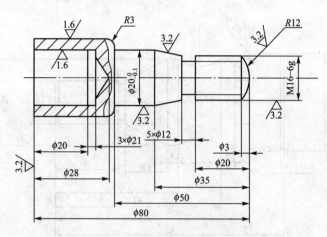

图 1.72 数控编程车练习六

注意◎要求(工艺)。

孔加工:钻—镗

or 钻—镗—铰。

刀具:93°外刀圆、割刀、60°螺纹刀、钻头、内割槽刀、镗刀(铰刀)。

评分提示:

序号	项目	配分	序号	项目	配分
1	操作正确规范	1	6	M16-6g	1
2	程序优化	0.5	7	其他尺寸	1
3	$\phi 20h8$	1	8	◎(工艺保证)	1
4	$\phi 20h9$	1	9	↗(工艺保证)	0.5
5	$\phi 20_{-0.1}^{0}$	0.5	10	粗糙度	1.5
			11	安全文明生产	1

7. 练习如图 1.73、图 1.74、图 1.75、图 1.76、图 1.77 所示的数控车削加工复习题

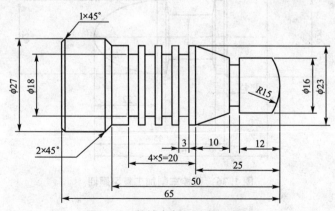

图 1.73 数控车削加工复习题一

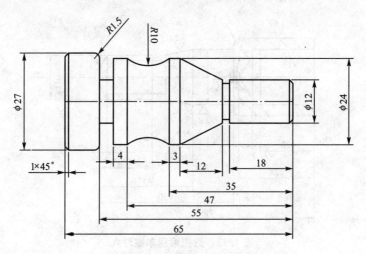

图 1.74 数控车削加工复习题二

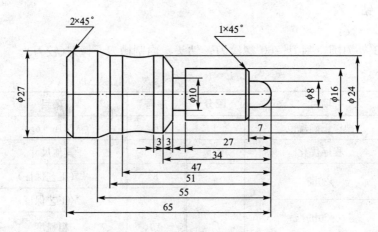

图 1.75 数控车削加工复习题三

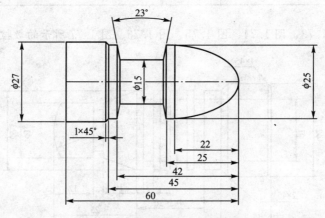

图 1.76 数控车削加工复习题四

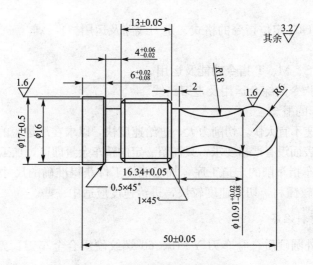

图 1.77 数控车削加工复习题五

1.3 数控车削加工复合课题

1.3.1 复合课题一

1. 实训教学目的和要求

1) 实训目的

(1) 合理安排工作位置,注意操作姿势,养成良好的操作习惯。
(2) 掌握车螺纹的程序编制,熟练运用各功能指令。
(3) 掌握程序的输入、检查、修改的技能。
(4) 掌握装夹刀具及试切对刀的技能。
(5) 提高 45°外圆车刀的刀具刃磨技能与使用量具的技能。
(6) 按图要求完成工件的车削加工,并理解粗车与精车的概念。
(7) 掌握在数控车床上加工零件时控制尺寸的方法及切削用量的选择。

2) 实训要求

(1) 严格按照数控车床的操作规程进行操作,防止人身、设备事故的发生。
(2) 在自动加工前应由实习指导教师检查各项调试是否正确后方可进行加工。

2. 相关工艺知识

1) 刀具安装要求

(1) 车刀装夹时,刀尖必须严格对准工件旋转中心,过高或过低都会造成刀尖碎裂。
(2) 安装时刀头伸出长度约为刀杆厚度的 1~1.5 倍。

2) 编程要求

(1) 熟练掌握 G00 快速定位指令的格式、走刀线路及运用。

G00 X__ Z__。

(2) 熟练掌握 G01 定位指令的格式、走刀线路及运用。

G01X__ Z__。

(3) 辅助指令 S、M、T 指令功能及运用。

(4) 其他各项指令的综合运用及走刀路线。

3) 粗车、精车的概念

(1) 粗车：转速不宜太快，切削力大，进给速度快，以求在尽量短的时间内把工件余量车掉。粗车对切削表面没有严格要求，只需留一定的精车余量即可，加工中要求装夹牢靠。

(2) 精车：精车指车削的末道工序，加工能使工件获得准确的尺寸和规定的表面粗糙度。此时，刀具应较锋利，切削速度较快，进给速度应适中一些。

3. 工量具及材料准备

1) 刀具：45°外圆硬质合金车刀 YT15、60°螺纹硬质合金车刀、刀宽 3mm 的切槽刀（每组 3 把）。

2) 量具：0~125 游标卡尺、25~50 千分尺、0~150 钢尺、0~25 中径千分尺（每组 1 套）。

3) 材料：$\phi30\times90$mm 尺寸 45# 钢（每人一件）。

4. 操作步骤

che10 编制如图 1.78 所示的加工程序。

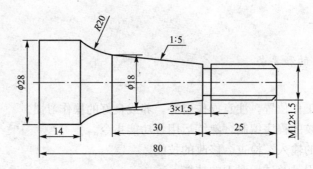

图 1.78 数控车削复习课题一

N01 T0101	(换一号刀,确定其坐标系)
N02 G00 X80 Z80	(到程序起点或换刀点位置)
N03 M08 M03 S800	(冷却液开,主轴以 800r/min 正转)
N04 G00 X31 Z2	(到循环起点位置)
N05 G71 U1 R0.5 P7 Q13 X0.4 Z0 F100	(外径粗加工复合循环)
N06 M03 S1600	(主轴以 1600r/min 正转)
N07 G00 G42 X9 Z2	(一号刀加入刀尖圆弧半径补偿)
N08 G01 Z0 F80	(刀具靠近工件表面)
N09 G01 X12 Z-1.5 F80	(精加工倒角)
N10 Z-25	(精加工外圆 ϕ12)
N11 X18 Z-55	(精加工斜面)
N12 G02 X28 Z-66 R20 F80	(精加工圆弧 R20)
N13 G01 Z-80	(精加工 ϕ28 外圆)

N14 G00 G04 X80	(X方向快速退回程序起始位置,并取消一号刀补)
N15 Z80	(Z方向先快速退回程序起始位置)
N16 T0202	(换二号刀)
N17 M03 S1000	(主轴以 1000r/min 正转)
N18 G00 X18 Z-25	(刀具快速走到切槽位置)
N19 G00 X13	(刀具靠近工件)
N20 G01 X9 F30	(切槽槽宽为 3mm)
N21 G00 X80	(X方向快速退回程序起始位置)
N22 Z80	(Z方向先快速退回程序起始位置)
N23 T0303	(换三号刀)
N24 M03 S800	(主轴以 800r/min 正转)
N25 G00 X14 Z2	(刀具快速定位到螺纹加工起点)
N26 G76 A60 X10.05 Z-22 C2	(加工螺纹)
V0.2 K0.97 Q0.4 U0.2 F1.5	
N27 G00 X80	(X方向快速退回程序起始位置)
N28 Z80	(Z方向先快速退回程序起始位置)
N29 T0202	(换二号刀)
N30 M03 S800	(主轴以 800r/min 正转)
N31 G00 X30 Z-83	(刀具快速定位到切断位置)
N32 G01 X0 F30	(切断工件)
N33 G00 X80 Z80	(回程序起点和换刀位置)
N34 M09 M30	(冷却液关,主轴停,主程序结束并复位)

5. 相关问题及注意事项

(1) 切削用量选择不合理,刀具刃磨不当,致使铁屑不断屑,应选择合理切削用量及刀具。

(2) 程序在输入后要养成用图形模拟的习惯,以保证加工的安全性。

(3) 要按照操作步骤逐一进行相关训练,实习中未涉及的问题及不明白之处要询问指导教师,切忌盲目加工。

(4) 尺寸及表面粗糙度达不到要求时,要找出其原因,知道正确的操作方法及注意事项。

1.3.2 复合课题二

1. 实训教学目的和要求

1) 实训目的

(1) 合理组织工作位置,注意操作姿势,养成良好的操作习惯。

(2) 掌握车螺纹的程序编制,熟练运用各功能指令。

(3) 掌握程序的输入、检查、修改的技能。

(4) 掌握装夹刀具及试切对刀的技能。

(5) 提高各种车刀的刀具刃磨技能与使用量具的技能。

(6) 按图要求完成工件的车削加工,并理解粗车与精车的概念。

(7) 掌握在数控车床上加工零件时控制尺寸的方法及切削用量的选择。

2) 实训要求

（1）严格按照数控车床的操作规程进行操作，防止人身、设备事故的发生。

（2）在自动加工前应由实习指导教师检查各项调试是否正确后方可进行加工。

2. 相关工艺知识

1) 刀具安装要求

（1）车刀装夹时，刀尖必须严格对准工件旋转中心，过高或过低都会造成刀尖碎裂。

（2）安装时刀头伸出长度约为刀杆厚度的1～1.5倍。

2) 编程要求

（1）熟练掌握 G00 快速定位指令的格式、走刀线路及运用。

G00 X__ Z__。

（2）熟练掌握 G01 定位指令的格式、走刀线路及运用。

G01X__ Z__。

（3）辅助指令 S、M、T 指令功能及运用。

（4）其他各项指令的综合运用及走刀路线。

3) 粗车、精车的概念

（1）粗车：转速不宜太快，切削力大，进给速度快，以求在尽量短的时间内把工件余量车掉。粗车对切削表面没有严格要求，只需留一定的精车余量即可，加工中要求装夹牢靠。

（2）精车：精车指车削的末道工序，加工能使工件获得准确的尺寸和规定表面粗糙度。此时，刀具应较锋利，切削速度较快，进给速度应适中一些。

3. 工量具及材料准备

1) 刀具：45°外圆硬质合金车刀 YT15、60°螺纹硬质合金车刀、刀宽 3mm 的切槽刀（每组3把）。

2) 量具：0～125 游标卡尺、25～50 千分尺、0～150 钢尺、0～25 中径千分尺（每组1套）。

3) 材料：$\phi 30 \times 80mm$ 尺寸 45# 钢（每人一件）。

4. 操作步骤

che11 编制如图 1.79 所示的加工程序。

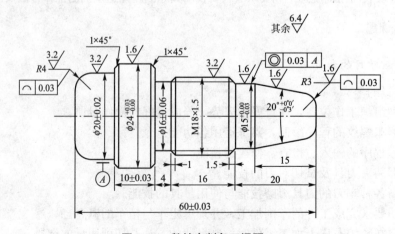

图 1.79 数控车削复习课题二

```
N01 T0101                           (换一号刀,确定其坐标系)
N02 G00 X80 Z80                     (到程序起点或换刀点位置)
N03 M08 M03 S800                    (冷却液开,主轴以 800r/min 正转)
N04 G00 X31 Z2                      (到循环起点位置)
N05 G71 U1 R0.5 P7 Q19 E0.4 F120    (外径粗加工复合循环)
N06 M03 S1600                       (主轴以 1600r/min 正转)
N07 G00 G42 X0                      (一号刀加入刀尖圆弧半径补偿,并走到 X 轴中心)
N08 G01 Z0 F80                      (刀具靠近工件端面)
N09 X4.68                           (精加工端面)
N10 G03 X10.58 Z-3.1 R3 F80         (精加工圆弧)
N11 G01 X15 Z-15 F80                (精加工斜面)
N12 W-5                             (精加工φ15 外圆)
N13 X18 W-1.5                       (精加工倒角)
N14 Z-35                            (精加工φ18 外圆)
N15 X16 W-1                         (精加工倒角)
N16 W-4                             (精加工φ16 外圆)
N17 X22
N18 X24 W-1                         (精加工倒角)
N19 Z-60                            (精加工φ24 外圆)
N20 G00 G40 X80                     (X 方向快速退回程序起始位置,并取消一号刀补)
N21 G00 Z80                         (Z 方向快速退回程序起始位置)
N22 T0202                           (换二号刀,螺纹车刀)
N23 M03 S800                        (主轴以 800r/min 正转)
N24 G00 X24 Z-18                    (快速定位到螺纹加工循环起点)
N25 G76 A60 X16.05 Z-16 C2          (螺纹加工)
    V0.1 K0.97 Q0.4 U0.1 F1.5
N26 G00 X80                         (X 方向快速退回程序起始位置)
N27 Z80                             (Z 方向快速退回程序起始位置)
N28 T0303                           (换三号刀,切断刀,刀宽为 3mm)
N29 M03 S800                        (主轴以 800r/min 正转)
N30 G00 Z-53
N31 X26
N32 G01 X20 F30                     (加工φ20 外圆)
N33 G00 X26
N34 Z-55
N35 G01 X20 F30                     (加工φ20 外圆)
N36 G00 X26
N37 Z-57
N38 G01 X20 F30                     (加工φ20 外圆)
N39 G00 X26
N40 Z-59
N41 G01 X20 F30                     (加工φ20 外圆)
N42 G00 X26
N43 Z-61
```

```
N44 G01 X20 F30              (加工 φ20 外圆)
N45 G00 X26
N46 Z-64
N47 G01 X20 F30              (加工 φ20 外圆)
N48 G00 X26
N49 Z-59
N50 G01 X20 F30
N51 G03 X12 Z-63 R4 F20      (加工 R4 圆弧)
N52 G01 X0 F30               (切断工件)
N53 G00 X80 Z80              (回程序起点和换刀位置)
N54 M09 M30                  (冷却液关,主轴停,主程序结束并复位)
```

5. 相关问题及注意事项

(1) 切削用量选择不合理,刀具刃磨不当,致使铁屑不断屑,应选择合理切削用量及刀具。

(2) 程序在输入后要养成用图形模拟的习惯,以保证加工的安全性。

(3) 要按照操作步骤逐一进行相关训练,实习中未涉及的问题及不明白之处要询问指导教师,切忌盲目加工。

(4) 尺寸及表面粗糙度达不到要求时,要找出其原因,知道正确的操作方法及注意事项。

(5) 螺纹加工时工件的夹紧是否稳固。

(6) 凹槽处刀具是否会被干涉。

1.3.3 复合课题三

1. 实训教学目的和要求

1) 实训目的

(1) 合理安排工作位置,注意操作姿势,养成良好的操作习惯。

(2) 掌握车螺纹的程序编制,熟练运用各功能指令。

(3) 掌握程序的输入、检查、修改的技能。

(4) 掌握装夹刀具及试切对刀的技能。

(5) 提高各种车刀的刀具刃磨技能与使用量具的技能。

(6) 按图要求完成工件的车削加工,并理解粗车与精车的概念。

(7) 掌握在数控车床上加工零件时控制尺寸的方法及切削用量的选择。

2) 实训要求

(1) 严格按照数控车床的操作规程进行操作,防止人身、设备事故的发生。

(2) 在自动加工前应由实习指导教师检查各项调试是否正确后方可进行加工。

2. 相关工艺知识

1) 刀具安装要求

(1) 车刀装夹时,刀尖必须严格对准工件旋转中心,过高或过低都会造成刀尖碎裂。

(2) 安装时刀头伸出长度约为刀杆厚度的 1~1.5 倍。

2) 编程要求

(1) 熟练掌握 G00 快速定位指令的格式、走刀线路及运用。

G00 X__ Z__。

(2) 熟练掌握 G01 定位指令的格式、走刀线路及运用。

G01X__ Z__ F__。

(3) 辅助指令 S、M、T 指令功能及运用。

(4) 其他各项指令的综合运用及走刀路线。

3) 粗车、精车的概念

(1) 粗车：转速不宜太快，切削力大，进给速度快，以求在尽量短的时间内把工件余量车掉。粗车对切削表面没有严格要求，只需留一定的精车余量即可，加工中要求装夹牢靠。

(2) 精车：精车指车削的末道工序，加工能使工件获得准确的尺寸和规定的表面粗糙度。此时，刀具应较锋利，切削速度较快，进给速度应适中一些。

3. 工量具及材料准备

1) 刀具：45°外圆硬质合金车刀 YT15、60°螺纹硬质合金车刀、刀宽 3mm 的切槽刀（每组 3 把）。

2) 量具：0~125 游标卡尺、25~50 千分尺、0~150 钢尺、0~25 中径千分尺（每组 1 套）。

3) 材料：45# 钢、$\phi 30\times 105$mm（每人一件）。

4. 操作步骤

che12 编制如图 1.80 所示的加工程序。

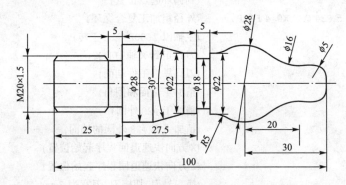

图 1.80 数控车削复习课题三

```
N01 T0101                       (换一号刀,确定其坐标系)
N02 G00 X80 Z80                 (到程序起点或换刀点位置)
N03 M08 M03 S800                (冷却液开,主轴以 800r/min 正转)
N04 G00 X31 Z2                  (到循环起点位置)
N05 G71 U1 R 0.5 P7 Q15 E0.4 F120 (外径粗加工复合循环)
N06 M03 S1600                   (主轴以 1600r/min 正转)
N07 G00 G42 X0                  (一号刀加入刀尖圆弧半径补偿,并走到 X 轴中心)
N08 G01 Z0 F80                  (刀具靠近工件端面)
N09 X3.93                       (精加工端面)
```

程序	说明
N10 G03 X13.64 Z-6.19 R5 F80	(精加工 R5 圆弧)
N11 G02 X20.87 Z-21.29 R16 F80	(精加工 R16 圆弧)
N12 G03 X22 Z-39.62 R14 F80	(精加工 R14 圆弧)
N13 G01 Z-52.5 F80	(精加工 ϕ22 外圆)
N14 X28 Z-63.7	(精加工斜面)
N15 Z-75	(精加工 ϕ28 外圆)
N16 G00 X80	(X 方向快速退回程序起始位置)
N17 Z80	(Z 方向快速退回程序起始位置)
N18 T0202	(换二号刀,切槽刀,刀宽为 3mm)
N19 M03 S800	(主轴以 800r/min 正转)
N20 G00 Z-47.5	(快速定位到切槽的下刀处)
N21 X24	(刀具快速靠近工件)
N22 G01 X18 F30	(切槽)
N23 G00 X24	(刀具快速退出槽内)
N24 Z-45.5	(刀具快速移到下一个切槽下刀处)
N25 G01 X18 F30	(加宽槽)
N26 G00 X80	(X 方向快速退回程序起始位置)
N27 Z80	(Z 方向快速退回程序起始位置)
N28 M09 M05 M00	(冷却液关,主轴停止,程序暂停)

以下为工件调头后加工螺纹部分,工件夹紧 ϕ28 外圆处,并要进行重新对刀操作。

程序	说明
N29 T0101	(换一号刀)
N30 M08 M03 S800	(冷却液开,主轴以 800r/min 正转)
N31 G00 X31 Z2	(到循环起点位置)
N32 G71 U1 R0.5 P34 Q38 X0.4 F120	(外径粗加工复合循环)
N33 M03 S1600	(主轴以 1600r/min 正转)
N34 G00 X0	(刀具走到 X 轴中心)
N35 G01 Z0 F80	(刀具靠近工件端面)
N36 X20 C1.5	(精加工端面和倒角)
N37 Z-25	(精加工 ϕ20 外圆)
N38 X28	(精加工靠 ϕ28 外圆的端面)
N39 G00 X80	(X 方向快速退回程序起始位置)
N40 Z80	(Z 方向快速退回程序起始位置)
N41 T0202	(换二号刀,切槽刀,刀宽为 3mm)
N42 G00 Z-25	(快速定位到切槽的下刀处)
N43 X22	(刀具快速靠近工件)
N44 G01 X17 F30	(切槽加工)
N45 G00 X22	(刀具快速退出槽内)
N46 Z-23	(刀具快速移到下一个切槽下刀处)
N47 G01 X17 F30	(加宽槽)
N48 G00 X22	(刀具快速退出槽内)
N49 Z-21.5	(刀具快速移到下一个切槽下刀处)
N50 G01 X20 F30	(刀具靠近 ϕ20 外圆)
N51 X17 Z-23	(加工退刀槽处倒角)

N52 G00 X80	(X方向快速退回程序起始位置)
N53 Z80	(Z方向快速退回程序起始位置)
N54 T0303	(换三号刀,60°螺纹车刀)
N55 G00 X24 Z3	(快速定位到螺纹加工循环起点)
N56 G76 A60 X18.05 Z-20 C2	(螺纹加工)
V0.1 K0.97 Q0.4 U0.1 F1.5	
N57 G00 X80	(X方向快速退回程序起始位置)
N58 Z80	(Z方向快速退回程序起始位置)
N59 M09 M30	(冷却液关,主轴停,主程序结束并复位)

5. 相关问题及注意事项

(1) 切削用量选择不合理,刀具刃磨不当,致使铁屑不断屑,应选择合理切削用量及刀具。

(2) 程序在输入后要养成用图形模拟的习惯,以保证加工的安全性。

(3) 要按照操作步骤逐一进行相关训练,实习中未涉及的问题及不明白之处要询问指导教师,切忌盲目加工。

(4) 尺寸及表面粗糙度达不到要求时,要找出其原因,知道正确的操作方法及注意事项。

(5) 注意螺纹加工时工件的夹紧是否稳固。

(6) 注意凹槽处刀具是否会被干涉。

(7) 注意工件调头后要重新对刀。

1.3.4 复合课题四

1. 实训教学目的和要求

1) 实训目的

(1) 合理安排工作位置,注意操作姿势,养成良好的操作习惯。

(2) 掌握车螺纹的程序编制,熟练运用各功能指令。

(3) 掌握程序的输入、检查、修改的技能。

(4) 掌握装夹刀具及试切对刀的技能。

(5) 提高各种车刀的刀具刃磨技能与使用量具的技能。

(6) 按图要求完成工件的车削加工,并理解粗车与精车的概念。

(7) 掌握在数控车床上加工零件时控制尺寸的方法及切削用量的选择。

2) 实训要求

(1) 严格按照数控车床的操作规程进行操作,防止人身、设备事故的发生。

(2) 在自动加工前应由实习指导教师检查各项调试是否正确后方可进行加工。

2. 相关工艺知识

1) 刀具安装要求

(1) 车刀装夹时,刀尖必须严格对准工件旋转中心,过高或过低都会造成刀尖碎裂。

(2) 安装时刀头伸出长度约为刀杆厚度的1~1.5倍。

2) 编程要求

(1) 熟练掌握 G00 快速定位指令的格式、走刀线路及运用。

G00 X__ Z__。

(2) 熟练掌握 G01 定位指令的格式、走刀线路及运用。

G01X__ Z__ F__。

(3) 辅助指令 S、M、T 指令功能及运用。

(4) 其他各项指令的综合运用及走刀路线。

3) 粗车、精车的概念

(1) 粗车：转速不宜太快，切削大，进给速度快，以求在尽量短的时间内把工件余量车掉。粗车对切削表面没有严格要求，只需留一定的精车余量即可，加工中要求装夹牢靠。

(2) 精车：精车指车削的末道工序，加工能使工件获得准确的尺寸和规定的表面粗糙度。此时，刀具应较锋利，切削速度较快，进给速度应中一些。

3. 工量具及材料准备

1) 刀具：45°外圆硬质合金车刀 YT15、60°螺纹硬质合金车刀、刀宽 3mm 的切槽刀（每组 3 把）。

2) 量具：0~125 游标卡尺、25~50 千分尺、0~150 钢尺、0~25 中径千分尺（每组 1 套）。

3) 材料：$\phi 30 \times 90$mm 尺寸 45#钢（每人一件）。

4. 操作步骤

che13　编制如图 1.81 所示的加工程序。

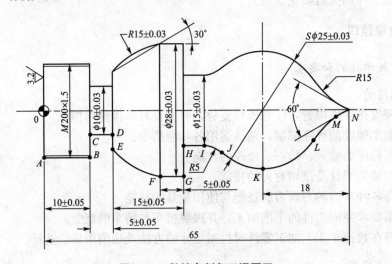

图 1.81　数控车削复习课题四

```
N01 T0101                        (换一号刀,确定其坐标系)
N02 G00 X80 Z80                  (到程序起点或换刀点位置)
N03 M08 M03 S800                 (冷却液开,主轴以 800r/min 正转)
N04 G00 X31 Z2                   (到循环起点位置)
N05 G71 U1 R0.5 P7 Q19 E0.4 F120 (有凹槽的外轮廓粗加工复合循环)
N06 M03 S1600                    (主轴以 1600r/min 正转)
```

N07 G00 G42 X0	(一号刀加入刀尖圆弧半径补偿,并走到X轴中心)
N08 G01 Z0 F100	(刀具靠近工件端面)
N09 G01 X2.16 Z-1.22 F80	(精加工斜面)
N10 G02 X12.79 Z-7.26 R15 F80	(精加工R15圆弧)
N11 G03 X17.86 Z-26.75 R12.5 F80	(精加工R12.5圆弧)
N12 G02 X15 Z-30.25 R5 F80	(精加工R5圆弧)
N13 G01 Z-35 F100	(精加工φ15外圆)
N14 X28 C0.5	(精加工φ28处端面,并倒角)
N15 Z-40	(精加工φ28外圆)
N16 G03 X16.45 Z-50 R15 F80	(精加工R15圆弧)
N17 G01 Z-55 F100	(精加工φ16.45外圆)
N18 X20 C0.5	(精加工φ20处端面并倒角)
N19 Z-65	(精加工φ20外圆)
N20 G00 G40 X80	(X方向快速退回程序起始位置,并取消一号刀补)
N21 Z80	(Z方向快速退回程序起始位置)
N22 T0202	(换二号刀,切槽刀,刀宽为3mm)
N23 M03 S800	(主轴以800r/min正转)
N24 G00 Z-55	(快速定位到切槽的下刀处)
N25 X18	(刀具快速靠近工件)
N26 G01 X15 F30	(切槽加工)
N27 G00 X18	(刀具快速退出槽内)
N28 Z-53	(刀具快速移到下一个切槽下刀处)
N29 G01 X15 F30	(加宽槽)
N30 G00 X22	(刀具快速退出槽内)
N31 Z-68	(刀具快速移到切断位置)
N32 G01 X0 F30	(切断工件)
N33 G00 X80	(X方向快速退回程序起始位置)
N34 Z80	(Z方向快速退回程序起始位置)
N35 M09 M05 M00	(冷却液关,主轴停止,程序暂停)
N36 T0303	(换三号刀,60°螺纹车刀)
N37 G00 X22 Z2	(快速定位到螺纹加工循环起点)
N38 G76 A60 X18.7 Z-10 C2	(螺纹加工)
V0.1 K0.97 Q0.4 U0.1 F1.5	
N39 G00 X80	(X方向快速退回程序起始位置)
N40 Z80	(Z方向快速退回程序起始位置)
N41 M09 M30	(冷却液关,主轴停,主程序结束并复位)

5. 相关问题及注意事项

(1)切削用量选择不合理,刀具刃磨不当,致使铁屑不断屑,应选择合理切削用量及刀具。
(2)程序在输入后要养成用图形模拟的习惯,以保证加工的安全性。
(3)要按照操作步骤逐一进行相关训练,实习中未涉及的问题及不明白之处要询问指导教师,切忌盲目加工。
(4)尺寸及表面粗糙度达不到要求时,要找出其原因,知道正确的操作方法及注意事项。

(5) 注意螺纹加工时工件的夹紧是否稳固。
(6) 注意凹槽处刀具是否会被干涉。
(7) 注意工件调头后要重新对刀。

1.3.5 复合课题五

1. 实训教学目的和要求

1) 实训目的
(1) 合理组织工作位置，注意操作姿势，养成良好的操作习惯。
(2) 掌握车螺纹的程序编制，熟练运用各功能指令。
(3) 掌握程序的输入、检查、修改的技能。
(4) 掌握装夹刀具及试切对刀的技能。
(5) 提高各种车刀的刀具刃磨技能与使用量具的技能。
(6) 按图要求完成工件的车削加工，并理解粗车与精车的概念。
(7) 掌握在数控车床上加工零件时控制尺寸的方法及切削用量的选择。

2) 实训要求
(1) 严格按照数控车床的操作规程进行操作，防止人身、设备事故的发生。
(2) 在自动加工前应由实习指导教师检查各项调试是否正确后方可进行加工。

2. 相关工艺知识

1) 刀具安装要求
(1) 车刀装夹时，刀尖必须严格对准工件旋转中心，过高或过低都会造成刀尖碎裂。
(2) 安装时刀头伸出长度约为刀杆厚度的 1～1.5 倍。

2) 编程要求
(1) 熟练掌握 G00 快速定位指令的格式、走刀线路及运用。
G00 X__ Z__。
(2) 熟练掌握 G01 定位指令的格式、走刀线路及运用。
G01X__ Z__ F__。
(3) 辅助指令 S、M、T 指令功能及运用。
(4) 其他各项指令的综合运用及走刀路线。

3) 粗车、精车的概念
(1) 粗车：转速不宜太快，切削大，进给速度快，以求在尽量短的时间内把工件余量车掉。粗车对切削表面没有严格要求，只需留一定的精车余量即可，加工中要求装夹牢靠。
(2) 精车：精车指车削的末道工序，加工能使工件获得准确的尺寸和规定的表面粗糙度。此时，刀具应较锋利，切削速度较快，进给速度应中一些。

3. 工量具及材料准备

1) 刀具：45°外圆硬质合金车刀 YT15、60°螺纹硬质合金车刀、刀宽 3mm 的切槽刀（每组 3 把）。
2) 量具：0～125 游标卡尺、25～50 千分尺、0～150 钢尺、0～25 中径千分尺（每组 1 套）。
3) 材料：$\phi 30 \times 80$mm 尺寸 45#钢（每人一件）。

4. 操作步骤

che14 编制如图 1.82 所示的加工程序。

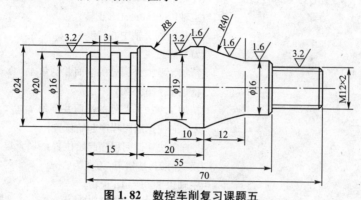

图 1.82 数控车削复习课题五

程序	说明
N01 T0101	(换一号刀,确定其坐标系)
N02 G00 X80 Z80	(到程序起点或换刀点位置)
N03 M08 M03 S800	(冷却液开,主轴以 800r/min 正转)
N04 G00 X31 Z2	(到循环起点位置)
N05 G71 U1 R0.5 P8 Q16 E0.4 F120	(有凹槽的外轮廓粗加工复合循环)
N06 M03 S1600	(主轴以 1600r/min 正转)
N07 G00 G42 X0	(一号刀加入刀尖圆弧半径补偿,并走到 X 轴中心)
N08 G01 Z0 F80	(刀具靠近工件端面)
N09 X12 C1	(精加工 φ12 外圆的端面,并倒角 1)
N10 Z-15	(精加工 φ12 外圆)
N11 X16 C1	(精加工 φ16 外圆的端面,并倒角 1)
N12 Z-23	(精加工 φ16 外圆)
N13 G02 X24 Z-35 R40 F80	(精加工 R40 圆弧)
N14 G01 Z-39.19 F80	(精加工 φ24 外圆)
N15 G02 X24 Z-50.18 R8 F80	(精加工 R8 圆弧)
N16 G01 Z-55 F80	(精加工 φ24 外圆)
N17 G00 G40 X80	(X 方向快速退回程序起始位置,并取消一号刀补)
N18 Z80	(Z 方向快速退回程序起始位置)
N19 T0202	(换二号刀,60°螺纹车刀)
N20 M03 S800	(主轴以 800r/min 正转)
N21 G00 X14 Z3	(快速定位到螺纹加工循环起点)
N22 G76 C2 R-3 A60 X9.4 Z-15 K1.3 U0.1 Q0.5 F2	(螺纹加工)
N23 G00 X80	(X 方向快速退回程序起始位置)
N24 Z80	(Z 方向快速退回程序起始位置)
N25 M09 M05 M00	(冷却液关,主轴停止,程序暂停)

以下为调头加工 φ20 外圆端并切槽,工件夹紧 φ24 外圆处进行加工,注意要重新对使用的刀具进行对刀。

N26 T0101   (换一号刀,确定其坐标系)

```
N27 M08 M03 S800              (冷却液开,主轴以 800r/min 正转)
N28 G00 X31 Z2                (到循环起点位置)
N29 G71 U1 R0.5 P31 Q35 X0.4 F120  (外轮廓粗加工复合循环)
N30 M03 S1600                 (主轴以 1600r/min 正转)
N31 G00 X0                    (刀具走到 X 轴中心)
N32 G01 Z0 F80                (刀具靠近端面)
N33 X20 C1                    (精加工 φ20 外圆处的端面并倒角 1)
N34 Z-15                      (精加工 φ20 外圆)
N35 X24 C1                    (精加工 φ24 外圆处的端面并倒角 1)
N36 G00 X80                   (X 方向快速退回程序起始位置)
N37 Z80                       (Z 方向快速退回程序起始位置)
N38 T0303                     (换三号刀,切槽刀,刀宽为 3mm)
N39 M03 S800                  (主轴以 800r/min 正转)
N40 G00 Z-13                  (快速定位到切槽的下刀处)
N41 G01 X22 F80               (刀具快速靠近工件)
N42 X16 F30                   (切槽加工)
N43 G00 X22                   (刀具快速退出槽内)
N44 Z-7                       (刀具快速移到另一条槽的下刀处)
N45 G01 X16 F30               (加工另一条槽)
N46 G00 X80                   (X 方向快速退回程序起始位置)
N47 Z80                       (Z 方向快速退回程序起始位置)
N48 M09 M30                   (冷却液关,主轴停,主程序结束并复位)
```

5. 相关问题及注意事项

(1) 切削用量选择不合理,刀具刃磨不当,致使铁屑不断屑,应选择合理切削用量及刀具。
(2) 程序在输入后要养成用图形模拟的习惯,以保证加工的安全性。
(3) 要按照操作步骤逐一进行相关训练,实习中未涉及的问题及不明白之处要询问指导教师,切忌盲目加工。
(4) 尺寸及表面粗糙度达不到要求时,要找出其原因,知道正确的操作方法及注意事项。
(5) 注意螺纹加工时工件的夹紧是否稳固。
(6) 注意凹槽处刀具是否会被干涉。
(7) 注意工件调头后要重新对刀。

1.4 数控车床工具系统及使用

1.4.1 常用量具及测量

1. 知识准备

(1) 测量精度方面的基本知识。
(2) 加工精度方面的基本知识。

2. 实训仪器与设备

游标卡尺、千分尺、百分表等常见测量尺寸的仪表、仪器。

3. 任务目的

(1) 掌握常用量具的结构及使用方法。
(2) 能够熟练地进行一般尺寸(内外圆直径、长度)的测量。
(3) 了解测量形位公差的有关知识。

4. 任务实现

1) 游标卡尺的使用

游标卡尺主要有 3 种类型,第一种是用来测量工件内外径和长度的游标卡尺,如图 1.83 所示,读数有 0.02mm、0.05mm、0.1mm;第二种是用来测量深度以及台阶高度或类似尺寸的深度游标卡尺,如图 1.84 所示,读数有 0.02mm、0.05mm;第三种是用来测工件的高度或划线的高度游标卡尺,如图 1.85 所示,读数有 0.02mm、0.05mm、0.1mm。

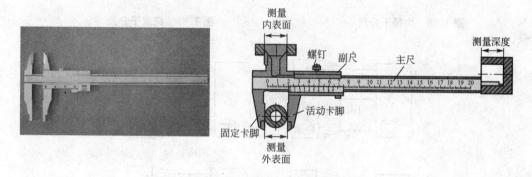

图 1.83 内外径及深度游标卡尺

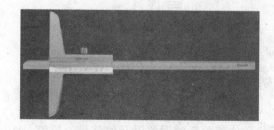

图 1.84 深度游标卡尺

图 1.85 高度游标卡尺

2) 千分尺的使用

千分尺结构如图 1.86 所示,千分尺主要有 3 种,第一种是用来测工件的外圆直径的外径千分尺,如图 1.87 所示,读数有 0.01mm;第二种是用来测工件的内圆直径的内径千分尺,如图 1.88 所示,读数有 0.01mm;第三种是用来测深度的深度千分尺,如图 1.89所示,读数有 0.01mm。千分尺的测量如图 1.90 所示。

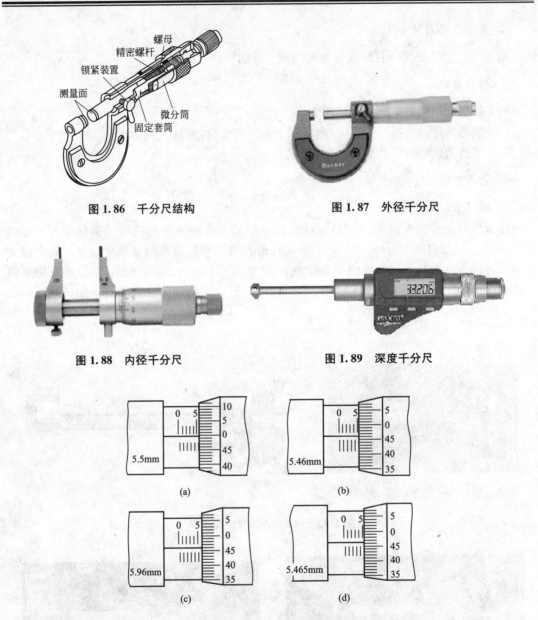

图1.86 千分尺结构　　　　图1.87 外径千分尺

图1.88 内径千分尺　　　　图1.89 深度千分尺

图1.90 千分尺的测量

3）百分表的使用

百分表主要是用来测量工件的各种几何形状和位置关系的误差以及位移量，精度分为0级、1级、2级，分度值为0.01mm。表架通常采用的是磁性表架，可以固定在任何空间位置进行测量，如图1.91所示。

测量时，测量杆必须垂直于被测量表面，即使测量杆的轴线与被测量尺寸的方向一致，否则将使测量杆活动不灵活或使测量结果不准确。不要使测量杆的行程超过它的测量范围，不要使测量头突然撞在零件上，不要使百分表和千分尺受到剧烈的振动和撞击，亦不要把零件强迫推入测量头下，以免损坏百分表和千分尺的机件而失去精度。因此，用百分表测量表面粗糙或有显著凹凸不平的零件是错误的，如图1.92所示。

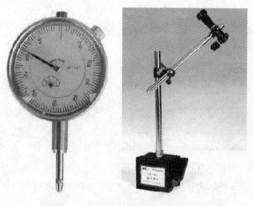 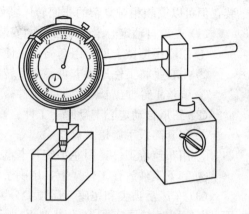

图 1.91 百分表及磁性表架　　　　　图 1.92 百分表测量

1.4.2 常用夹具及工件安装

1. 知识准备

(1) 普通车床夹具的基本知识。
(2) 普通车床加工轴、套、盘类零件时工件的装夹方法。

2. 实训仪器与设备

配置 FANUC Oi(或者华中世纪星、西门子)数控系统的数控车床若干台，三爪卡盘、四爪卡盘、气动卡盘、顶尖若干个。

3. 任务目的

(1) 掌握三爪卡盘对工件的安装及卸下工件的操作。
(2) 掌握数控车床加工时工件装夹的几种常见方法。
(3) 了解四爪卡盘、气动卡盘及尾座顶尖的使用。

4. 任务实现

常见三爪自动定心卡盘、气动卡盘结构、四爪卡盘如图 1.93、图 1.94、图 1.95 所示。

图 1.93 三爪自动定心卡盘　　　图 1.94 气动卡盘　　　图 1.95 四爪卡盘

三爪气动卡盘和三爪自动定心卡盘装夹工件时能够实现自动定心，主要用来装夹回转体零件。四爪卡盘的 4 个爪不能联动，故不能实现自动定心，在工件装夹时需要找正安装，但可以安装相对复杂的非回转体零件。

(1) 三爪自动定心卡盘对工件的安装。操作过程：

① 用刷子擦拭卡爪，用套筒扳手使卡爪张开略大于工件直径。

② 用右手将工件送入卡盘，左手转动扳手，将工件轻轻夹紧。

③ 调整工件伸出长度，夹紧工件。

(2) 三爪自动定心卡盘卸下工件。操作过程：

① 用套筒扳手旋松卡盘。

② 用布包着工件，用左手旋开卡盘。

③ 卸下工件放在工件架上，用刷子清洁卡盘，准备安装下一个工件。

(3) 车床后顶尖和尾座。后顶尖分为固定式和回转式，主要在加工较长轴类零件时使用，在使用时与尾座配合。图1.96所示为各种车床用顶尖。尾座一般有手动尾座（图1.97）和可编程尾座（图1.98），手动尾座的调整方法和普通机床的尾座调整方法类似。可编程尾座由Z轴进给滑板带动，一般都采用液压来控制伸缩和压紧。在装夹工件的过程中要调整好尾座的位置，再进行夹紧。

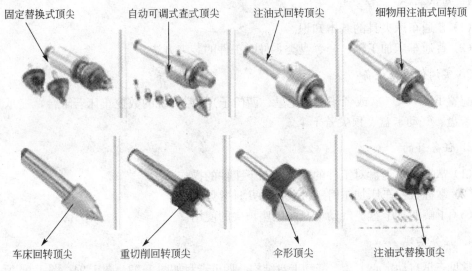

图1.96　各种车床用顶尖

图1.97　一般尾座

图1.98　可编程尾座

(4) 工件的装夹方法。

① 直接采用三爪自动定心卡盘装夹。当工件长度较短、重量较轻时，一般采用这种方法装夹工件，如图1.99所示。

② 卡盘与顶尖配合装夹。工件相对较重、长度较长时，为了提高装夹的刚度，一般采用这种装夹方法，如图1.100所示。

图1.99 三爪卡盘装夹

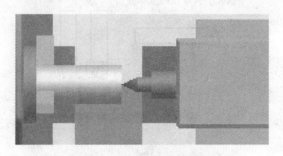
图1.100 卡盘和顶尖装夹

1.4.3 数控车床刀具系统

1. 知识准备

(1) 普通车床刀具的基本知识。
(2) 普通车床加工时刀具选择的基本知识。

2. 实训仪器与设备

配置FANUC Oi(或者华中世纪星、西门子)数控系统的数控车床一台，各种内外圆车削刀具若干把。

3. 任务目的

(1) 熟悉数控机床常用刀具的种类及用途。
(2) 进一步了解车刀的角度及其作用。
(3) 掌握机夹式刀具的夹紧方式。
(4) 掌握刀具的正确装夹方法。

4. 任务实现

1) 常见刀具的种类、形状和用途

数控车床上使用的刀具有焊接式和机夹可转位式两种，常见的是机夹可转位式。刀片材料大部分是硬质合金的(呈现金黄色)，也有一部分是陶瓷的(呈现银灰色)。由于形状上的不同，用途也不同，在加工过程中的刀位点的位置也不同，刀具加工时相关参数的设置也不同。常见刀具的形状如图1.101、图1.102所示；机夹可转位式刀具的组成如图1.103、图1.104所示。刀柄的形状有方形的和圆形的，适合不同的刀架安装。

刀片是机夹可转位车刀的一个重要组成元件。按照国标GB 2076—1987，大致可分为带圆孔、带沉孔以及无孔三大类，形状有三角形、正方形、五边形、六边形、圆形以及菱形等共17种。图1.105为常见的几种刀片形状及角度，图1.106为常见刀具刀片的实物。

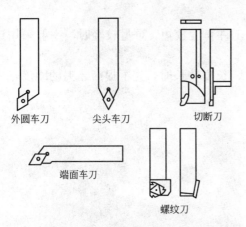

图 1.101　外圆车削刀具

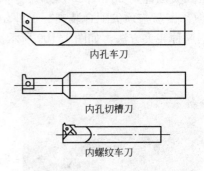

图 1.102　内孔车削刀具

图 1.103　各种机床可转位式刀具实物

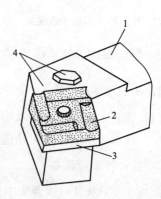

图 1.104　机夹可转位车刀的结构

1—刀杆；2—刀片；3—刀垫；4—夹紧元件

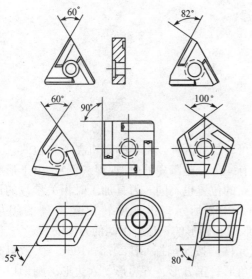

图 1.105　常见刀具刀片形状

图 1.106　常见刀具刀片实物

2) 刀片形状的选择

(1) 正型(前角)刀片：对于内轮廓加工，小型机床加工，工艺系统刚性较差和工件结构形状较复杂应优先选择正型刀片；同时在刀片安装时考虑到使主偏角较大，便于用来加工细长轴。

(2) 负型(前角)刀片：对于外圆加工，金属切除率高和加工条件较差时应优先选择负型刀片。

(3) 一般外圆车削：常用 80°凸三角形、四方形和 80°菱形刀片。

(4) 仿形加工：常用 55°、35°菱形和圆形刀片。

(5) 在机床刚性、功率允许的条件下大余量、粗加工：应选择刀尖角较大的刀片，反之选择刀尖角较小的刀片。

3) 刀具的夹紧

刀具的夹紧形式有多种，加工所用的机床不同、材料不同、加工的阶段等不同，所选择的刀具采用的装夹方法有所不同。主要有杠杆式夹紧、偏心式夹紧、上压式夹紧、楔块式夹紧等，如图 1.107 所示。

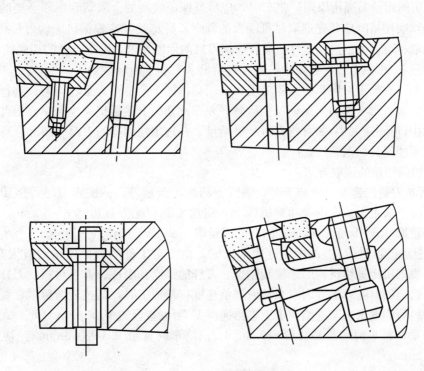

图 1.107 常见车刀夹紧方式

4) 刀具的装夹

常见普通数控车床的刀架主要有两种形式：方形刀架和转塔式刀架，如图 1.108、图 1.109 所示。方形刀架刀具的安装，一般在刀架体上开有方槽，可以进行直接安装刀具。转塔式刀架刀具一般是通过刀夹来进行安装，把刀具安装在刀具系统的刀夹上，再将刀夹安装在刀架上。刀夹的结构有多种类型，与刀架结构及刀具结构有关。

图1.108 转塔式刀架

图1.109 方形刀架

5) 数控车削用量的选择

数控车削加工中的切削用量包括背吃刀量 a_p、主轴转速 n 或切削速度 V_c（用于恒线速度切削）、进给速度 V_f 或进给量 f。这些参数均应在机床给定的允许范围内选取。

(1) 切削用量的选用原则。粗车时，应尽量保证较高的金属切除率和必要的刀具耐用度。选择切削用量时应首先选取尽可能大的背吃刀量 a_p，其次根据机床动力和刚性的限制条件，选取尽可能大的进给量 f，最后根据刀具耐用度要求，确定合适的切削速度 V_c。增大背吃刀量 a_p 可使走刀次数减少，增大进给量 f 有利于断屑。

精车时，对加工精度和表面粗糙度要求较高，加工余量不大且较均匀。选择精车的切削用量时，应着重考虑如何保证加工质量，并在此基础上尽量提高生产率。因此，精车时应选用较小（但不能太小）的背吃刀量和进给量，并选用性能高的刀具材料和合理的几何参数，以尽可能提高切削速度。

(2) 切削用量的选取方法。

① 背吃刀量的选择。粗加工时，除留下精加工余量外，一次走刀尽可能切除全部余量，也可分多次走刀。在中等功率机床上，粗加工的背吃刀量可达 8～10mm；半精加工的背吃刀量取 0.5～5mm；精加工的背吃刀量取 0.2～1.5mm。

② 进给速度（进给量）的确定。粗加工时，由于对工件的表面质量没有太高的要求，这时主要根据机床进给机构的强度和刚性、刀杆的强度和刚性、刀具材料、刀杆和工件尺寸以及已选定的背吃刀量等因素来选取进给速度。精加工时，则按表面粗糙度要求、刀具及工件材料等因素来选取进给速度。进给速度 V_f 可以按公式 $V_f=f\times n$ 计算，式中 f 表示每转进给量，粗车时一般取 0.3～0.8mm/r，精车时常取 0.1～0.3mm/r，切断时常取 0.05～0.2mm/r。

③ 切削速度的确定。切削速度 V_c 可根据已经选定的背吃刀量、进给量及刀具耐用度进行选取。实际加工过程中，也可根据生产实践经验和查表的方法来选取。粗加工或工件材料的加工性能较差时，宜选用较低的切削速度。精加工或刀具材料、工件材料的切削性能较好时，宜选用较高的切削速度。切削速度 V_c 确定后，可根据刀具或工件直径（D）按公式 $n=1000V_c/\pi D$ 来确定主轴转速 n(r/min)。

在实际生产过程中，切削用量一般根据经验并通过查表的方式进行选取。常用硬质合金或涂层硬质合金切削不同材料时的切削用量推荐值，表 1-9、表 1-10 为常用切削用量推荐表。

第1章 数控车床加工

表1-9 硬质合金刀具切削用量推荐表

刀具材料	工件材料	粗加工			精加工		
		切削速度/(m/min)	进给量/(mm/r)	背吃刀量/mm	切削速度/(m/min)	进给量/(mm/r)	背吃刀量/mm
硬质合金或涂层硬质合金	碳钢	220	0.2	3	260	0.1	0.4
	低合金钢	180	0.2	3	220	0.1	0.4
	高合金钢	120	0.2	3	160	0.1	0.4
	铸铁	80	0.2	3	120	0.1	0.4
	不锈钢	80	0.2	2	60	0.1	0.4
	钛合金	40	0.2	1.5	150	0.1	0.4
	灰铸铁	120	0.2	2	120	0.15	0.5
	球墨铸铁	100	0.2 / 0.3	2	120	0.15	0.5
	铝合金	1600	0.2	1.5	1600	0.1	0.5

表1-10 常用切削用量推荐表

工件材料	加工内容	背吃刀 a_p/mm	切削速度 V_c/(m/min)	进给量 f/(mm/r)	刀具材料
σ_b	粗加工	5-7	60~80	0.2~0.4	YT类
	粗加工	2-3	80~120	0.2~0.4	
	精加工	2-6	120~150	0.1~0.2	
σ_b	钻中心孔		500~8000/(r/min)	钻中心孔	M18Cr4V
	钻孔		25~30	钻孔	
	切断(宽度<5mm)	70~110	0.1~0.2	切断(宽度<5mm)	YT类
铸铁 HBS<200	粗加工		50~70	0.2~0.4	YG类
	精加工		70~100	0.1~0.2	
	切断(宽度<5mm)	50~70	0.1~0.2		
	切断(宽度<5mm)	50~70	0.1~0.2	切断(宽度<5mm)	

(3) 选择切削用量时应注意的几个问题。

① 主轴转速。应根据零件上被加工部位的直径,并按零件和刀具的材料及加工性质等条件所允许的切削速度来确定。切削速度除了计算和查表选取外,还可根据实践经验确定,需要注意的是交流变频调速数控车床低速输出力矩小,因而切削速度不能太低。根据切削速度可以计算出主轴转速。

② 车螺纹时的主轴转速。数控车床加工螺纹时,因其传动链的改变,原则上其转速只要能保证主轴每转一周时,刀具沿主进给轴(多为 Z 轴)方向位移一个螺距即可。

在车削螺纹时,车床的主轴转速将受到螺纹的螺距 P(或导程)大小、驱动电机的升降频特性以及螺纹插补运算速度等多种因素的影响,故对于不同的数控系统,推荐不同的主轴转速选择范围。大多数经济型数控车床推荐车螺纹时的主轴转速 $n(\text{r/min})$ 为:

$$n \leqslant (1200/P) - k$$

式中,P 为被加工螺纹螺距(mm);k 为保险系数,一般取为 80。

数控车床车螺纹时,会受到以下几方面的影响。

螺纹加工程序段中指令的螺距值,相当于以进给量 $f(\text{mm/r})$ 表示的进给速度 V_f。如果将机床的主轴转速选择过高,其换算后的进给速度 $V_f(\text{mm/min})$ 则必定大大超过正常值。

刀具在其位移过程的始终,都将受到伺服驱动系统升降频率和数控装置插补运算速度的约束,由于升降频率特性满足不了加工需要等原因,则可能因主进给运动产生出的"超前"和"滞后"而导致部分螺牙的螺距不符合要求。

车削螺纹必须通过主轴的同步运行功能实现,即车削螺纹需要有主轴脉冲发生器(编码器),当其主轴转速选择过高,通过编码器发出的定位脉冲(即主轴每转一周时所发出的一个基准脉冲信号)将可能因"过冲"(特别是当编码器的质量不稳定时)而导致工件螺纹产生乱纹(俗称"乱扣")。

1.5 车削加工实训

1.5.1 对刀及工件坐标系的设定

1. 知识准备

(1) 工件装夹定位的基本知识和操作。

(2) 数控系统控制面板的基本操作。

2. 实训仪器与设备

配置 FANUC Oi 数控系统的数控车床若干台,各种内外圆车削刀具若干把,工件若干个。

3. 任务目的

(1) 掌握数控机床试切对刀的方法。

(2) 掌握设置工件零点的几种方法。

4. 任务实现

1) 试切法操作

刀具在对刀时,先要用刀具试切工件的外圆和端面,如图 1.110、图 1.111 所示,再通过测量记下工件的直径值和长度值。这里以 FANUC Oi 系统为例,其他系统与之相类似,试切法操作过程如下。

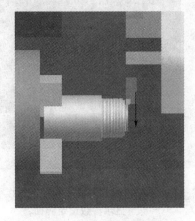 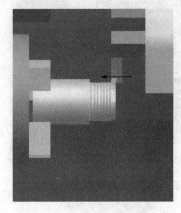

图 1.110　试切端面　　　　　　　　图 1.111　试切外圆

(1) 机床通电,急停按钮回复,回参考点操作完成,按下控制面板上的 JOG(手动方式)键,机床处在手动操作方式下。

(2) 按下控制面板上的 X 键,再按下"+"或"-"键,使机床沿 X 轴方向移动,以同样的方法使机床在 Z 轴方向移动,使刀架运动到合适的位置。

(3) 按下操作面板上的主轴运动控制键 ，根据刀架所在的位置,启动主轴运转。再按下 Z 键,指示灯亮。

(4) 按下"-"键,用所用刀具试切外圆,试切时适当调整进给倍率。用同样的方法按下 X 键和"-"键,试切工件的端面。

注:在试切的过程中,当手动使刀具移动到合适位置时,手动操作方式可以切换为手轮操作方式,通过手轮来控制对端面和外圆的试切。

2) 设置工件坐标系零点

对刀的目的是建立工件坐标系(工件零点),在数控车床加工时,常见的建立工件坐标系的方法主要有两种:刀具偏置设置工件坐标系(直接输入法)、G54～G59 设置工件坐标系。除了这两种方法以外还可以用 G50 来建立工件坐标系。这里主要介绍前面两种对刀建立工件坐标系的方法。

(1) 刀具偏置设置工件坐标系。操作过程:① 用试切法试切外圆时,刀具保持 X 轴不动,沿 Z 轴退刀,按下主轴停止键,用游标卡尺测量切削后的工件外圆直径,并记下数值,记为 $x1$。

② 按下功能键 ，单击软键 ，进入形状补偿参数设置界面,如图 1.112 所示。将光标移到相应的位置,与刀具及坐标相符合,输入外圆直径 $Xx1(x1=80.168)$,按 键,刀具补偿值通过系统计算会自动输出刀位点相对于机床坐标系的位置。

③ 按同样的方法试切工件的端面,得到 $z1$ 值(如果工件坐标系的零点在工件右端面的

中心，z1值为0)。保持Z方向不变，X向退刀。

④ 按下功能键 [OFFSET SETTING]，单击软键[形状]，进入形状补偿参数设置界面，如图1.113所示。将光标移到相应的位置，与刀具及坐标相符合，输入Zz1(z1=0)，单击[测量]键，刀具补偿值通过系统计算会自动输出刀位点相对于机床坐标系的位置。

图1.112 刀具X向补偿操作
显示参数设定界面

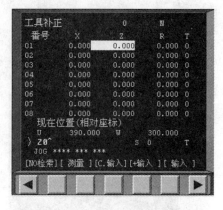
图1.113 刀具Z向补偿操作
显示参数设定界面

⑤ 对所有的刀具按照以上步骤重复进行，以完成所有刀具的对刀。

⑥ 同时在补偿操作界面上还可以对R和T进行设置，R表示刀具的圆弧半径补偿，输入的是刀尖半径值。T表示刀具所处的方位，总共有9种方位，设置时可参考相关资料。

(2) G54~G59设置工件坐标系。操作过程：

① 试切外圆，把刀具停至适当的位置，测量工件试切处外圆直径x1。

② 单击功能键 [OFFSET SETTING]，单击软键[坐标系]，显示如图1.114所示的画面，选择工件坐标系G54，输入Xx1，单击测量软键[测量]，工件坐标系X坐标即存入G54里。

③ 按同样的方法试切工件的端面，得到z1值(如果工件坐标系的零点在工件右端面的中心，z1值为0)。保持Z方向不变，X向退刀。

④ 按下功能键 [OFFSET SETTING]，单击软键[坐标系]，进入如图1.115所示的界面。将光标移到相应的位置，与坐标相符合，输入Zz1(z1=0)，单击[测量]键，工件坐标系Z坐标即存入G54里。

图1.114 设置G54~G59工件坐标系画面

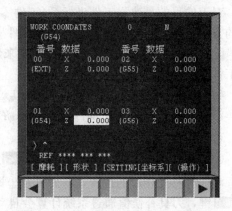
图1.115 设置G54~G59工件坐标系画面

3) 刀具磨损补偿参数的设置

刀具在使用的过程中，难免会有磨损，或者由于磨损过度需要更换，磨损和更换的过程会影响到零件的加工质量，就需要对磨损值进行补偿，更换后的刀具如果不想重新对刀，则可以通过补偿值进行修正。

操作过程：

(1) 单击功能键[OFFSET SETTING]，单击软键[摩耗]，出现磨耗补偿参数设置界面，如图 1.116 所示。

(2) 把光标移动到需要补偿的相应参数后面，输入补偿值。

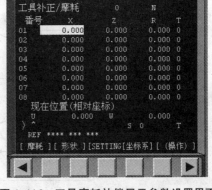

图 1.116　刀具磨耗补偿显示参数设置界面

(3) 单击软键[+输入]，输入值将替代原来的值。如果单击软键[输入]，则输入值将与原来的值进行累加。

1.5.2　简单台阶轴加工

1. 知识准备

(1) 数控车床编程指令系统。

(2) 各种测量元件和仪器的使用。

(3) 数控机车控制面板的基本操作及对刀的基本操作。

2. 实训仪器与设备

配置 HNC21/22T 数控系统的数控车床若干台，各种内外圆车削刀具若干把，各种测量元件若干把，工件若干个。

3. 任务目的

(1) 熟练和巩固数控车一般指令的使用方法。

(2) 熟悉数控车车削外圆及圆弧的编程和加工方法。

(3) 掌握运用各种测量手段检测工件精度的方法。

4. 任务实现

1) 任务图纸

加工如图 1.117 所示的阶梯轴零件，材料为 45# 钢，材料规格为 $\Phi 45 \times 120$ mm，要求按图纸加工完成该零件。

2) 工艺分析

(1) 基本操作步骤。

① 开机。

② 回参考点。

③ 装夹工件。

④ 安装刀具。

⑤ 对刀。

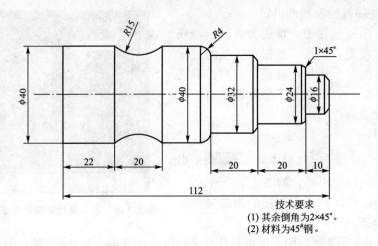

图 1.117 简单轴的加工实训图纸一

⑥ 编程与程序调试。

⑦ 运行程序加工工件。

⑧ 检测并去除毛刺。

⑨ 完成加工。

(2) 工艺路线。

① 工件伸出卡盘外 50mm,找正后夹紧。

② 用 93°外圆车刀车削工件左端面,粗车、精车各台阶外圆、圆弧面。

③ 调头用 93°外圆车刀车削工件右端面,粗车、精车各台阶外圆、圆弧面。

(3) 切削参数(表 1-11)。

表 1-11 切削参数

刀具号	刀具名称	主轴转速/ (r/min)	进给量/ (mm/min)	背吃刀量/ mm
1	93°外圆车刀	粗车 800 精车 1000	粗车 120 精车 120	2

(4) 注意事项。

① 工件棒料的装夹。装夹工件棒料时应使三爪自定心卡盘夹紧工件,并有一定的夹持长度,棒料的伸出长度应考虑到零件的加工长度及必要的安全距离等。棒料中心线尽量与主轴中心线重合,以防打刀。

② 刀具的装夹。

a. 车刀不能伸出过长。

b. 刀尖应与主轴中心等高。

3) 参考程序(HNC21/22T 系统)

che1　　　　　　　　　　　　　　(粗车,精车右端各台阶外圆、圆弧面)

G90;

M03 S800;

```
T0101;                    (93°外圆车刀)
G00 X48 Z2;
G71 U2 R2 X0.5 Z0.1 P1 Q2 F120;
M05;
M00;
M03 S1000;
T0101;
N1 G42 G00 X0 Z2;
G01 Z0 F120;
X40 C1;
Z-22;
G02 X40 Z-42 R15;
G01 W-16;
X48;
N2 G40 G00 X50;
X100;
Z100;
M05;
M30;
che2                      (粗车、精车右端各台阶外圆、圆弧面)
G90;
M03 S800;
T0101;                    (93°外圆车刀)
G00 X48 Z2;
G71 U2 R2 X0.5 Z0.1 P1 Q2 F120;
M05;
M00;
M03 S1000;
T0101;
N1 G42 G00 X0 Z2;
G01 Z0 F120;
X16 C2;
Z-10;
X24 C1;
Z-30;
X32 C2;
Z-50;
G03 X40 W-4 R4;
X48;
N2 G40 G00 X50;
X100;
Z100;
M05;
M30;
```

说明：各种系统的工艺分析、编程思路基本相同，只是不同的指令系统中有个别指令有所区别。在运用其他数控系统加工零件时，需要参考相关的系统编程手册，对华中数控系统的程序进行适当的修改即可。

4）实训图纸（图 1.118、图 1.119）

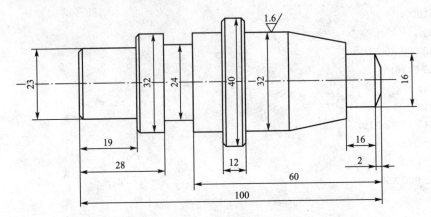

图 1.118　实训图纸二

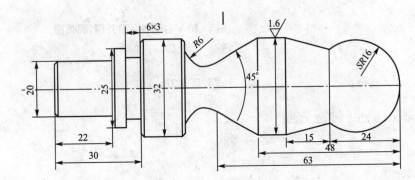

图 1.119　实训图纸三

1.5.3　简单套类零件加工

1. 知识准备

(1) 数控车床编程指令系统。
(2) 各种测量元件和仪器的使用。
(3) 数控机车控制面板的基本操作及对刀的基本操作。

2. 实训仪器与设备

配置 HNC21/22T 数控系统的数控车床若干台，各种内外圆车削刀具若干把，各种测量元件若干把，工件若干个。

3. 任务目的

(1) 熟练和巩固数控车一般指令的使用方法。

(2) 熟练掌握内圆柱孔的编程方法和格式。
(3) 熟练掌握镗刀的对刀方法。
(4) 掌握内孔量具的使用方法。
(5) 掌握内孔尺寸的保证方法。

4．任务实现

1) 图纸

加工如图 1.120 所示的阶梯孔类零件，材料为 $45^\#$ 钢，材料规格为 $\phi50\times30$mm，其中毛坯轴向余量为 5mm，要求按图纸加工完成该零件。

2) 工艺分析

该零件表面由内外圆柱面、圆弧等表面组成，工件在加工的过程中要进行两次装夹才能够完成加工，同时根据在加工孔类零件时一般按照先进行外圆加工工序，后进行内孔的加工工序的原则，首先进行外圆的加工然后进行其他面的加工，数控加工工序卡见表 1-12。

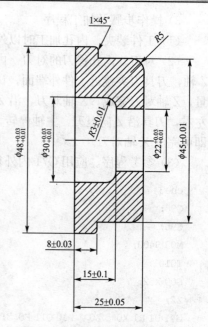

图 1.120 盘类零件实训零件图

表 1-12 数控加工工序卡

工步	工步内容	刀具	切削用量		
			背吃刀量 /mm	主轴转速 /(r/min)	进给速度 /(mm/r)
1	粗车工件端面	T11(90°外圆车刀)		<400	0.3
2	钻孔	中心钻		<400	
3	钻底孔	$\phi15$ 麻花钻		<400	
4	扩孔	$\phi20$ 麻花钻		<400	
5	粗加工 $\phi45$ 外圆、R5 圆弧	T11(90°外圆车刀)	2	<500	0.3
6	精加工工件端面 $\phi45$ 外圆、R5 圆弧	T22(90°外圆车刀)	0.3	<1000	0.1
7	调头装夹工件找正				
8	车削工件端面，保证工件总长	T11(90°外圆车刀)		<400	0.3
9	粗加工阶梯孔、R3 圆弧	通孔镗刀 T33	1	<500	0.2
10	精加工阶梯孔、R3 圆弧	通孔镗刀 T44	0.2	<800	0.05
11	粗加工 $\phi48$ 外圆	T11(90°外圆车刀)	2	<500	0.3
12	精加工 $\phi48$ 外圆	T22(90°外圆车刀)	0.3	<1000	0.1

3) 操作步骤及加工程序

(1) 工件装夹。内孔加工时以外圆定位,用三爪自定心卡盘夹紧。

(2) 对刀。内孔镗刀的对刀：内孔刀对刀之前内孔已经钻完,调用所需刀具,首先对 Z 轴,刀具刀尖接近工件外端面,试切削工件外端面,然后在工件补正界面内输入 Z0 测量,Z 轴对刀完成,X 轴对刀,沿 Z 轴切削工件内孔表面,沿 Z 轴切削深度控制在 10mm 左右,刀具沿 Z 向退刀,主轴停转,测量工件内孔直径,在工件补正界面内输入 X 测量值即可完成 X 轴对刀。

(3) 参考程序。应用 G71 内外径粗车复合循环指令进行编程。

```
che3
G90;                                (绝对坐标编程)
G95;                                (转化为每转进给)
M03 S400;                           (主轴正转 400r/min)
T0101;                              (调用一号刀具 90°外圆车刀粗加工用)
G00 X52;
Z2;                                 (刀具定位)
G71 U1 R1 X0.5 Z0.1 P10 Q11 F0.3;   (外圆粗车复合循环指令,单边切深为 2mm,退刀量为 1mm,轴向
                                     留量为 0.5mm,径向留量为 0.1mm)
M00;                                (程序停止)
M05;                                (主轴停转)
T0202;                              (调用二号刀具 90°外圆车刀精加工用)
G95;                                (转化为每转进给)
G00 X50;
Z2;                                 (刀具定位)
P10 G00 X35;                        (刀具快速进给至精加工位置,精加工开始行)
G01 G42 Z0 F0.1;                    (刀具精进给至 Z0 位置进给量为 0.1mm/r)
G03 X45 Z-5 R5 F0.1;                (精加工 R5 圆弧)
G01 Z-17;                           (精加工 φ45 尺寸)
G00 G40 X50;                        (取消刀补)
Z100;                               (刀具退刀至安全位置)
M05;                                (主轴停转)
G95;                                (转化为每转进给)
M03 S400;                           (主轴正转 400r/min)
T0303;                              (调用三号刀具通孔镗刀粗加工内孔用)
G00 X18;
Z2;                                 (刀具定位)
G71 U1 R1 X-0.5 Z0.1 P12 Q13 F0.3;  (内孔粗车复合循环指令,单边切深为 2mm,退刀量为 1mm,
                                     轴向留量为 0.5mm,径向留量为 0.1mm)
M00;                                (程序停止)
M05;                                (主轴停转)
M03 S800;                           (主轴正转 800r/min)
T0404;                              (调用四号刀具通孔镗刀精加工内孔用)
G95;                                (转化为每转进给)
G00 X18;
```

Z2;	(刀具定位)
N12 G00 X30;	(刀具快速进给至加工位置)
G01 G41 Z-12 F0.1;	(精加工 φ30 建立刀补进给量为 0.1mm/r)
G03 X24 Z-15 R3;	(精加工 R3 圆弧)
G01 X22;	
N13 Z-27;	(精加工 φ22 内孔进给量为 0.1mm/r)
G00 G40 X18;	(取消刀补)
Z100;	(刀具退刀至安全位置)
M05;	(主轴停转)
G95;	(转化为每转进给)
M03 S400;	(主轴正转 400r/min)
T0101;	(调用一号刀具 90°外圆车刀粗加工外圆用)
G00 X52;	
Z2;	(刀具定位)
G71 U1 R1 X0.5 Z0.1 P14 Q15 F0.3;	(外圆粗车复合循环指令,单边切深为 2mm,退刀量为 1mm, 轴向留量为 0.5mm,径向留量为 0.1mm)
M00;	(程序停止)
M05;	(主轴停转)
M03 S800;	(主轴正转 800r/min)
G95;	(转化为每转进给)
T0202;	(调用二号刀具 90°外圆车刀精加工外圆用)
G00 X52;	
Z2;	(刀具定位)
N14 G00 X48;	(刀具快速进给至加工位置)
N15 G01 G42 Z-10 F0.1;	(精加工 φ48 外圆进给量为 0.1mm/r)
G00 G40 X55;	(取消刀补)
Z100;	(刀具退刀至安全位置)
M05;	(主轴停转)
M30;	(程序结束返回至程序头)

(4) 试运行。

(5) 切削加工。

(6) 检测及评分。

4) 相关问题及注意事项

(1) 钻孔前,必须先将工件端面车平,中心处不允许有凸台,否则钻头不能自动定心,会使钻头折断。

(2) 当钻头将要穿透工件时,由于钻头横刃首先穿出,因此轴向阻力大减。所以这时进给速度必须减慢,否则钻头容易被工件卡死,造成锥柄在尾座套筒内打滑,损坏锥柄和锥孔。

(3) 钻小孔或钻较深孔时,由于切屑不易排出,必须经常退出钻头排屑,否则容易因切屑堵塞而使钻头"咬死"或折断。

(4) 钻小孔时,转速应选得快一些,否则钻削时抗力大,容易导致孔位偏斜和钻头折断。

(5) 精车内孔时,应保持刀刃锋利,否则容易产生让刀(因刀杆刚性差),把孔车成锥形。

(6) 车平底孔时，刀尖必须严格对准工件旋转中心，否则底平面无法车平。

(7) 用塞规测量孔径时，应保持孔壁清洁，否则会影响塞规测量。

(8) 用塞规检查孔径时，塞规不能倾斜，以防造成孔小的错觉，把孔径车大。相反，孔径小的时候，不能用塞规硬塞，更不能用力敲击。

(9) 各种系统的工艺分析、编程思路基本相同，只是不同的指令系统中有个别指令有所区别。在运用其他数控系统加工零件时，需要参考相关的系统编程手册，对华中数控系统的程序进行适当的修改即可。

5) 实训图纸(图1.121、图1.122)。

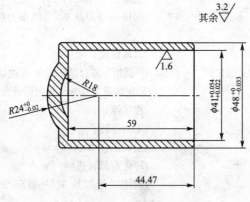

图1.121　实训图纸一

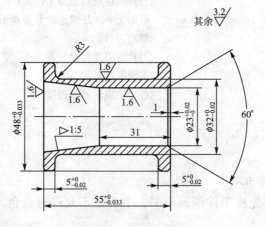

图1.122　实训图纸二

1.5.4　螺纹类零件加工

1. 知识准备

(1) 数控车床编程指令系统。

(2) 各种测量元件和仪器的使用。

(3) 数控机车控制面板的基本操作及对刀的基本操作。

2. 实训仪器与设备

配置 HNC21/22T 数控系统的数控车床若干台，各种内外圆车削刀具若干把，各种测量元件若干把，工件若干个。

3. 任务目的

(1) 熟练和巩固数控车一般指令的使用方法。
(2) 熟悉数控车车削螺纹的编程和加工方法。
(3) 掌握运用各种测量手段检测工件精度的方法。

4. 任务实现

1) 用普通螺纹车刀车削螺纹的常用切削用量表，见表 1-13。

表 1-13 常用切削用量表

	螺距	1.0	1.5	2.0	2.5	3.0	3.5	4.0
	牙深	0.649	0.974	1.299	1.624	1.949	2.273	2.598
背吃刀量及切削次数	1次	0.7	0.8	0.9	1.0	1.2	1.5	1.5
	2次	0.4	0.6	0.6	0.7	0.7	0.7	0.8
	3次	0.2	0.4	0.6	0.6	0.6	0.6	0.6
	4次		0.16	0.4	0.4	0.4	0.6	0.6
	5次			0.1	0.4	0.4	0.4	0.4
	6次				0.15	0.4	0.4	0.4
	7次					0.2	0.2	0.4
	8次						0.15	0.3
	9次							0.2

2) 图纸（图 1.123）

3) 工艺分析

(1) 基本操作步骤。
① 开机。
② 回参考点。
③ 装夹工件。
④ 安装刀具。
⑤ 对刀。
⑥ 编程与程序调试。
⑦ 运行程序加工工件。
⑧ 检测并去除毛刺。
⑨ 完成加工。

(2) 工艺路线。

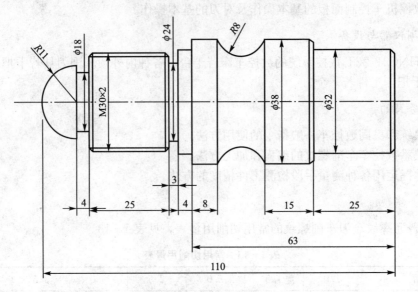

图 1.123 零件实训图纸一

① 工件伸出卡盘外 95mm,找正后夹紧。
② 用 93°外圆车刀车削工件右端面,粗车各台阶外圆、圆弧面。
③ 粗精车外槽。
④ 精车外圆、外圆弧、倒角。
⑤ 调头夹持 ϕ38 外圆,找正,夹紧。
⑥ 粗车外圆。
⑦ 粗精车外槽。
⑧ 精车外圆、外圆弧,倒角。
⑨ 粗精车 M30×2 外螺纹,用 25~50 螺纹千分尺测量精度。
⑩ 去毛刺,自检工件。
(3) 切削参数(表 1-14)。

表 1-14 切削参数

刀具号	刀具名称	主轴转速/ (r/min)	进给量/ (mm/min)	背吃刀量/ mm
1	93°外圆车刀	粗车 800 精车 1000	粗车 120 精车 120	2
2	螺纹车刀	粗车 800 精车 800		
3	切槽刀(刀宽 3mm)	粗车 350 精车 800	粗车 20 精车 10	

(4) 注意事项。

① 工件棒料的装夹。装夹工件棒料时应使三爪自定心卡盘夹紧工件,并有一定的夹持长度,棒料的伸出长度应考虑到零件的加工长度及必要的安全距离等。棒料中心线尽量与主轴中心线重合,以防打刀。

② 刀具的装夹。

a. 车刀不能伸出过长。

b. 刀尖应与主轴中心等高。

c. 螺纹刀装夹时,应用螺纹样板进行对中装夹。

d. 切槽刀要装正,以保证两副偏角对称。

4) 参考程序(HNC 21/22T 数控系统)

(1) 车削零件右端。粗车右轴段:

che1	
M03 S800;	主轴正转,800r/min
T0101;	93°外圆车刀
G00 X52 Z5;	起刀点
G71 U2 R5 P1 Q2 X0.5 Z0.1 F70;	外圆粗车循环
N1 G42 G00 X30 Z2;	粗车循环起始行,刀具定位点
G01 Z0 F120;	车刀接近端面
X32 Z-1;	倒角
Z-25;	车外圆 $\phi32 \sim \phi25$ 长度
X38 C1;	倒角
Z-40;	车外圆 $\phi38 \sim \phi40$ 长度
G02 X38 Z-55 R8;	车 R8 圆弧
G01 Z-63;	车 $\phi38$ 外圆至 63 长度
X32;	
Z-67;	车 $\phi48$ 外圆至 67 长度
N2 G40 G00 X60;	粗车循环结束行,刀具退刀点
G00 X100;	X 轴快速退刀
Z100;	Z 轴快速退刀
M05;	主轴停转
M30;	程序结束并返回

精车外圆、外圆弧,倒角:

che2	
M03 S1000;	主轴正转,1000r/min
T0101;	93°外圆车刀
G00 X52 Z5;	起刀点
X30 Z2;	刀具定位点
G01 Z0 F120;	刀具接近端面
X32 Z-1;	倒角
Z-25;	车 $\phi32$ 外圆至 25 长度
X32;	

Z-40;	
G02 X38 Z-55 R8;.	车 ø38 外圆至 40 长度
G01 Z-63;	车 R8 圆弧
X48 C1;	车 ø38 外圆至 63 长度
Z-67;	倒角
G00 X100;	车 ø48 外圆至 67 长度
Z100;	X 轴快速退刀
M05;	Z 轴快速退刀
M30;	主轴停转
	程序结束并返回

(2) 调头车削。

粗车外圆：

che3	
M03 S800;	主轴正转,800r/min
T0101;	93°外圆车刀
G00 X52 Z5;	起刀点
G71 U2 R5 P1 Q2 X0.5 Z01 F70;	外圆粗车循环
N1 G42 G00 X53 Z3;	粗车循环起始行,刀具定位点
G01 X0 Z2 F70;	刀具接近端面
Z0;	
G03 X22 Z-11 R11;	车 R11 圆弧
G01 Z-15;	车 ø22 外圆至 15 长度
X30 C1;	倒角
Z-43;	车 ø30 外圆至 43 长度
X32;	
Z-47;	
N2 G40 G00 X60;	粗车循环结束行,X 轴快速退刀
G00 X100;	X 轴快速退刀
Z100;	Z 轴快速退刀
M05;	主轴停转
M30;	程序结束并返回

粗精车外槽：

che4	
M03 S350;	主轴正转,350r/min
T0303;	切槽刀
G00 X50 Z5;	起刀点
Z-14;	Z 轴快速定位点
G01 X18 F20;	
G00 X35;	
G00 Z-15;	
G01 X18 F20;	
G00 X35;	
Z-43;	

G01 X24 F20;	切 φ24 外槽
G00 X50;	x 轴快速退刀
Z50;	z 轴快速退刀
G00 X100;	x 轴快速退刀
Z100;	z 轴快速退刀
M05;	主轴停转
M30;	程序结束并返回

精车外圆、外圆弧,倒角:

che5	
M03 S1000;	主轴正转,1000r/min
T0101;	93°外圆车刀
G00 X50 Z5;	起刀点
X0 Z3;	
G01 Z0 F120;	
G03 X22 Z-11 R11;	
G01 Z-15;	
X30 C1;	
Z-43;	
X32;	
Z-47;	
G00 X100;	
Z100;	
M05;	
M30;	

粗精车 M30×2 外螺纹:

che6	
M03 S800;	主轴正转,800r/min
T0202;	螺纹车刀
G00 X40 Z5;	起刀点
G92 X29.1 Z-41.5 P2;	螺纹加工循环
X28.5;	
X27.9;	
X27.5;	
X27.4;	
G00 X100;	
Z100;	
M05;	
M30;	

5) 实训图纸(图 1.124、图 1.125)

说明:各种系统的工艺分析、编程思路基本相同,只是不同的指令系统中有个别指令有所区别。在运用其他数控系统加工零件时,需要参考相关的系统编程手册,对华中数控系统的程序进行适当的修改即可。

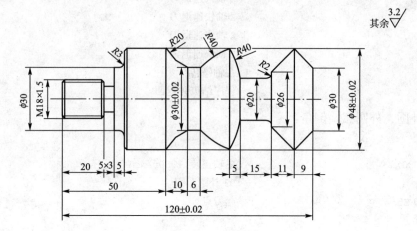

图1.124　实训图纸二

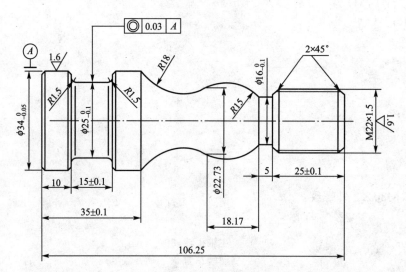

图1.125　实训图纸三

第 2 章 数控铣床加工

2.1 数控铣床基本操作

2.1.1 FANUC Oi 系统数控铣床基本操作

【任务目的】 熟悉 FANUC Oi Mate 系统键盘及界面;掌握参数的设置和程序的处理。

【完成任务】

1. 认识键盘

图 2.1 所示为 FANUC Oi 系统的 MDI 键盘(右半部分)和 CRT 界面(左半部分)。MDI 键盘用于程序编辑、参数输入等功能。MDI 键盘上各个键的功能见表 2-1。

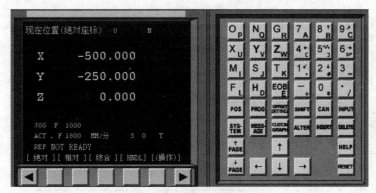

图 2.1 FANUC Oi Mate 系统键盘及界面

表 2-1 MDI 键盘各键的功能

MDI 软键	功 能
↑PAGE ↓PAGE	↑PAGE 软键实现左侧 CRT 界面中显示内容的向上翻页;↓PAGE 软键实现左侧 CRT 显示内容的向下翻页

(续)

MDI 软键	功　能
↑ ↓ ← →	移动 CRT 中的光标位置。软键实现光标的向上移动；软键实现光标的向下移动；软键实现光标的向左移动；软键实现光标的向右移动
O/X/M/F 等字母键	实现字符的输入，单击键后再单击字符键，将输入字符键右下角的字符。例如单击将在 CRT 界面的光标所在的位置输入"O"字符，单击软键后再单击将在光标所在位置输入"P"字符；单击软键中的"EOB"键将输入";"号，表示换行结束
数字键	实现字符的输入，例如：单击软键将在光标所在位置输入"5"字符，单击软键后再单击将在光标所在位置输入"]"
POS	在 CRT 界面中显示坐标值
PROG	CRT 将进入"程序编辑"和显示界面
OFFSET SETTING	CRT 将进入"参数补偿"显示界面
SYSTEM	本软件不支持
MESSAGE	本软件不支持
CUSTOM GRAPH	在自动运行状态下将数控显示模式切换至轨迹模式
SHIFT	输入字符切换键
CAN	删除单个字符
INPUT	将数据域中的数据输入到指定的区域
ALTER	字符替换
INSERT	将输入域中的内容输入到指定区域
DELETE	删除一段字符
HELP	本软件不支持
RESET	机床复位

2. 查看机床位置界面

单击 POS 键进入"坐标位置"界面。单击"绝对"菜单软键、"相对"菜单软键、"综合"菜单软键,对应 CRT 界面将对应"相对坐标"界面(图 2.2)、"绝对坐标"界面(图 2.3)和"综合坐标"界面(图 2.4)。

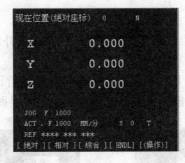

图 2.2 "相对坐标"界面　　　图 2.3 "绝对坐标"界面　　　图 2.4 "综合坐标"界面

3. 查看程序管理界面

单击 POS 键进入"程序管理"界面,单击"LIB"菜单软键,将列出系统中所有的程序(图 2.5),在所列出的程序列表中选择某一程序名,单击 PROG 键将显示该程序(图 2.6)。

图 2.5 显示程序列表　　　　　　　图 2.6 显示当前程序

4. G54～G59 参数设置

在 MDI 键盘上单击 OFFSET SETTING 键,单击"坐标系"菜单软键,进入"坐标系参数设定"界面,输入"0x"(01 表示 G54,02 表示 G55,以此类推),单击"NO 检索"菜单软键,光标停留在选定的坐标系参数设定区域,如图 2.7 所示。

也可以用 ↑、↓、←、→ 方位键选择所需的坐标系和坐标轴。利用 MDI 键盘输入通过对刀所得到的工件坐标原点在机床坐标系中的坐标值。设通过对刀得到的工件坐标原点在机床坐标系中的坐标值(-500,-415,-404),则首先将光标用 G54 指令移到坐标系 X 的位置,在 MDI 键盘上输入"-500.00",单击"输入"菜

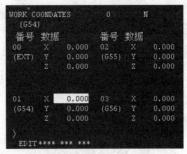

图 2.7 "坐标系数设定"界面

单软键或单击 [INPUT] 键,参数输入到指定区域。单击 [CAN] 键可逐个删除输入域中的字符。单击 [↓] 键,将光标移到 Y 的位置,输入"-415.00",单击"输入"菜单软键或单击 [INPUT] 键,参数输入到指定区域,同样可以输入 Z 坐标值,此时 CRT 界面如图 2.8 所示。

注:X 坐标值为-100,须输入"X-100.00";若输入"X-100",则系统默认为-0.100。

如果单击"+输入"软键,键入的数值将和原有的数值相加以后再输入。

5. 设置刀具补偿参数

铣床及加工中心的刀具补偿包括刀具的直径补偿和长度补偿。

1) 输入直径补偿参数

FANUC Oi Mate 系统的刀具直径补偿包括形状直径补偿和磨耗直径补偿。

(1) 在 MDI 键盘上单击 [图形] 键,进入"参数补偿设定"界面,如图 2.9 所示。

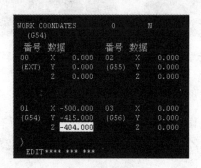
图 2.8　CRT 界面

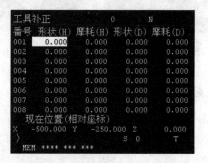
图 2.9　"参数补偿设定"界面

(2) 用 [↑]、[↓] 方位键选择所需的番号,并用 [←]、[→] 方位键选择需要设定的直径补偿是形状补偿还是磨耗补偿,并将光标移到相应的区域。

(3) 单击 MDI 键盘上的数字/字母键,输入刀具直径补偿参数。

(4) 单击"输入"菜单软键或单击 [INPUT] 键,参数输入到指定区域。单击 [CAN] 键逐个删除输入域中的字符。

注:直径补偿参数若为 4mm,在输入时需输入"4.000",如果只输入"4",则系统默认为"0.004"。

2) 输入长度补偿参数

长度补偿参数在刀具表中按需要输入。FANUC Oi 系统的刀具长度补偿包括形状长度补偿和磨耗长度补偿。

(1) 在 MDI 键盘上单击 [图形] 键,进入"参数补偿设定"界面,如图 2.9 所示。

(2) 用 [↑]、[↓]、[←]、[→] 方位键选择所需的番号,并选择需要设定的长度补偿是形状补偿还是磨耗补偿,将光标移到相应的区域。

(3) 单击 MDI 键盘上的数字/字母键,输入刀具长度补偿参数。

(4) 单击"输入"软键或单击 [INPUT] 键,参数输入到指定区域。单击 [CAN] 键逐个删除输入域中的字符。

6. 数控程序处理

1) 输入数控程序

数控程序可以通过记事本或写字板等编辑软件输入并保存为文本格式(*.txt 格式),

也可直接用 FANUC Oi 系统的 MDI 键盘输入。

单击操作面板上的编辑键⊠，编辑状态指示灯变亮，此时进入编辑状态。单击 MDI 键盘上的 PROG 键，CRT 界面转入编辑界面，如图 2.10 所示。

2) 数控程序管理

(1) 显示数控程序目录。

经过导入数控程序操作后，单击操作面板上的"编辑"键⊠，编辑状态指示灯变亮，此时进入编辑状态。单击 MDI 键盘上的 PROG 键，CRT 界面转入编辑界面。单击"LIB"菜单软键，保存在数控系统中的数控程序名列表显示在 CRT 界面上，如图 2.11 所示。

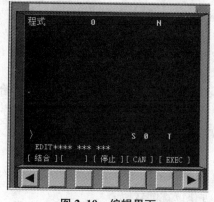

图 2.10 编辑界面

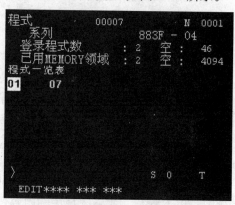

图 2.11 数控程序名列表显示界面

(2) 选择一个数控程序。

单击 MDI 键盘上的 PROG 键，CRT 界面转入编辑界面。利用 MDI 键盘输入"Ox"（x 为数控程序目录中显示的程序号），单击⬇键开始搜索，搜索到"Ox"后，显示在屏幕首行程序号位置，NC 程序将显示在屏幕上。

(3) 删除一个数控程序。

单击操作面板上的"编辑"键⊠，编辑状态指示灯变亮，此时进入编辑状态。利用 MDI 键盘输入"Ox"（x 为要删除的数控程序在目录中显示的程序号），单击 DELETE 键，程序即被删除。

(4) 新建一个 NC 程序。

单击操作面板上的"编辑"键⊠，编辑状态指示灯变亮，此时进入编辑状态。单击 MDI 键盘上的 PROG 键，CRT 界面转入编辑界面。利用 MDI 键盘输入"Ox"（x 为程序号，但不能与已有的程序号重复），单击 INSERT 键，CRT 界面上将显示一个空程序，可以通过 MDI 键盘开始输入程序。输入一段代码后，单击 INSERT 键，数据输入域中的内容将显示在 CRT 界面上，单击 EOB 换行键结束一行程序后换行。

(5) 删除全部数控程序。

单击操作面板上的"编辑"键⊠，编辑状态指示灯变亮，此时进入编辑状态。单击 MDI 键盘上的 PROG 键，CRT 界面转入编辑界面。利用 MDI 键盘输入"0～9999"，单击 DELETE 键，全部数控程序即被删除。

3) 数控程序编辑

单击操作面板上的"编辑"键⊠，编辑状态指示灯变亮，此时已进入编辑状态。单击

MDI 键盘上的 PROG 键，CRT 界面转入编辑界面。选定了一个数控程序后，此程序显示在 CRT 界面上，此时可对此程序进行编辑。

(1) 移动光标。

单击 PAGE↑ 键和 PAGE↓ 键翻页，单击 ↑、↓、←、→ 方位键移动光标。

(2) 插入字符。

先将光标移到所需位置，单击 MDI 键盘上的"数字/字母"键，将代码输入到输入域中，单击 INSERT 键，把输入域的内容插入到光标所在代码的后面。

(3) 删除输入域中的数据。

单击 CAN 键用于删除输入域中的数据。

(4) 删除字符。

先将光标移到所需删除字符的位置，单击 DELETE 键，删除光标所在位置的代码。

(5) 查找。

输入需要搜索的字母或代码，单击 ↓ 键在当前数控程序中光标所在位置的后面开始搜索(代码可以是一个字母或一个完整的代码，例如"N0010"、"M"等。)如果此数控程序中有正在搜索的代码，则光标停留在找到的代码处；如果此数控程序中没有搜索的代码，则光标停留在原处。

(6) 替换。先将光标移到所需替换字符的位置，将替换后的字符通过 MDI 键盘输入到输入域中，单击 ALTER 键，把输入域中的内容代替光标所在位置的代码。

2.1.2　FANUC Oi Mate MDI 面板操作

【任务目的】　熟悉 FANUC Oi Mate 系统面板按钮；掌握数控铣床的手动操作、自动运行、对刀操作、MDI 数据输入的方法。

【完成任务】

1. 认识操作面板

图 2.12 所示为 FANUC Oi Mate 系统的操作面板。操作面板上各按钮功能见表 2-2。

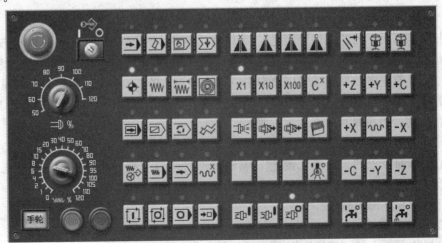

图 2.12　FANUC Oi Mate 系统操作面板

表 2-2 操作面板各按钮功能

类型	按钮名称		功能说明
模式选择	自动		按此按钮后,系统进入自动加工模式
	编辑		按此按钮后,系统进入程序编辑模式
	MDI		按此按钮后,系统进入 MDI 模式,手动输入并执行指令
	DNC		按此按钮后,系统进入 DNC 模式,可进行输入输出数控程序
	回原点模式		按此按钮后,系统进入回原点模式
	JOG		按此按钮后,系统进入手动模式
	增量		按此按钮后,系统进入增量模式
	手轮		按此按钮后,系统进入手轮模式
	电源开		接通电源
	电源关		关闭电源
	急停按钮		按下急停按钮,机床移动立即停止,并且所有的输出(如主轴的转动等)都会关闭
	主轴倍率		按此旋钮,可以调节主轴倍率
	进给倍率		按此旋钮,可以调节进给倍率
	手轮		按此按钮,可以显示/隐藏手轮
	轴向选择		将光标移至此旋钮上,通过单击鼠标的左键或右键来选择移动轴
	转动手轮		将光标移至此旋钮上,通过单击鼠标的左键或右键来转动手轮
	显示/隐藏手轮		显示/隐藏手轮
	循环启动		程序运行开始;系统处于"自动运行"或"MDI"位置时按下此按钮有效,其余模式下使用无效
	循环保持		程序运行暂停:在程序运行过程中,按下此按钮运行暂停,按"循环启动"按钮恢复运行
	单段		按下此按钮后,运行程序时每次执行一条数控指令
	跳段		按下此按钮后,数控程序中的注释符号"/"有效
	选择性停止		按此按钮后,"M01"代码有效
			暂不支持

(续)

类型	按钮名称	功能说明
	辅助功能锁定	按此按钮后，所有辅助功能被锁定
	空运行	按此按钮后系统进入空运行状态
		暂不支持
	机床锁定	锁定机床，无法移动
		暂不支持
		暂不支持
	X 镜像	暂不支持
	Y 镜像	暂不支持
	Z 镜像	暂不支持
		暂不支持
	增量/手轮倍率	在增量或手轮状态下，按此按钮可以调节步进倍率
		暂不支持
		暂不支持
	松开主轴	暂不支持
	锁住主轴	暂不支持
		暂不支持
		暂不支持
	主轴正转	控制主轴转向为正向转动
	主轴反转	控制主轴转向为反向转动
	主轴停止	控制主轴停止转动
	超程解除	暂不支持
	刀库正转	暂不支持
	刀库正转	暂不支持
	Z 正方向按钮	手动方式下，按此按钮主轴向 Z 轴正方向移动
	Z 负方向按钮	手动方式下，按此按钮后，主轴向 Z 轴负方向移动
	Y 正方向按钮	手动方式下，按此按钮后，主轴向 Y 轴正方向移动
	Y 负方向按钮	手动方式下，按此按钮后，主轴向 Y 轴负方向移动
	X 正方向按钮	手动方式下，按此按钮后，主轴将向 X 正方向移动
	X 负方向按钮	手动方式下，按此按钮后，主轴向 X 轴负方向移动

(续)

类型	按钮名称	功能说明
+C		暂不支持
-C		暂不支持
~	快速按钮	按此按钮后，系统进入手动快速模式
		暂不支持
		暂不支持

2. 机床准备

1) 激活机床

按"电源开"按钮，此时机床电源指示灯变亮。检查"急停"按钮是否松开至 状态，若未松开，按"急停"按钮，将其松开。

2) 回参考点操作

按操作面板上的"回原点模式"，若指示灯变亮，则已进入"回参考点模式"。先将 X 轴回参考点，按操作面板上的 X 正方向按钮，此时 X 轴回参考点完成，CRT 上的 X 坐标变为"0.000"。同样，再分别按 Y 轴按钮，Z 轴正方向按钮，分别完成 Y 轴、Z 轴回参考点。回参考点后，CRT 界面如图 2.13 所示。

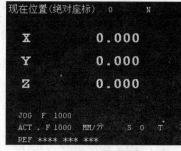

图 2.13　回参考点后 CRT 界面

3. 装接工件和刀具

4. 手动/连续方式操作

按操作面板中的"手动按钮"，指示灯变亮，系统进入手动操作方式；适当地按 、+Z、+Y、-Z、-Y、-X 按钮，可以移动机床并控制移动方向及移动距离。

按 、 、 按钮，控制主轴的转动和停止。

注：刀具切削零件时，主轴需转动。加工过程中刀具与零件发生非正常碰撞后（非正常碰撞包括车刀的刀柄与零件发生碰撞、铣刀与夹具发生碰撞等），系统弹出警告对话框，同时主轴自动停止转动，并调整到适当位置，继续加工时需再次按 、 按钮，使主轴重新转动。

5. 手动脉冲方式操作

需精确调节机床时，常采用手动脉冲方式调节机床。按操作面板上的"手轮模式"按钮，指示灯变亮，系统进入"手轮模式"状态，即手动脉冲模式。通过旋转按钮，进行轴向选择。将"轴选择"选钮旋至 X 轴。调节手轮步长按钮，按"手轮倍率"按钮，选择合适的手轮倍率，即脉冲当量。左摇手轮按钮时，机床向负方向精确移动；右摇手轮按钮时，机床向正方向精确移动。

按 、 、 按钮，控制主轴的转动和停止。

6. 对刀及设定工件坐标系操作

数控程序一般按工件坐标系编程，对刀的过程就是建立工件坐标系与机床坐标系关系的过程。

1）X 轴方向对刀

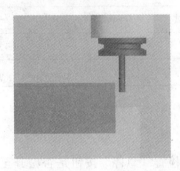

图 2.14 X 轴方向对刀机床位置

按面板上的 POS 按钮，回到位置界面，按操作面板中的"手动"按钮指示灯变亮，系统进入手动操作模式。

按主轴"正转"按钮，使主轴处于转动状态。

适当按 、+Z、+Y、+X 及 -Z、-Y、-X 按钮，将机床移动到如图 2-14 所示的大致位置。

移动到大致位置后，可以采用手轮调节方式移动机床，按操作面板上的"手轮模式"按钮，指示灯变亮，进入手轮模式，将轴选择选钮旋至 X 轴。调节手轮步长 按钮精确移动零件，直到接触到表面。

将工件坐标系原点到 X 方向基准边的距离记为 X_2；将塞尺厚度记为 X_3（此处为 1mm）；将基准工具直径记为 X_4（可在选择基准工具时读出，"刚性靠棒"基准工具的直径为 14mm），将 CRT 界面显示坐标值记为 X_5；将 $(X_2+X_3+X_4)/2$ 记为 X_1，X_5-X_1 记为 DX。

按 MDI 键盘上 按钮，进入参数设置，单击 CRT 显示软键"坐标系"或单击 上下翻页至"WORK CONDATES"界面（此处选择 G54）。

使用 、 按钮移动光标到 G54 指令处，输入 X(DX) 的值，按 按钮，此数据将被自动记录到参数表中。

2）Y 轴方向对刀

Y 方向对刀采用同样的方法，得到工件中心的 Y 坐标，记为 DY。

3）Z 轴方向对刀

按操作面板上的 POS 按钮，回到位置界面，按操作面板中的"手动按钮"，指示灯变亮，系统转入手动操作模式。

按主轴正转按钮，使主轴处于转动状态。

适当按 、+Z、+Y、+X 及 -Z、-Y、-X 按钮，将机床移动到如图 2.15 所示的大致位置。

采用手轮调节方式移动机床，使刀具精确移到工件上表面，此时 Z 的坐标值记为 DZ。

图 2.15 Z 轴方向对刀机床位置

按 MDI 键盘上 按钮，进入参数设置，单击 CRT 界面上"坐标系显示"软键或按 按钮上下翻页至"WORK CONDATES"界面（此处选择 G54）。

使用 、 移动光标到 G54 指令处，输入 Z(DZ) 的值，按 按钮，此数据将被自动记录到参数表中。

7. 自动/单段方式操作

检查机床是否机床回零。若未回零，先将机床回零。再导入数控程序或自行编写一段程序。

旋转操作面板上"方式选择"旋钮，使它指向"自动"，系统进入自动运行状态。

旋转操作面板上的"单段"按钮。

旋转操作面板上的"循环启动"按钮，程序开始执行。

注：自动/单段方式执行每一行程序时均需按一次"循环启动"按钮。

旋转"跳断"按钮，则程序运行时跳过符号"/"有效，该行成为注释行，不执行。

旋转"选择停止"按钮，则程序中"M01"有效。

可以通过"主轴倍率"旋钮 和"进给倍率"旋钮 来调节主轴旋转的速度和移动的速度。

按 按钮可重置程序。

8. 检查运行轨迹操作

按操作面板上的"自动模式"按钮，指示灯变亮，系统进入自动运行状态，转入自动加工模式，按 MDI 键盘上的 键，按数字/字母键，输入"Ox"（x 为所需要检查运行轨迹的数控程序号），按 开始搜索，找到后，程序显示在 CRT 界面上。按 按钮，进入检查运行轨迹模式，按操作面板上的"循环启动"按钮，即可观察数控程序的运行轨迹。

2.1.3 对刀及工件坐标系的设定

【任务目的】 掌握工件安装与刀具安装；掌握对刀操作与工件坐标系的设定。

【完成任务】

1. 工件的安装与找正

在进行对刀前，需完成必要的准备工作，即工件和刀具的装夹。

铣床及加工中心中常用的夹具有平口钳、分度头、三爪卡盘和平台夹具。下面以平口钳上装夹工件为例说明工件的装夹步骤。

（1）把平口钳安装在加工中心工作台面上，加工中心固定钳口与 X 轴基本平行并张开到最大。

（2）把装有杠杆百分表的磁性表座吸在主轴上。

（3）使杠杆百分表的触头与固定钳口接触。

（4）在 X 方向找正，直到使百分表的指针在一个格内晃动为止，最后拧紧平口钳的固定螺母。

（5）根据工件的高度情况，在平口钳钳口内放入形状合适和表面质量较好的垫铁后，再放入工件，一般是工件的基准面朝下，与垫铁表面靠紧，然后拧紧平口钳。在放入工件前，机床要对工件、钳口和垫铁的表面进行清理，以免影响加工质量。

（6）在 X、Y 两个方向找正，直到百分表的指针在一个格内晃动为止。

（7）取下磁性表座，夹紧工件，加工中心工件装夹完成。

装夹毛坯时，将毛坯放在机床工作范围的中部，以防止机床超程。用平口钳夹持工件时，夹持方向应选择零件刚度最好的方向，以防止弹性变形。空心薄壁零件应用压板固定。毛坯装夹时要先清洁铣床工作台、平口钳钳口等，以防止由于铁屑引起的定位不准。要特别注意留出走刀空间，以防止刀具与平口钳、压板、压板的紧固螺钉相碰撞。

2. 刀具的安装

使用刀具时，首先应确定数控铣床要求配备的刀柄及拉钉的标准和尺寸(这一点很重要，一般规格不同无法安装)，根据加工工艺选择刀柄、拉钉和刀具，并将它们装配好，然后装夹在数控铣床的主轴上。

1) 手动换刀过程

在主轴上手动装卸刀柄的方法如下。

(1) 确认刀具和刀柄的重量不超过机床规定的允许最大重量。

(2) 清洁刀柄锥面和主轴的锥孔。

(3) 左手握住刀柄，将刀柄的键槽对准主轴端面键，垂直伸入到主轴内，不可倾斜。

(4) 右手按下换刀按钮，从主轴内吹出压缩空气以清洁主轴和刀柄，按住此按钮，直到刀柄锥面与主轴锥孔完全贴合后，松开按钮，刀柄即被自动夹紧，确认刀柄夹紧后方可松手。

(5) 刀柄装上后，用手转动主轴，检查刀柄是否正确装夹。

(6) 卸刀柄时，先用左手握住刀柄，再用右手按下换刀按钮(否则刀具从主轴内掉下，可能会损坏刀具、工件和夹具等)，取下刀柄。

2) 注意事项

在手动换刀过程中应注意以下问题。

(1) 应选择有足够刚度的刀具及刀柄，同时在装配刀具时应保持合理的悬伸长度，以避免刀具在加工过程中产生变形。

(2) 卸刀柄时，必须要有足够的动作空间，刀柄不能与工作台上的工件、夹具碰触。

(3) 换刀过程中严禁主轴运转。

3. 对刀操作

对刀的目的是通过刀具或对刀工具确定工件坐标系与机床坐标系之间的空间位置关系，并将对刀数据输入到相应的存储位置。对刀是数控加工中最重要的操作步骤，其准确性将直接影响零件的加工精度。

对刀操作分为 X、Y 向对刀和 Z 向对刀。

1) 对刀方法

根据现有条件和加工精度要求，选择对刀方法，可采用试切法、寻边器对刀、机内对刀仪对刀、自动对刀，其中试切法对刀精度较低，加工中常用寻边器和 Z 向设定器对刀，效率高，能保证对刀精度。

2) 对刀工具

(1) 寻边器。

寻边器主要用于确定工件坐标系原点在机床坐标系中 X、Y 的值，也可以用于测量工件的简单尺寸。

寻边器有偏心式和光电式等类型，其中以光电式较为常用。光电式寻边器的测头一般为 10mm 的钢球，用弹簧拉紧。在光电式寻边器的测杆上，碰到工件时可以退让，并将电路导通，发出光讯号，通过光电式寻边器的指示和机床坐标位置，即可得到被测表面的坐标位置，具体使用方法见下述"对刀实例"。

(2) Z 轴设定器。

Z 轴设定器主要用于确定工件坐标系原点在机床坐标系 Z 轴的坐标，或者说是确定刀具在机床坐标系中的高度。

Z 轴设定器有光电式和指针式等类型,通过光电指示或指针,判断刀具与对刀器是否接触,对刀精度一般可达 0.005mm。Z 轴设定器带有磁性表座,可以牢固地附着在工件或夹具上,其高度一般为 50mm 或 100mm,如图 2.16 所示。

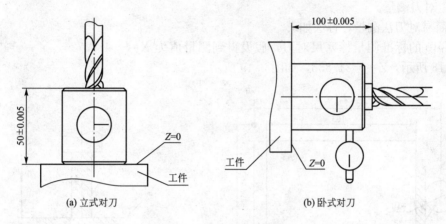

图 2.16 Z 轴设定器使用

3)对刀操作

完成如图 2.17 所示的对刀操作。

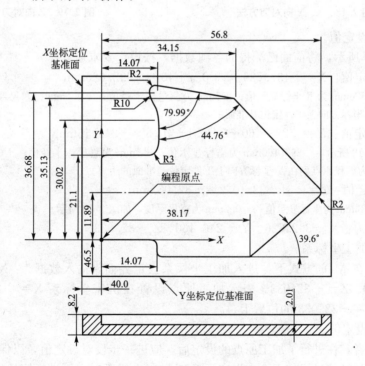

图 2.17 对刀操作示意图

在选择了如图 2.17 所示的被加工零件图样并确定了编程原点位置后,可按以下方法进行坐标系的设定。

(1) 准备工作。

机床回参考点，确认机床坐标系。

(2) 装夹工件毛坯。

通过夹具使零件定位，并使工件定位基准面与机床运动方向一致。

(3) 对刀测量。

用简易对刀法测量，方法如下。

用 $\phi 10$ 的标准测量棒塞尺对刀，假设得到测量值为 X＝－437.726，Y＝－298.160，如图 2.18 所示，Z＝－31.833，如图 2.19 所示。

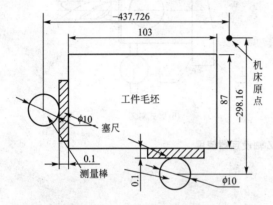

图 2.18 X、Y 向对刀方法

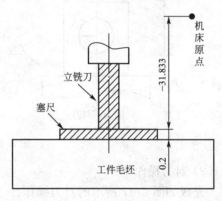

图 2.19 Z 向对刀方法

(4) 计算设定值。

如图 2.18 所示，将前面已测得的各项数据，按设定要求运算。

X 坐标设定值：X＝－437.726＋5＋0.1＋40＝－392.626mm

注：－437.726mm 为 X 坐标显示值；＋5mm 为测量棒半径值；＋0.1mm 为塞尺厚度；＋40mm 为编程原点到在 X 坐标方向上工件定位基准面的距离。

Y 坐标设定值：Y＝－298.160＋5＋0.1＋46.5＝－246.46mm

注：如图 2.18 所示，－298.160mm 为坐标显示值；＋5mm 为测量棒半径值；＋0.1mm 为塞尺厚度；＋46.5mm 为编程原点到在 Y 坐标方向上工件定位基准面的距离。

Z 坐标设定值：Z＝－31.833－0.2＝－32.033mm。

注：－31.833mm 为坐标显示值；－0.2mm 为塞尺厚度，如图 2.19 所示。

计算结果为：X －392.626、Y －246.460、Z －32.033。

(5) 设定加工坐标系。

将开关放在 MDI 方式下，进入加工坐标系设定界面。输入数据为：X＝－392.626、Y＝－246.460、Z＝－32.033。表示加工原点设置在机床坐标系 X＝－392.626、Y＝－246.460、Z＝－32.033 的位置上。

(6) 校对设定值。

对于初学者，在进行了加工原点的设定后，应进一步校对设定值，以保证参数的正确性。校对工作的具体过程如下：在设定了 G54 加工坐标系后，再进行回机床参考点操作，其显示值为：X ＋392.626、Y ＋246.460、Z ＋32.033。

这说明在设定了 G54 加工坐标系后，机床原点在加工坐标系中的位置为：X ＋392.626、Y ＋246.460、Z ＋32.033。

这反过来也说明 G54 的设定值是正确的。

2.1.4 FANUC 数控铣床基本编程指令

1. G 功能

G 功能是命令机器准备以何种方式进行切削加工或移动。格式由地址 G 后面接两位数字组成，其范围为 G00~G99，不同的 G 代码代表不同的意义与不同的动作方式，见表 2-3。

表 2-3 G 代码

代码	功能	组别	代码	功能	组别
★G00	快速定位		G52	局部坐标系统	00
G01	直线插补		★G54	选择第 1 工件坐标系	
G02	顺时针插补	01	G55	选择第 2 工件坐标系	
G03	逆时针插补		G56	选择第 3 工件坐标系	12
G04	暂停		G57	选择第 4 工件坐标系	
G09	确定停止检验	00	G58	选择第 5 工件坐标系	
G10	自动原点补正、刀具补正设定		G59	选择第 6 工件坐标系	
★G17	XY 平面选择		G73	高速深孔啄钻循环	
G18	XZ 平面选择	02	G74	攻左螺纹循环	09
G19	YZ 平面选择		G76	精镗孔循环	
G20	英制单位输入选择	06	★G80	取消固定循环	
G21	米制单位输入选择		G81	钻孔循环	
★G27	参考点返回检查		G82	沉孔钻孔循环	
G28	参考点返回	00	G83	深孔啄钻循环	09
G29	由参考点返回		G84	攻右螺纹循环	
G30	第 2、3、4 参考点返回		G85	铰孔循环	
G33	螺纹切削	01	G86	背镗循环	
★G40	取消刀具半径补偿		★G90	绝对坐标编程	
G41	左刀补	07	G91	增量坐标编程	
G42	右刀补		G92	定义编程原点	00
G43	刀具长度正补偿		★G94	每分钟进给量	05
G44	刀具长度负补偿	8	★G98	Z 轴返回起始点	
★G49	取消刀具长度补偿		G99	Z 轴返回 R 点	

注：(1) 标有★的 G 代码为电源接通时的状态。
(2) "00" 组的 G 代码为非续效指令，其余为续效代码。
(3) 如果同组的 G 代码出现在同一程序中，则最后一个 G 代码有效。
(4) 在固定循环中，如果遇到 "01" 组的 G 代码，取消固定循环。

2. M功能

数控铣床和加工中心的M功能与数控车床基本相同,详情请参考第一章内容。

3. F、S、T功能

1) F功能

F功能用于控制刀具移动时的进给速度,F后面所接数值代表每分钟刀具进给量(mm/min),F代码为续效代码。

实际进给速度v的值可由下列公式计算而得:
$$v = f_z \times z \times n$$

其中:f_z为铣刀每齿的进给量(mm/齿);z为铣刀的刀刃数;n为刀具的转速(r/min)。

2) S功能

S功能用于指令主轴转速(m/min),S代码后面接1~4位数字。

3) T功能

因铣床无ATC,必须用人工换刀,所以T功能只能用于加工中心。T代码后面接两位数字。

不同的数控机床,其换刀程序是不同的,通常选刀和换刀分开进行,换刀动作必须在主轴停转条件下进行。换刀完毕后启动主轴,方可执行下面程序段的加工,选刀动作可与机床的加工动作结合起来,即利用切削时间进行选刀。因此,换刀指令M06必须安排在用新刀具进行加工的程序段之前,而下一个选刀指令T常紧接在本次换刀指令之后。

多数加工中心都规定了"换刀点"位置,即定距换刀,主轴只有走到这个位置,机械手才能执行换刀动作。一般立式加工中心规定换刀点的位置在Z0处(即机床Z轴零点),当控制机接到选刀指令T后,自动选刀,被选中的刀具处于刀库最下方;接到换刀指令M06后,机械手执行换刀动作。因此换刀程序可采用两种方法设计。

① N010 G00 Z0 T02;
　　N011 M06;

返回Z轴换刀点的同时,刀库将T02号刀具选出,然后进行刀具交换,换到主轴上的刀具为T02,若Z轴回零时间小于T功能执行时间(即选刀时间),则M06指令待刀库将T02号刀具转到最下方位置后才能执行。因此这种方法占用机动时间较长。

② N010 G01 Z…T02
　　⋮
　　N017 G00 Z0 M06
　　N018 G01 Z…T03
　　⋮

N017程序段换上N010程序段选出的T02号刀具,在换刀后,紧接着选出下次要用的T03号刀具。在N010程序段和N018程序段执行选刀时,不占用机动时间,所以这种方式较好。

4. 编程应注意的几个问题

1) 数控装置初始状态设定

当机床的电源打开时,数控装置处于初始状态。由于开机后数控装置的状态可通过

MDI方式更改，且会因为程序的运行而发生变化，所以为了确保程序的安全运行，建议在程序的开始应有程序初始状态设定的程序段，如下所示。

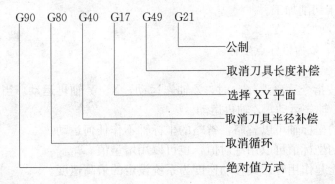

2）工件坐标系设置

数控机床一般在开机后需要"回零"才能建立机床坐标系。一般在正确建立机床坐标系之后可用 G54～G59 设定 6 个工件坐标系。在一个程序中，最多可设定 6 个工件坐标系，如图 2.20 所示。

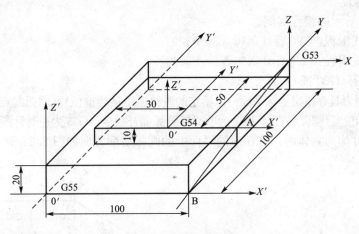

图 2.20 设置加工坐标系

3）安全高度的确定

对于铣削加工，起刀点和退刀点必须离加工零件上表面有一个安全高度，保证刀具在停止状态时，不与加工零件和夹具发生碰撞。在安全高度位置时刀具中心所在的平面也称为安全面。

4）进刀/退刀方式的确定

对于铣削加工，刀具切入工件的方式，不仅影响加工质量，同时直接关系到加工过程的安全。对于二维轮廓加工，一般要求从侧面进刀或沿切线方向进刀，尽量避免垂直进刀。退刀方式也应从侧向或切向退刀。刀具从安全高度下降到切削高度时，应离工件毛坯边缘有一定距离，不能直接贴着加工零件理论轮廓直接下刀，以免发生危险。

5. 基本移动指令

基本移动指令包括快速定位、直线插补和圆弧插补 3 个指令。

1) 快速定位(G00)

该指令控制刀具从当前所在位置快速移动到指令给出的目标位置,该指令只能用于快速定位,不能用于切削加工。

指令格式:G00 X__ Y__ Z__

其中:X、Y、Z 为目标点坐标。

注意:

(1) 当 Z 轴按指令远离工作台时,Z 轴先运动,X、Y 轴再运动。当 Z 轴按指令接近工作台时,X、Y 轴先运动,Z 轴再运动。

(2) 不运动的坐标轴可以省略,省略的坐标轴不作任何运动。

(3) 目标点的坐标值可以用绝对值,也可以用增量值。

(4) G00 功能起作用时,其移动速度为系统设定的最高速度。

2) 直线插补(G01)

该指令控制刀具以给定的进给速度从当前位置沿直线移动到指令给出的目标位置。

指令格式:G01 X__ Y__ Z__ F__

其中:X、Y 为目标点坐标;

F 为进给速度。

如图 2.21 所示的编程实例。

绝对值方式编程:G90 G01 X40 Y30 F300。

增量值方式编程:G91 G01 X30 Y20 F300。

3) 圆弧插补(G02 或 G03)

该指令控制刀具在指定坐标平面内以给定的进给速度从当前位置(圆弧起点)沿圆弧移动到指令给出的目标位置(圆弧终点)。G02 为顺时针圆弧插补指令,G03 为逆时针圆弧插补指令。

因加工零件均为立体的,其在不同平面上的圆弧切削方向如图 2.22 所示。

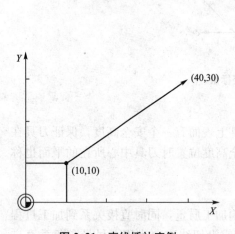

图 2.21 直线插补实例

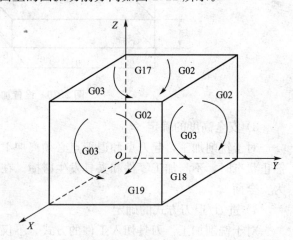

图 2.22 圆弧插补实例

指令格式:

在 XY 平面上的圆弧:

$$G17 \begin{Bmatrix} G02 \\ G03 \end{Bmatrix} X\_\_ Y\_\_ \begin{Bmatrix} I\_\_ J\_\_ \\ R\_\_ \end{Bmatrix} F\_\_$$

在 ZX 平面上的圆弧：

$$G18 \begin{Bmatrix} G02 \\ G03 \end{Bmatrix} X\_\_ Z\_\_ \begin{Bmatrix} I\_\_ K\_\_ \\ R\_\_ \end{Bmatrix} F\_\_$$

在 YZ 平面上的圆弧：

$$G19 \begin{Bmatrix} G02 \\ G03 \end{Bmatrix} Y\_\_ Z\_\_ \begin{Bmatrix} J\_\_ K\_\_ \\ R\_\_ \end{Bmatrix} F\_\_$$

X__ Y__ Z__ 为圆弧终点坐标值，可以在 G90 下用绝对坐标，也可以在 G91 下用增量坐标。在增量方式下，圆弧终点坐标是相对于圆弧起点的增量值。I、J、K 表示圆弧圆心的坐标，它是圆心相对起点在 X、Y、Z 轴方向上的增量值，也可以理解为圆弧起点到圆心的矢量(矢量方向指向圆心)在 X、Y、Z 轴上的投影，与前面定义的 G90 或 G91 无关。R 是圆弧半径，当圆弧始点到终点所移动的角度小于180°时，半径 R 用正值表示，当从圆弧始点到终点所移动的角度超过180°时，半径 R 用负值表示，正好180°时，正负均可。还应注意，整圆编程时不可以使用 R，应使用 IJK 形式。

4）暂停指令(G04)

该指令控制系统按指定时间暂停执行后续程序段，暂停时间结束则继续执行。该指令为非模态指令，只在本程序段有效。

指令格式：G04 P__ 或 G04 X(U)__

程序在执行到某一段后，需要暂停一段时间，进行某些人为的调整，这时用 G04 指令使程序暂停，暂停时间一到，继续执行下一段程序。G04 的程序段里不能有其他指令。暂停时间的长短可以通过地址 X(U) 或 P 来指定。

其中：P 后面的数字为整数，ms；X(U) 后面的数字为带小数点的数，s。

5）刀具补偿指令

数控机床在实际加工过程中通过控制刀具中心轨迹来实现切削加工。在编程过程中，为了避免复杂的数值计算，一般按零件的实际轮廓来编写数控程序，但刀具具有一定的半径尺寸，如果不考虑刀具半径尺寸，那么加工出来的实际轮廓就会与图纸所要求的轮廓相差一个刀具半径值。因此，采用刀具半径补偿功能解决这一问题。

(1) 刀具半径补偿(G40、G41、G42)。

① 刀具半径补偿的方法。

铣削加工刀具半径补偿分为刀具半径左补偿(G41)和刀具半径右补偿(G42)。当刀具中心轨迹前进方向位于零件轮廓左边时为左补偿，反之为右补偿。如果不需要进行刀具半径补偿时，则用 G40 取消刀具半径补偿。

建立刀具半径补偿的格式：

G17/G18/G19 G00/G01 G41/G42 α β D；

取消刀具半径补偿指令格式为：G00/G01 G40 α β；

其中：α、β 为 X、Y、Z 三轴中配合平面选择(G17、G18、G19)的任意两轴，D 为刀具半径补偿号码，用1~2位数字表示。

② 使用刀具半径补偿注意事项：

机床通电后，为取消半径补偿方式。

G41、G42、G40 不能和 G02、G03 一起使用，只能与 G00 和 G01 一起使用，且刀具必须要移动。

在程序中用 G42 指令建立右补偿，铣削时对于工件将产生逆铣效果，故常用于粗铣；用 G41 指令建立左补偿，铣削时对于工件将产生顺铣效果，故常用于精铣。

一般情况下，刀具半径补偿量应为正值，如果补偿为负，则 G41 和 G42 相互替换。

建立刀具半径补偿后，不能出现连续两个程序段无选择补偿坐标平面的移动指令，否则数控系统会因无法计算程序中刀具轨迹交点坐标，产生过切现象。

在补偿状态下，铣刀的直线移动量及铣削内侧圆弧的半径值要大于或等于刀具半径，否则补偿时会产生碰撞，系统在执行程序段时会发生报警，停止执行。

(2) 刀具长度补偿(G43、G44、G49)。

数控铣床或加工中心所使用的刀具，每把刀的长度都不相同，同时，由于刀具的磨损和其他原因引起刀具长度发生变化。使用刀具长度补偿指令，可使每一把刀具加工出来的深度尺寸都正确。编制图 2.23 所示刀具长度补偿。

编程格式：G01 G43 H __ Z __ ；刀具长度正补偿。
　　　　　G01 G44 H __ Z __ ；刀具长度负补偿。
　　　　　G01 G49 Z __ ；刀具长度注销。

功能：编程时理想刀具长度与实际使用的刀具长度之差作为偏置设定在偏置存储器 D01~D99 中。选定实际使用的刀具后，将其与编程刀具长度的差值事先在偏置存储器中设定，就可以用实际选定的刀具进行正确的加工，而不必对加工程序进行修改，这组指令默认值是 G49。

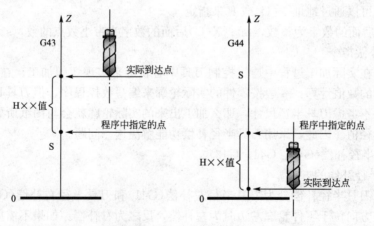

图 2.23　刀具长度补偿

(3) 返回参考点检查(G27)

程序中的这项功能，用于检查机床是否能准确返回参考点。

指令格式：G27 X __ Y __ Z；

当执行 G27 指令后，返回各轴参考点指示灯分别点亮。当使用刀具补偿功能时，指示灯是不亮的，所以在取消刀具补偿功能后，才能使用 G27 指令。当返回参考点校验功能程序段完成时，需要停止机械系统，必须在下一个程序段增加 M00 或 M01 等辅助功能后或在单程序段情况下运行。

6) 自动返回参考点(G28)

该指令可使坐标轴自动返回参考点。

指令格式：G28 X__ Y__ Z__;

其中 X、Y、Z 为中间点位置坐标，指令执行后，所有的受控轴都将快速定位到中间点，然后再从中间点到参考点。

G28 指令一般用于自动换刀，所以使用 G28 指令时，应取消刀具的补偿功能。

7) 从参考点返回(G29)

该指令的功能是使刀具由机床参考点经过中间点到达目标点。

指令格式：G29 X__ Y__ Z__;

这条指令一般紧跟在 G28 指令后使用，指令中的 X、Y、Z 坐标值是执行完 G29 后，刀具应到达的坐标点。这条指令的动作顺序是从参考点快速到达 G28 指令的中间点，再从中间点移动到 G29 指令的定位点，其动作与 G00 动作相同。

8) 第 2、3、4 参考点返回(G30)

此指令的功能是由刀具所在位置经过中间点回到参考点。与 G28 类似，差别在于 G28 是回归第一参考点(机床原点)，而 G30 是返回第 2、3、4 参考点。

指令格式为：G30 P1 X__ Y__ Z__;
　　　　　　G30 P2 X__ Y__ Z__;
　　　　　　G30 P3 X__ Y__ Z__;

其中：P2、P3、P4 即选择第 2、第 3、第 4 参考点；X、Y、Z 后面的坐标值是指中间点位置。

第 2、3、4 参考点的坐标位置在参数中设定，其值为机床原点到参考点的向量值。

9) 固定循环功能

在前面介绍的常用加工指令中，每一个 G 指令一般都对应机床的一个动作，每一个 G 指令都需要用一个程序段来实现。为了进一步提高编程工作效率，FANUC Oi 系统设计有固定循环功能，该功能规定对于一些典型孔加工中的固定、连续的动作，用一个 G 指令表达，即用固定循环指令来选择孔加工方式。

常用的固定循环指令能完成的工作有：钻孔、攻螺纹和镗孔。这些循环功能通常包括下列 6 个基本动作。

(1) 在 XY 平面定位。
(2) 快速移动到 R 平面。
(3) 孔的切削加工。
(4) 孔底动作。
(5) 返回到 R 平面。
(6) 返回到起始点。

图 2.24 中实线表示切削进给，虚线表示快速运动。R 平面为在孔口时，快速运动与进给运动的转换位置。

常用的固定循环有高速深孔钻循环、螺纹切削循环、精镗循环等。

编程格式 G90/G91 G98/G99 G73~G89 X__ Y__ Z__ R__ Q__ P__ F__ K__

式中：G90/G91 为绝对坐标编程或增

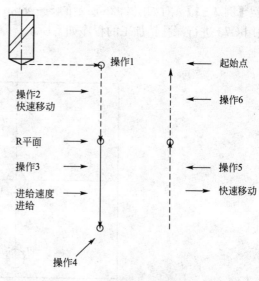

图 2.24　固定循环的基本动作

量坐标编程；G98 为返回起始点；G99 为返回 R 平面；G73～G89 为孔加工方式，如钻孔加工、高速深孔钻加工、镗孔加工等；X、Y 为孔的位置坐标；Z 为孔底坐标；R 为安全面(R 面)的坐标，增量方式时，为起始点到 R 面的增量距离；在绝对方式时，为 R 面的绝对坐标；Q 为每次切削深度；P 为孔底的暂停时间；F 为切削进给速度；K 为规定重复加工次数。

固定循环由 G80 或 "01" 组 G 代码撤销。

(1) 高速深孔钻循环指令 G73。

G73 用于深孔钻削，在钻孔时采取间断进给，有利于断屑和排屑，适合深孔加工。如图 2.25 所示为高速深孔钻加工的工作过程。其中 Q 为增量值，指定每次切削深度；d 为排屑退刀量，由系统参数设定。

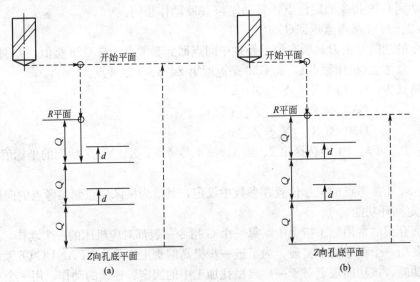

图 2.25 高速深孔钻循环

(a) G73(G98)；(b) G73(G99)

【例 2-1】 对如图 2.26 所示的 5～ϕ8mm 深为 50mm 的孔进行加工，属于深孔加工。利用 G73 进行深孔钻加工的程序如下所示。

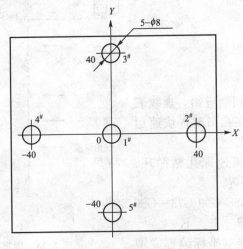

图 2.26 深孔加工

```
O40
N10 G56 G90 G1 Z60 F2000           //选择 2 号加工坐标系,到 Z 向起始点
N20 M03 S600                        //主轴启动
N30 G98 G73 X0 Y0 Z-50 R30 Q5 F50   //选择高速深孔钻方式加工 1 号孔
N40 G73 X40 Y0 Z-50 R30 Q5 F50      //选择高速深孔钻方式加工 2 号孔
N50 G73 X0 Y40 Z-50 R30 Q5 F50      //选择高速深孔钻方式加工 3 号孔
N60 G73 X-40 Y0 Z-50 R30 Q5 F50     //选择高速深孔钻方式加工 4 号孔
N70 G73 X0 Y-40 Z-50 R30 Q5 F50     //选择高速深孔钻方式加工 5 号孔
N80 G01 Z60 F2000                   //返回 Z 向起始点
N90 M05                             //主轴停
N100 M30                            //程序结束并返回起点
```

加工坐标系设置为 G56 X=-400，Y=-150，Z=-50。

上述程序中，选择高速深孔钻加工方式进行孔加工，并以 G98 确定每一孔加工完成后，回到 R 平面。设定孔口表面的 Z 向坐标为 0，R 平面的坐标为 30，每次切深量 Q 为 5，系统设定退刀排屑量 d 为 2。

(2) 螺纹加工循环指令(攻螺纹加工)。

① G84(右旋螺纹加工循环指令)。

G84 指令用于切削右旋螺纹孔。向下切削时主轴正转，孔底动作正转变为反转，再退出。F 表示导程，在 G84 切削螺纹期间修正速率无效，移动将不会中途停止，直到循环结束才会停止。G84 右旋螺纹加工循环工作过程如图 2.27 所示。

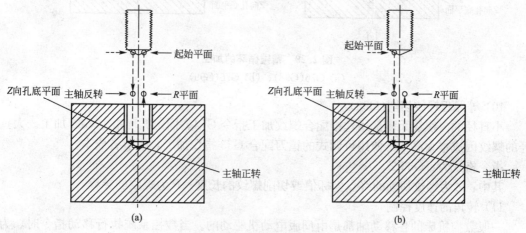

图 2.27　螺纹加工循环
(a) G84(G98)；(b) G84(G99)

② G74(左旋螺纹加工循环指令)。

G74 指令用于切削左旋螺纹孔。主轴反转进刀，正转退刀，正好与 G84 指令中的主轴转向相反，其他运动均与 G84 指令相同。

(3) 精镗循环指令 G76。

G76 指令用于精镗孔加工。镗削至孔底时，主轴停止在定向位置上，即准停，再使刀尖偏移离开加工表面，然后再退刀。这样可以高精度、高效率地完成孔加工而不损伤工件的已加工表面。

程序格式中，Q 表示刀尖的偏移量，一般为正数，移动方向由机床参数设定。

G76 精镗循环的加工过程包括以下几个步骤。

① 在 X、Y 平面内快速定位。

② 快速运动到 R 平面。

③ 向下按指定的进给速度进行精镗孔加工。

④ 孔底主轴准停。

⑤ 镗刀偏移。

⑥ 从孔内快速退刀。

如图 2.28 所示为 G76 精镗循环工作过程的示意图。

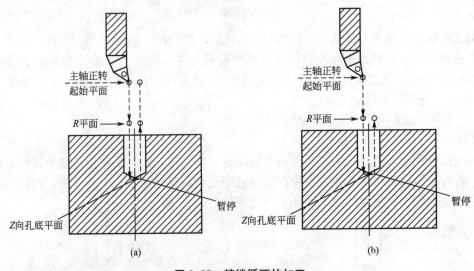

图 2.28　精镗循环的加工

(a) G76(G98)；(b) G76(G99)

10) 等导程螺纹切削(G33)

小直径的内螺纹大多都用丝锥配合螺纹加工指令 G74、固定循环指令 G84 加工。大直径的螺纹因成本太高，常使用可调式的镗刀配合 G33 指令加工，可节省成本。

指令格式为：G33 Z__ F__；

其中：Z 为螺纹切削的终点坐标值或切削螺纹的长度；P 为螺纹的导程。

11) 转角的速度控制

一般数控机床的各移动轴都是由伺服电动机驱动的。当数控系统执行移动指令时，为了保证坐标轴在开始和结束时移动运动平稳，机床不产生振动，伺服电动机在移动开始及结束时会自动加减速。各轴加减速的时间定数有参数设定。

因为加减速的关系，如果在某一程序段刀具仅沿 X 轴加速、Y 轴开始减速，则在转角处会形成一小圆角。此时，为加工出尖角，应使用 G09 和 G61 指令，此指令使刀具定位于程序所指定的位置，并执行检查，这样就能加工出尖锐转角的工件。

12) 子程序

编程时，为了简化程序的编制，当一个工件上有相同的加工内容时，常用调子程序的方法进行编程。调用子程序的程序叫做主程序。子程序的编号与一般程序基本相同，只是程序结束字为 M99 表示，并返回到调用此子程序的主程序中。

调用子程序的编程格式 M98 P __ ；

式中：P 为表示子程序调用情况。P 后共有 8 位数字，前四位为调用次数，省略时表示调用一次；后四位为所调用的子程序号。

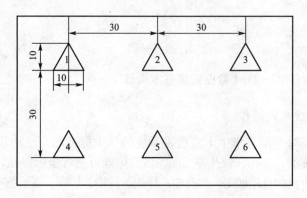

图 2.29 零件图样

【例 2-2】 如图 2.29 所示，在一块平板上加工 6 个边长为 10mm 的等边三角形，每边的槽深为 -2mm，工件上表面为 Z 向零点。其程序的编制就可以采用调用子程序的方式来实现（编程时不考虑刀具补偿）。

主程序：

O10
N10 G54 G90 G01 Z40 F2000   //进入工件加工坐标系
N20 M03 S800   //主轴启动
N30 G00 Z3   //快进到工件表面上方
N40 G01 X 0 Y8.66   //到 1# 三角形上顶点
N50 M98 P20   //调 20 号切削子程序切削三角形
N60 G90 G01 X30 Y8.66   //到 2# 三角形上顶点
N70 M98 P20   //调 20 号切削子程序切削三角形
N80 G90 G01 X60 Y8.66   //到 3# 三角形上顶点
N90 M98 P20   //调 20 号切削子程序切削三角形
N100 G90 G01 X 0 Y -21.34   //到 4# 三角形上顶点
N110 M98 P20   //调 20 号切削子程序切削三角形
N120 G90 G01 X30 Y -21.34   //到 5# 三角形上顶点
N130 M98 P20   //调 20 号切削子程序切削三角形
N140 G90 G01 X60 Y -21.34   //到 6# 三角形上顶点
N150 M98 P20   //调 20 号切削子程序切削三角形
N160 G90 G01 Z40 F2000   //抬刀
N170 M05   //主轴停
N180 M30   //程序结束

子程序：

O20
N10 G91 G01 Z -2 F100   //在三角形上顶点切入（深）2mm

```
N20 G01 X - 5 Y- 8.66          //切削三角形
N30 G01 X 10 Y 0               //切削三角形
N40 G01 X 5 Y 8.66             //切削三角形
N50 G01 Z 5 F2000              //抬刀
N60 M99                        //子程序结束
```

设置 G54 为 X=−400，Y=−100，Z=−50。

2.1.5　华中世纪星 HNC‑21M 数控铣床基本操作

1. 经济型数控铣床的操作

数控铣床 ZJK7532 是配有华中 I 型数控系统的三坐标控制、三轴联动的经济型数控铣床，可完成钻削、铣削、镗孔、铰孔等工序。该机床既可进行坐标镗孔，又可精确高效地完成平面内各种复杂曲线的自动加工，如凸轮、样板、冲模、压模、弧形槽等零件的自动加工。

1) 操作面板及其操作

机床操作面板(图 2.30)，各操作按钮功能如下。

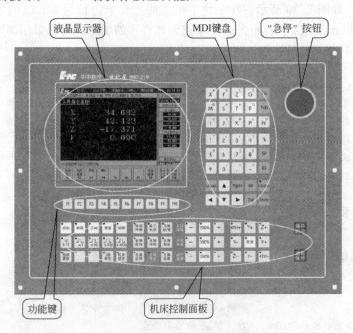

图 2.30　HNC‑21M 的面板结构

(1) 电源开关：用操作面板上的钥匙开关，接通或关闭数控系统电源。

(2) 急停：机床运行过程中，当出现紧急情况时，按下"急停"按钮，伺服进给及主轴运转立即停止工作，机床即进入急停状态；按"急停"按钮箭头方向转、抬，可解除急停。

(3) 超程解除：某轴出现超程，要退出超程状态时，必须在解除急停和点动工作方式的状态下，按住"超程解除"键不放，然后通过"点动移动"键，使该轴向相反方向退出超程状态。

(4) 工作方式选择：通过工作方式波段开关，选择机床的工作方式。工作方式有如下几种可供选择。

① 自动：自动运行方式，机床控制由控制器自动完成。
② 单段：单程序段执行方式。
③ 点动：点动进给方式。
④ 步进：步进进给方式。
⑤ 回参考点：返回机床参考点（即回零）方式。
⑥ 手动攻螺纹：手动攻螺纹方式。

(5) 手动运行的机床动作：手动运行包括手动回参考点，点动进给，步进进给，手动攻螺纹，冷却液开、关，主轴正、反转，主轴停等。

① 坐标轴选择：在手动运行方式下，按压+X、−X、+Y、−Y、+Z、−Z 中的某一键，则选定相应的手动进给轴和进给方向。每次能同时按下多个键，实现多个坐标轴手动联动进给。

② 点动进给及速度选择：在点动进给方式下，按压+X、−X、+Y、−Y、+Z、−Z 中的某一键，将向该轴指定的方向产生连续移动，松开此键即减速停止。点动进给的速率为最大进给速率的 1/3 乘以进给修调波段开关选择的进给倍率。若同时按下+X、−X、+Y、−Y、+Z、−Z 中的某一键和快移键，则向该轴的指定方向快速运动，此时点动进给的速率为最大进给速率乘以进给倍率。

③ 步进进给：在增量进给方式下，按压+X、−X、+Y、−Y、+Z、−Z 中的某一键，该轴将向符号指定的方向移动一个增量值。增量值的大小受倍率波段开关控制。增量倍率波段开关的位置有×5，×10，×100，×1000，其对应值分别为 0.001mm、0.01mm、0.1mm、1mm。

④ 手动返回参考点：当工作方式为回参考点方式时，按压+X、+Y、+Z 中的某一键，并同时按压需返回参考点的坐标轴的坐标键，则该轴产生移动。待参考点返回结束后，返回参考点指示灯亮。

⑤ 手动控制机床其他动作：有手动攻螺纹，冷却液开、关，主轴正、反转，主轴停等。

(6) 与自动运行有关的操作。

① 自动运行与单段方式：当工作方式波段开关置于"自动方式"时，机床控制由控制系统自动完成；当置于单段方式时，程序控制将逐段执行，即运行一段后机床停止，再按一下"循环启动"键，即执行下一程序段，执行完之后又再次停止。

② 自动运转启动：当工作方式波段开关置于"自动方式"时，在主菜单按下 F1 键，进入"自动加工"子菜单，按子菜单中"程序选择 F1"键，选择要运行的程序，按下"循环启动"键，自动运转启动，自动加工开始。自动加工期间，按钮内指示灯亮。

③ 自动运转暂停与再启动：在自动运行过程中，按下"进给保持"键，暂停执行程序，手动按下"主轴停止"、"冷却液关"键，机床运动轴减速停止，刀具、主轴电机停止运行，暂停期间，按钮内指示灯亮；在自动运转暂停状态下，手动按下"冷却液开"、"主轴正转"键，确认无误后按下"循环启动"键，系统将重新启动，从暂停前的状态继续运行。

④ 进给速度修调：在自动方式下，当进给速度偏高或偏低时，可用操作面板上的"进给修调波段"开关，修调实际进给速度，此开关可提供 10%～140%的修调范围。

注意：在点动方式，此开关可调节点动速率。

⑤ MDI 运行：MDI 运行为自动方式下运行达到程序所要求的位置。可通过系统主菜单，依次按 F4、F6、"输入目标程序"、"循环启动"键。

(7) 其他操作。

① 机床锁定：禁止机床坐标轴的动作。在自动运行开始前，按压"机床锁定"键，再按下"循环启动"键，机床显示坐标位置信息变化，但不允许机床运动，用于模拟切削。

② Z 轴锁定：在自动运行开始前，按下"Z 轴锁定"键，再按下"循环启动"键，Z 轴坐标位置信息变化，但 Z 轴不运动，禁止进刀。

③ M、S、T 锁定：禁止程序中辅助功能的执行。按下"MST 锁定"键后，除控制代码 M00、M01、M02、M30、M98、M99 照常执行外，其他 M、S、T 指令不执行。

2) 机床操作步骤

(1) 依次打开各电源开关、电气柜开关、操作面板钥匙开、显示器、计算机主机电源开。执行华中铣削数控系统程序，进入系统软件界面。

(2) 加工前机床调整包括主轴上帽盖要装在合适位置，调整好机床主轴转速（停车变速，绝不允许开车调整机床主轴转速），调整好 X、Y 轴限位开关（由实习指导教师完成），加注润滑油，启动数控铣床，确定工件在机床工作台上的位置，装夹工件毛坯，装夹刀具，机床 Z 轴回参考点等。

(3) 采用手动或步进工作方式，找正，对刀。

(4) 输入、调用程序。

① 输入程序：在主菜单中依次按下 F2、F1、"程序选择"键，选"新程序"，进入编辑区，输入程序，按 F2 键保存，输文件名"O××××"，按 F10 键返回主菜单画面。

② 调用内存程序进行编辑：在主菜单中依次按 F2、F1、"程序选择"键，选"内存程序"键，进入编辑区，修改程序，按 F2 键保存，覆盖原有程序，按 F10 键返回主菜单画面。

(5) 加工程序校验。

将操作面板上"工作方式"设为"自动"，按下"机床锁住"、"MST 锁住"、"Z 轴锁住"键。在主菜单按 F1、F1、当前编辑程序、F3 程序校验键，按下操作面板上的"循环启动"键，被校验的程序上有黄色的光标滚动；如程序有错，经故障诊断找出错误，按"上一条"键顺序进行编辑、修改。

(6) 加工轨迹校验。

① 校验前先设置好的显示参数：在主菜单按 F9、F1、"选择图形显示参数"、"编辑各项参数"键，按 F10 键返回主菜单

② 将操作面板上"工作方式"设为"自动"，按下"机床锁住"、"MST"锁住、"Z 轴锁住"键。在主菜单中按 F1、F1、"当前编辑程序"、F3、F9 键，按下操作面板上的"循环启动"，即可显示轨迹。

(7) 程序空运行校验。

空运行校验前，机床 3 个锁住必须解除，手动操作下，将 Z 轴往正方向移动到某一高度（大于安全高度+工件厚度尺寸），然后将操作面板上"工作方式"设为"自动"；在主菜单中依次按 F1、F1、"当前编辑程序"、"F9"键，显示模式选择"三维图形"或"图形联合显示"，按下操作面板上的"循环启动"键，刀具在工件上方空运行，注意检查刀具

运行轨迹。空运行后必须重新对刀。

(8) 自动加工及自动加工中注意事项。

① 自动加工：操作面板上工作方式设为自动，进给修调选用最小挡。在主菜单中依次按 F1、F1、"当前编辑程序"、F9、显示模式，选择合适显示模式，按下操作面板上的"循环启动"键，程序开始自动运行，机床开始加工零件。

② 只有通过校验无误的程序才能进行自动加工。

③ 及时对工件和刀具调整冷却液流量、位置。

④ 即将切入工件的将进给修调值设置为较小值，加工过程中视加工余量进行调整。

⑤ 遇紧急情况，立即按"急停"键。

⑥ 进给保持由指导教师指导操作。

(9) 选择量具检测零件。

(10) 打扫机床及周围环境卫生。

(11) 关闭电源按以下顺序：

按 Alt+X 键（若在 Windows 系统下，则要正常关闭系统）、关闭计算机主机电源开关、关显示器、关操作面板钥匙开关、关电气柜开关。

3) 安全操作注意事项

(1) 操作人员不准擅离操作岗位，按规定穿戴好工作帽、工作服、防护眼镜。不准戴手套操作机床。

(2) 主轴转速变换时须停车变速。

(3) Z轴负方向极限设定：启动机床，对刀，设定好负软极限位置以后再退出数控系统，再启动系统，第一步要做的事，就是 Z 轴必须回参考点。

(4) 超程处理必须在指导教师的指导下进行。

(5) 急停开关应用：在涉及人身或在机床安全时或在异常状态时，应按下急停开关；解除急停开关时，应顺着其标示的箭头方向旋转抬起。

(6) 卸刀时须在低速时，即"L"情况下，并要求主轴停，否则刀卸不下来。卸刀装刀后，上方紧固扳手须卸下，并盖好帽后，才允许主轴转动。

2. 加工型数控铣床的操作

1) 立式升降台数控铣床的操作

以南通数控立式升降台铣床 XK5025/4 为例，介绍立式升降台数控铣床的操作。

(1) 机床主要参数。

① 工作台行程：X—680mm　Y—350mm。

② 主轴套筒行程：Z—130mm。

③ 升降台垂向行程：400mm。

④ 主轴孔锥度：ISO 30。

⑤ 切削进给速度范围：0~350mm/min。

⑥ 主轴转速范围：有级 65~4750r/min。

(2) 机床操作面板及其操作。

数控铣床 XK5025/4 的机床操纵台由 CRT-MDI 面板、机床操作面板两部分组成。CRT-MDI 面板已在第一章中介绍。数控铣床操作面板如图 2.31 所示。

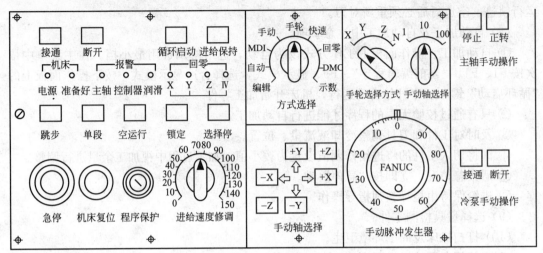

图 2.31　XK5025/4 数控铣床操作面板

该数控机床的操作如下。

① 机床的开启。

a. 打开机床主机上"强电控制柜"开关。

b. 在确认"急停"键处于急停状态下，按"接通"键，系统即开始引导，并进入数控系统。

c. 解除"急停"，稍等片刻(约 3s)，再按"机床复位"键，系统复位键(RESET)消除系统报警。

d. 进行手动回参考点操作后，即可进行机床的正常操作。

② 手动操作。

a. "回零(REF)"手动返回参考点：将操作面板上的"工作方式选择"旋钮选择"回零"，"进给速率修调"旋钮打至中挡(低于 80%)，须先选坐标轴+Z 回参考点，然后+X、+Y 依次序返回参考点，对应的指示灯将闪烁。

注意：不允许停留在各轴零点位置上进行"回零"操作，距本轴零点位置距离必须大于 20mm。

b. 手动连续进给(JOG)：将"工作方式选择"旋钮选择"手动"，调整"进给速率修调"旋钮，选择合理的进给速度，根据需要按住"手动轴选择(+/- X、Y、Z)"键不放，机床将在对应的坐标轴和方向上产生连续移动。如将"工作方式选择"旋钮选择"快速(JOG)"，机床将在对应方向上产生快速移动，其速度亦可通过"进给速率修调"旋钮调整。

c. 手轮(增量)进给(MND)：将"工作方式选择"旋钮选择"手轮"、调整"手轮选择方式"旋钮选择所需的轴(X、Y、Z)，调整"手轮轴倍率"旋钮选取增量倍率单位(×1、×10、×100)，顺时针(正向)或逆时针(负向)旋转"手摇脉冲发生器(手轮)"旋钮，每摇一个刻度，刀具在对应的轴上移动 0.001mm、0.01mm、0.1mm。

d. 超程处理：按住"机床复位"键，将"工作方式选择"旋钮选择"手轮"、调整"手轮选择方式"旋钮选择所需的轴(X、Y、Z)、调整"手轮轴倍率"旋钮选取增量倍率单位(×1、×10、×100)，向超程的反方向旋转"手摇脉冲发生器(手轮)"旋转，即可解除超程(必须在指导教师的指导下进行)。

③ MDI 运行(MDI)。将"工作方式选择"旋钮选择"MDI",按 MDI 键盘上"程序(PROG)"键,通过 MDI 键盘手工输入若干个程序段(不能超过 10 段,每输入完一个程序段,按 INPUT 键确认),然后将光标移至程序头,按操作面板上的"循环启动"键,系统即可执行 MDI 程序。

④ 参考点的建立。以 G54 为例,以工件坐标系原点作为参考点,其操作方法如下。

a. 手动返回参考点(没退出系统或系统没断电且前面已作了返回参考点的,可不进行此步)。

b. 在手动方式下,按图纸和工艺要求用寻边器和 Z 轴对刀器等找正工件坐标系的原点。

c. 按 MDI 键盘上的 OFF SET/SETTING 键,按屏幕下方的"坐标系"软键,通过光标移动键将光标移至 G54(零点偏值)设置栏 X 处,在 MDI 键盘上输入"X0",按屏幕下方的"测量"软键,G54 的 X 轴零点偏置值自动输入为机床坐标系中对刀的坐标值"—×××";按以上同样方法操作输入 Y、Z 值。

d. 按 MDI 键盘上的"位置(POS)"键,按屏幕下方的"综合"键,检查 G54 的 X、Y、Z 轴零点偏置值与当前机床坐标 X、Y、Z 值是否相同。

⑤ 刀具偏置设置。

按 MDI 键盘上的 OFF SET/SETTING 键,按屏幕下方的"补正"软键,在屏幕上通过光标移动键将光标移至所选刀号位置处,按 MDI 键盘数据键输入刀具半径补偿值或长度补偿值。

⑥ 编辑(EDIT)。

a. 创建新程序:将"方式选择"旋钮选择"编辑"→按 MDI 键盘上的"程序(PROG)"键→按 CRT 屏幕下方的章选择"DIR"软键→通过 MDI 键盘输入新程序文件名(O××××)→按 MDI 键盘上的"INSERT"键→通过 MDI 键盘输入程序代码,内容将在 CRT 屏幕上显示出来。

b. 程序查找:将"工作方式选择"旋钮选择"编辑",按 MDI 键盘上的"程序"(PROG)键,通过 MDI 键盘输入要查找的程序文件名(O××××),按 CRT 屏幕下方的"O 检索"软键,屏幕上即可显示要查找的程序内容。

c. 程序修改:将"工作方式选择"旋钮选择"编辑",按 MDI 键盘上的"程序(PROG)"键,通过 MDI 键盘输入要修改的程序文件名(O××××),按 CRT 屏幕下方的"O 检索"软键,屏幕上即可显示要修改的程序内容,使用 MDI 键盘上的光标移动键和翻页键,将光标移至要修改的字符处,通过 MDI 键盘输入要修改的内容,按 MDI 键盘上的程序编辑 ALTER、INSERT、DELETE 键对程序进行"替代"、"插入"或"删除"操作。

d. 程序删除:将"工作方式选择"旋钮选择"编辑",按 MDI 键盘上的"程序"(PROG)键,通过 MDI 键盘输入要删除的程序文件名(O××××),按 MDI 键盘上的"删除"(DELETE)键,即可删除该程序文件。

e. 程序字符查找:将"工作方式选择"旋钮选择"编辑",按 MDI 键盘上的"程序"(PROG)键,通过 MDI 键盘输入要查找的程序文件名(O××××),按 CRT 屏幕下方的"O 检索"软键,屏幕上即可显示要查找的程序内容,通过 MDI 键盘输入要查找的字符,按屏幕下方的"检索↑"或"检索↓"软键,即可按要求向上或向下检索要查找的字符。

⑦ 自动运行。

a. 程序的调入:将"工作方式选择"旋钮选择"编辑(EDIT)"键,按 MDI 面板上

"程序(PROG)"键显示程序屏幕，在 MDI 键盘上输入要调入的程序文件名(O××××)，按 CRT 显示屏下的"检索"软键，CRT 显示屏上将显示出所选程序内容。

b. 程序的校验：将"工作方式选择"旋钮选择"自动(MEM)"，按 MDI 键盘上的"图形(GRAPH)"软键，按 CRT 显示屏下的"参数"键，设置合理的图形显示参数，按"图形"软键，显示屏上将出现一个坐标轴图形，在机床操作面板上选取合适的进给速率，按机床操作面板上的"锁定"、"空运行"键，确认无误后按"循环启动"键，即可进行程序校验，屏幕上将同时绘出刀具运动轨迹。

注意：若选取了程序"单段"键，则系统每执行完一个程序段就会停止，此时必须反复按"循环启动"键。空运行完毕必须取消"锁定"、"空运行"键方能进行自动加工。

c. 自动加工：调入程序，将"工作方式选择"旋钮选择"自动(MEM)"，通过校验确认程序准确无误后，调整"进给速率修调"旋钮选择合理速率和加工过程显示方式，按操作面板上的"循环启动"键，即可进行自动加工。

注意：加工过程中，可根据需要选择多种显示方式，如图形、程序、坐标等。操作方法参见数控系统有关章节。

d. 加工过程处理。

加工暂停：按"进给保持"键，暂停执行程序，按主轴手动操作"停止"键可停主轴；

加工恢复：在"自动"工作方式下按主轴手动操作"正转"键、按冷泵手动操作"接通"键→按"循环启动"键，即可恢复自动加工；

加工取消：加工过程中若想退出，可按 MDI 键盘上的"复位"(RESET)键退出加工。

⑧ DNC 运行(RMT)。DNC 加工，也叫在线加工。将机床与计算机或网络联机，将"工作方式选择"旋钮选择"DNC"，按 MDI 面板上"程序(PROG)"键，在联机 NC 计算机准备完毕后，按操作面板上"循环启动"键。

⑨ 关机。

a. 检查操作面板上"循环启动"的显示灯，"循环启动"应在停止状态。

b. 检查 CNC 机床的所有可移动部件是否都处于停止状态。

c. 关闭与数控系统相连的外部输入/输出设备。

d. 按"急停"、"断开"键，关闭数控系统电源，切断机床主机电源。

(3) 安全操作规程。

① 学生初次操作机床，须仔细阅读机床操作说明书，并在实训教师指导下操作。操作人员必须按操作规程正确操作，避免因操作不当引起的故障。

② 操作机床时，应按要求正确着装，严禁戴手套操作机床。

③ 按顺序开、关机，先开机床再开数控系统，先关数控系统再关机床。

④ 开机后首先进行返回机床参考点的操作，必须 Z 轴先回参考点，然后 X、Y 轴回参考点，以建立机床坐标系。

⑤ 手动操作沿 X、Y 轴方向移动工作台时，必须使 Z 轴处于安全高度位置，移动时应注意观察刀具移动是否正常。

⑥ 正确对刀，确定工件坐标系与机床坐标系之间的关系。

⑦ 程序调试好后，在正式切削加工前，再检查一次程序、刀具、夹具、工件、参数等是否正确。

⑧ 刀具补偿值输入后，要对刀补号、补偿值、正负号、小数点进行认真核对。

⑨ 按工艺规程要求使用刀具、夹具、程序。执行正式加工前，应仔细核对输入的程序和参数，并进行程序试运行，防止加工中刀具与工件碰撞，损坏机床和刀具。

⑩ 装夹工件，要检查夹具是否妨碍刀具运动。

⑪ 试切进刀时，进给速率开关必须打到低挡。在刀具运行至工件表面30～50mm处，必须在进给保持下，验证Z轴剩余坐标值和X、Y轴剩余坐标值与加工程序数据是否一致。

⑫ 刃磨刀具或更换刀具后，要重新测量刀长并修改刀补值和刀补号。

⑬ 程序修改后，对修改部分要仔细计算和认真核对。

⑭ 手动连续进给操作时，必须检查各种开关所选择的位置是否正确，确定正负方向，然后再进行操作。

⑮ 开机后让机床空运转十五分钟以上，使机床达到热平衡状态。

⑯ 加工完毕后，将X、Y、Z轴移动到行程的中间位置，并将主轴速度和进给速度倍率开关都拨至低挡位，防止因误操作而引起机床的错误动作。

⑰ 机床运行中，一旦发现异常情况，应立即按下红色"急停"按钮。待故障排除后，方可重新操作机床及执行程序。

⑱ 卸刀时应先用手握住刀柄，再按松刀开关；装刀时应在确认刀柄完全夹紧后再松手。装、卸刀过程中禁止运转主轴。

⑲ 出现机床报警时，应根据报警号查明原因，并在教师的指导下及时排除。

⑳ 加工完毕，清理现场，并做好工作记录。

(4) 数控铣床日常维护及保养。

① 保持良好的润滑状态，定期检查、清洗自动润滑系统，定期添加或更换油脂、油液，使丝杠、导轨等各运动部件始终保持良好的润滑状态，降低机械的磨损速度。

② 精度的检查调整：定期进行机床水平和机床精度的检查，必要时进行调整。

③ 清洁防锈。

④ 防潮防尘：油水过滤器、空气过滤器等太脏，会发生压力不够、散热不好等现象并造成故障，因此必须定期进行清扫卫生。

⑤ 定期开机：数控铣床工作不饱满或较长时间不用时，应定期开机让机床运行一段时间。

2) 立式床身式数控铣床的操作

以自贡长征立式床身型数控铣床KV650/B为例，介绍立式床身式数控铣床的操作。

(1) 基本功能与主要参数。

数控铣床KV650/B配用FANUC Oi Mate-MB数控铣削系统。机床结构采用立式床身型布局，以提高机床的刚度和抗震性能。它适用于金属切削加工，特别适用于模具行业中小型零、部件的加工，其主要参数如下。

① 主轴孔锥度：ISO40。

② 主轴转速：4500r/min。

③ 主轴电机：4kW。

④ 工作台及主轴行程：X—660mm　Y—460mm　Z—510mm。

⑤ 主轴端到工作台距离：150～660mm。

⑥ 主轴中心至立柱面距离：480 mm。

⑦ 切削进给最大值：4000mm/min。

⑧ 快速移动最大值：4000mm/min。

⑨ 刀具型式：BT40。
⑩ 重复定位精度：±0005mm。
⑪ 三轴定位精度：0.015/300。

（2）机床操作面板及其操作。

数控铣床 KV650/B 的机床操作台由 CRT - MDI 面板、机床操作面板两部分组成。CRT - MDI 面板已在第一章中介绍。该数控铣床操作面板如图 2.32 所示，其机床的操作如下。

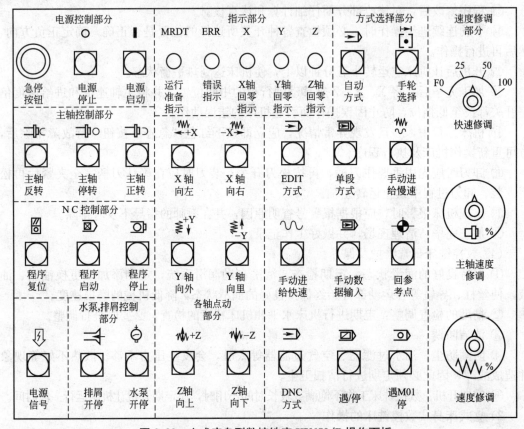

图 2.32　立式床身型数控铣床 KV650/B 操作面板

① 电子手轮为移动式挂在机床操作台旁，由"手摇脉冲发生器"（手轮）、"手轮选择方式"旋钮（X、Y、Z）、"手轮轴倍率"旋钮（×1、×10、×100）等组成。其功能和操作方法与数控立式升降台铣床 XK5025/4 的基本相同。

② 程序启动即"循环启动"键、程序停止即"进给保持"键、程序复位即"机床复位"键。

③ 主轴速度修调为变频无级调速。

④ 排屑开停，水泵开停，主轴正、反转，主轴停止均为手动操作。

该数控机床的其他操作及安全注意事项，请参照数控立式升降台铣床 XK5025/4 的有关部分。

3. 数控仿形钻铣床的操作

下面以数控仿形钻铣床 ZKF7532A 为例，说明数控仿形钻铣床有关操作。

1) 仿形系统的基本原理

(1) 仿形的基本原理：使用传感仿形头与 X 轴、Y 轴和 Z 轴的坐标系统相应地进行传感检测，通过仿形头感应的各轴的偏转信息、3 个轴的位移来合成综合位移，最后根据所选的仿形方式(一维、二维、三维仿形)分配各轴的速度。

仿形头对各轴的偏转输出 εX、εY、εZ、εD 信号，根据仿形方式的不同，相应所使用的信号也不同，具体见表 2-4。

表 2-4 仿形方式与输出信号对照表

仿形方式	所用的信号
一维仿形	εD
二维仿形	εX、εY、εD
三维仿形	εX、εY、εZ、εD

(2) 仿形的方式：仿形加工根据仿形头退让的方向，可以分为一维仿形、二维仿形、三维仿形这 3 种方式。本部分只介绍一维仿形。

(3) 一维仿形系统：一维仿形是指用 εD 对进给轴和仿形轴进行平面等速控制的仿形方式。一维仿形的时候，仿形头(也称测头)只有一个退让方向，即沿着所选定的仿形轴的方向退让。

例如，指定 Z 轴为仿形轴，X 轴为进给轴时的一维仿形的仿形动作是判断 εD 的方向以决定 Z 的方向(是上升还是下降)，再根据 εD 的大小决定 Z 轴的速度。

根据有无行的进给，一维仿形可以分为下面两种形式。

① XY 平面上的一维仿形(无行的进给)。

② ZX 或 ZY 平面上的一维仿形(带 Y 轴或 X 轴方向上的行的进给)。

2) 仿形机床的操作面板及其操作

该仿形机床的操作面板有操作主面板、操作次面板和遥控操作面板 3 种形式。

(1) 仿形机床的操作主面板及其操作：其有关按钮或开关的功能及操作，请参见前面介绍的华中 I 型铣削数控系统和经济型数控铣床 ZJK7532 中的有关部分。

(2) 仿形机床的操作次面板及其操作：如图 2.33 所示，自动仿形之前，工作状态要选择"仿形加工"，工作方式要选择"自动"，然后再按下"循环启动"键。仿形坐标选择波段开关在一维仿形时，有 3 个坐标轴(X、Y、Z 轴)可选择；仿形进给坐标选择波段开关在一维仿形时，有两个坐标轴(X、Y 轴)可

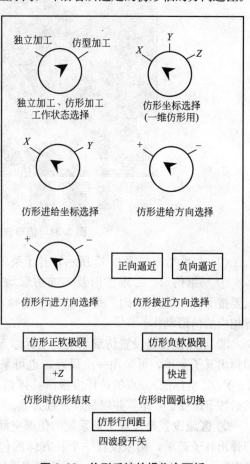

图 2.33 仿形系统的操作次面板

选择；仿形进给方向选择波段开关在一维仿形时，有两个方向（正向、负向）可选择；仿形行进方向选择波段开关在一维仿形时，有两个方向（正向、负向）可选择；点逼近开关在一维仿形时，有两种逼近方式（正向逼近、负向逼近）可选择；仿形加工时，测头向实体起始接近方向由点逼近开关确定，即使按下"循环启动"键，测头也不立即动作，只有当按下点逼近开关后，测头才按指定方向缓慢接近实体。

（3）仿形机床的遥控面板及其操作：本仿形机床的遥控操作面板上"循环启动"、"进给保持"等键与主面板上的对应键是"或"的关系，而"急停"键与主面板上的对应键是"与"的关系，作用是同步的。遥控操作面板上的"仿形换行"键用以手动控制测头或刀具的换行；"仿形确认"键用以确认自动仿形开始；当主面板上的工作方式处于"点动"时，只有遥控操作面板上的工作方式也处于"点动"时，才能进行点动操作。在"点动"方式时，遥控操作面板上的"进给修调"有效，其他方式时，主面板上的"进给修调"有效。当测头达到设定变形量时，则遥控操作面板上的"测点"指示灯点亮，此时除变形量相反的轴方向可以点动外，其余轴和方向都不能点动。

3）界面、菜单的功能及使用

（1）主界面在开机后，进入仿形加工的交互主界面（主菜单），如图 2.34 所示。

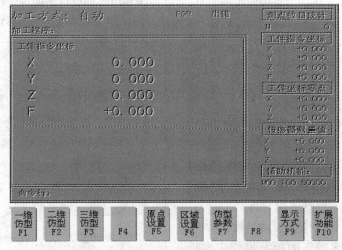

图 2.34 仿形铣床 ZKF7532A 主界面

（2）菜单结构如图 2.35 所示，各子菜单项功能如下。

① 一维仿形、二维仿形及三维仿形均在当前菜单下起作用。如果要选择一维仿形，只要按下"一维仿形 F1"键，就表示选择了该菜单，然后根据波段开关的选择，就可执行相应的仿形动作。

② 原点设置是设置仿形系统的坐标原点。在仿形加工主菜单下按"原点设置 F5"键，即弹出其子菜单，可采用一点设置，也可采用三点设置（即分别采取不完全相同的三点的 X、Y、Z 坐标值）。点的选择应根据具体情况，由点动或步进把测头移动到恰当的位置，然后按 F1～F3 采样，并以最后设置为准。

③ 区域设置是设置仿形系统的仿形空间。在仿形加工主菜单下按"区域设置 F6"键即弹出其子菜单，用来设置一个长方体的包容区。确定仿形系统 X、Y、Z 轴坐标值的正、负极限，可采用两点设置，也可采用六点设置（即分别采取不完全相同的六点的 X、Y、Z 坐

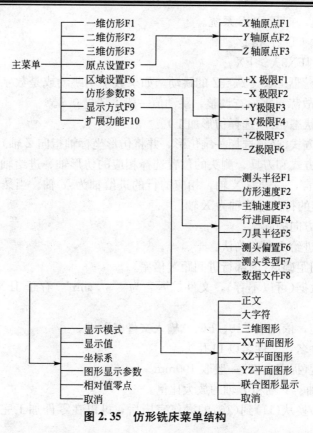

图 2.35 仿形铣床菜单结构

标值)。点的选择应根据具体情况,由点动或步进把测头移动到恰当的位置,然后按 F1～F6 采样,并以最后设置值为准。仿形区域以仿形系统的原点为坐标原点,仿形测量时,测头必须在包容区内运动。

④ 仿形参数是设定仿形加工的各项参数。在仿形加工主菜单下按"仿形参数 F8"键,即弹出其子菜单,显示的参数内容分别为测头半径 F1、仿形速度 F2、主轴转速 F3、行进间距 F4、刀具半径 F5、测头偏置 F6、测头类型 F7、数据文件 F8。

注意:一维仿形时,如果仿形参数设置不全,则命令行提示"请检查仿形参数,并设置完全"。各项参数的检查标准为测头类型不能为空,测头半径、测头偏置、刀具半径、仿形速度等不能为零。数据文件是定义仿形数据外存时的文件名。该项为非空时,仿形数据才存储在磁盘上。

⑤ 显示方式在仿形加工主菜单下按"显示方式 F9"键,即可弹出其子菜单。这些选项用来选定图形在屏幕上的显示模式,设置特性显示的参数,并且选择图形显示方式,在正文窗口显示当前的加工轨迹。

4) 一维仿形加工的操作

一般操作过程如下。

(1) 合上电源开关。

(2) 合上电柜开关(在机床后面的电柜侧面)。

(3) 把面板上的电源开关拨到"开"的位置。

(4) 进入仿形加工的主菜单:

① 计算机开机，打开 DOS 系统。
② 键入 C：\>CD JFX3✓。
③ 键入 C：\JFX3\>FX✓。

此时，观察传感器 εX、εY、εZ 的跳动，如果数字不跳动或是数字跳动范围太大，则都表明仿形系统有故障，需检查调整，跳动值一般不超过 0.1。

(5) 选择加工状态(必须选择仿形加工)。

(6) 选择仿形方式(必须选择一维仿形，并将仿形坐标轴指向 Z 轴)。

(7) 根据仿形方式和刀具、测头的位置选择相应的仿形轴、进给轴和行的进给轴。对于华中数控系统而言，一般为 X 轴，相应的行的进给轴为 Y 轴。当然，仿形进给轴也可为 Y 轴，这时相应的行的进给轴为 X 轴。

(8) 仿形进给方向的确认：＋、－。

(9) 仿形行的进给方向的确认：＋、－。

(10) 仿形行间距确认(内部行进间距×倍率)。

(11) 存测量数据(可以不存)，文件扩展名为 "*.sim"，存于 JFX3 子目录中，不输入文件名就不存。

(12) 扩展功能，依次按 F10、F6、"输入文件名" 键。

(13) 输出文件名，文件名以 O 开头。

(14) 安全高度(提刀高度)一般取 100mm。

(15) 设置 X 轴、Y 轴和 Z 轴的放大比例。

(16) 凸凹模转换从(11)到(16)的操作完毕后，可以在零件加工完毕后，自动生成操作代码，形成文件。

(17) 原始的设置在存储数据之前进行如下设置。
① 对仿形点：模型的最低点。
② 对加工区域：X、Y 区域值。

(18) 把工作方式波段开关拨到 "自动" 位置。

(19) 按 "循环启动" 键。

(20) 按 "逼近"（"＋" 或 "－"）键进行刀具及测头接近工作。

(21) 确认接近正常后，按 "仿形确认" 键，开始自动加工。

(22) 加工完毕后，屏幕会有提示，按 Esc(在键盘上操作)键停止，再敲任意键返回。可以从(6)开始重复加工。

(23) 当所有的加工都完成后，把面板上电源开关拨到 "关" 的位置，然后把电柜开关拉下，最后拉下总电源闸刀开关。

简要操作步骤为：当进入仿形操作系统以后，依次按 F1、"打自动"、"主轴正转"、"主轴正转"、"拨进给修调到 30%"、"逼近(正负向)"、"仿形确认"、"开始自动仿形加工" 键。进行仿形加工必须满足启动条件和停止条件，有关条件请参阅机操作手册。

2.1.6 华中世纪星 HNC-21M 数控铣床基本编程指令

1. 华中数控 HNC-21M 的基本编程指令

编程指令按不同功能划分为准备功能 G 指令、辅助功能 M 指令和 F、S、T 指令三大类。

1) F、S、T 指令

(1) F 功能。

F 是控制刀具位移速度的进给速率指令,为续效指令,如图 2.36 所示。但快速定位 G00 的速度不受其控制。在铣削加工中,F 的单位一般为 mm/min(每分钟进给量)。

(2) S 功能。

S 功能用以指定主轴转速,单位是 r/min。S 是模态指令,S 功能只有在主轴速度可调节时才有效。

(3) T 功能。

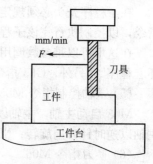

图 2.36 进给速率 F

T 是刀具功能字,后跟两位数字指示更换刀具的编号。在加工中心上执行 T 指令,则刀库转动来选择所需的刀具,然后等待直到 M06 指令作用时自动完成换刀。

T 指令同时可调用刀补寄存器中的刀补值(刀补长度和刀补半径)。虽然 T 指令为非模态指令,但被调用的刀补值会一直有效,直到再次换刀调用新的刀补值。如 T0101,前一个 01 指的是选用 01 号刀,第二个 01 指的是调用 01 号刀补值。当刀补号为 00 时,实际上是取消刀补。如 T0100,则是用 01 号刀,且取消刀补。

2) 辅助功能 M 指令

辅助功能 M 指令由地址字 M 后跟 1~2 位数字组成,例如 M00~M99,主要用来设定数控机床电控装置单纯的开/关动作,以及控制加工程序的执行走向。各 M 指令功能见表 2-5。

表 2-5 M 代码功能表

M 指令	功 能	M 指令	功 能
M00	程序停止	M06	刀具交换
M01	程序选择性停止	M08	切削液开启
M02	程序结束	M09	切削液关闭
M03	主轴正转	M30	程序结束,返回开头
M04	主轴反转	M98	调用子程序
M05	主轴停止	M99	子程序结束

(1) 暂停指令 M00。

当 CNC 执行到 M00 指令时,将暂停执行当前程序,以方便操作者进行刀具更换、工件的尺寸测量、工件调头或手动变速等操作。暂停时机床的主轴进给及冷却液停止,而全部现存的模态信息保持不变。若欲继续执行后续程序重按操作面板上的"启动"键即可。

(2) 程序结束指令 M02。

M02 用在主程序的最后一个程序段中,表示程序结束。当 CNC 执行到 M02 指令时,机床的主轴进给及冷却液全部停止。使用 M02 的程序结束后,要重新执行该程序就必须重新调用该程序。

(3) 程序结束并返回到零件程序头指令 M30。

M30 和 M02 功能基本相同,只是 M30 指令还兼有控制返回到零件程序头的作用。使用 M30 的程序结束后,若要重新执行该程序,只需再次按操作面板上的"启动"键即可。

(4) 子程序调用及返回指令 M98、M99。

M98 用来调用子程序;M99 表示子程序结束,执行 M99 返回到主程序。

在子程序开头必须规定子程序号，以作为调用的入口地址。在子程序的结尾用 M99 指令，以控制执行完该子程序后返回主程序。

在这里可以带参数调用子程序，类似于固定循环程序方式。有关内容可参见"固定循环宏程序"。另外，G65 指令的功能与 M98 指令相同。

（5）主轴控制指令 M03、M04 和 M05。

M03 启动主轴，主轴以顺时针方向（从 Z 轴正向朝 Z 轴负向看）旋转；M04 启动主轴，主轴以逆时针方向旋转；M05 主轴停止旋转。

（6）换刀指令 M06。

M06 用于具有刀库的数控铣床或加工中心，用以换刀。通常与刀具功能字 T 指令一起使用。如 T0303 M06 是更换调用 03 号刀具，数控系统收到指令后，将原刀具换走，而将 03 号刀具自动地安装在主轴上。

（7）冷却液开停指令 M07、M09。

M07 指令将打开冷却液管道；M09 指令将关闭冷却液管道，其中 M09 为默认功能。

3) 准备功能 G 指令

准备功能 G 代码是建立坐标平面、坐标系偏置、刀具与工件相对运动轨迹（插补功能）以及刀具补偿等多种加工操作的指令。范围由 G0（等效于 G00）到 G99。G 代码指令的功能见表 2-6。

表 2-6 常用 G 代码及功能

G 代码	组别	功能	G 代码	组别	功能
G00	01	快速定位	G49	08	取消长度补偿
G01		直线插补	G52	00	局部坐标系设定
G02		顺(时针)圆弧插补	G54	14	第一工作坐标系
G03		逆(时针)圆弧插补	G55		第二工作坐标系
G04	00	暂停	G56		第三工作坐标系
G17	02	XY 平面设定	G57		第四工作坐标系
G18		XZ 平面设定	G58		第五工作坐标系
G19		YZ 平面设定	G59		第六工作坐标系
G20	06	英制单位输入	G73	09	分级进给钻削循环
G21		公制单位输入	G74		反攻螺纹循环
G28	00	经参考点返回机床原点	G80		固定循环注销
G29		由参考点返回	G81～G89		钻、攻螺纹，镗孔固定循环
G40	07	取消刀具半径补偿	G90	03	绝对值编程
G41		刀具半径左补偿	G91		增量值编程
G42		刀具半径右补偿	G92	00	工件坐标系设定
G43	08	正向长度补偿	G98	10	固定循环退回起始点
G44		负向长度补偿	G99		固定循环退回 R 点

注：(1) 黑体字指令为系统上电时的默认设置。
(2) 00 组代码是一次性代码，仅在所在的程序行内有效。
(3) 其他组别的 G 指令为模态代码，此类指令一经设定一直有效，直到被同组 G 代码取代。

(1) 单位设定指令 G20、G21、G22。

G20 是英制输入制式；G21 是公制输入制式；G22 是脉冲当量输入制式。3 种制式下线性轴和旋转轴的尺寸单位见表 2-7。

表 2-7 尺寸输入制式及单位

指令	线性轴	旋转轴
G20/英制	英寸	度
G21/公制	毫米	度
G22/脉冲当量	移动轴脉冲当量	旋转轴脉冲当量

(2) 绝对值编程 G90 与相对值编程 G91。

G90 是绝对值编程，即每个编程坐标轴上的编程值是相对于程序原点的；G91 是相对值编程，即每个编程坐标轴上的编程值是相对于前一位置的，该值等于沿轴移动的距离。G90 和 G91 可以用于同一个程序段中，但要注意其顺序造成的差异。

如图 2.37(a)所示，要求刀具由原点按顺序移动到 1、2、3 点，使用 G90 和 G91 编程如图 2.37(b)、(c)所示。

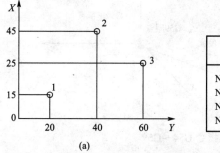

G90编程			G91编程		
N	X	Y	N	X	Y
N10	X20	Y15	N10	X20	Y15
N20	X40	Y45	N20	X20	Y30
N30	X60	Y25	N30	X20	Y-20
(a)			(b)		(c)

图 2.37 绝对值编程与相对值编程

选择合适的编程方式将简化可以编程。通常当图纸尺寸由一个固定基准给定时，采用绝对值编程较为方便，而当图纸尺寸是以轮廓顶点之间的间距给出时，采用相对值编程较为方便。

(3) 加工平面设定指令 G17、G18、G19。

G17 选择 XY 平面；G18 选择 ZX 平面；G19 选择 YZ 平面，如图 2.38 所示，一般系统默认为 G17。该组指令用于选择进行圆弧插补和刀具半径补偿的平面。

注意：移动指令与平面选择无关，例如指令"G17 G01 Z10"时，Z 轴照样会移动。

(4) 坐标系设定指令。

① 工件坐标系设定指令 G92。

指令格式为：G92 X__ Y__ Z__

G92 并不驱使机床刀具或工作台运动，数控系统通过 G92 指令确定刀具当前机床坐标位置相对于加工原点（编程起点）的距离，以建立起工件坐标系。格式中的尺寸字 X、Y、Z 指定起刀点相对于工件原点的位置。要建立如图 2.39 所示工件的坐标系，使用 G92 设定坐标系的程序为 G92 X30 Y30 Z20 。G92 指令一般放在一个零件程序的第一段。

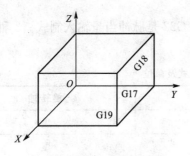
图 2.38 加工平面设定

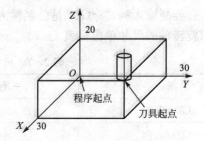
图 2.39 设定工件坐标系指令 G92

② 工件坐标系选择指令 G54～G59。

G54～G59 是系统预定的 6 个工件坐标系选择指令，可根据需要任意选用。这 6 个预定工件坐标系的原点在机床坐标系中的值（工件零点偏置值）可用 MDI 方式输入，系统自动记忆。工件坐标系一旦选定，后续程序段中绝对值编程时的指令值均为相对此工件坐标系原点的值。采用 G54～G59 指令选择工件坐标系方式如图 2.40 所示。

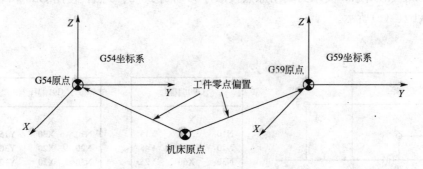
图 2.40 选择坐标系指令 G54～G59

在图 2.41(a)所示坐标系中，要求刀具从当前点移动到 A 点，再从 A 点移动到 B 点。使用工件坐标系 G54 和 G59 的程序如图 2.41(b)所示。

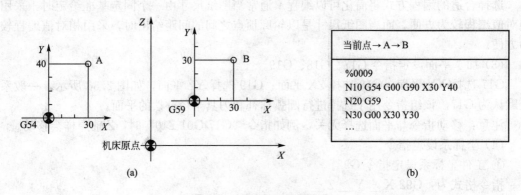
图 2.41 G54～G59 的使用

在使用 G54~G59 时应注意，用该组指令前，应先用 MDI 方式输入各坐标系的坐标原点在机床坐标系中的坐标值。

③ 局部坐标系设定指令 G52。

指令格式为：G52 X__ Y__ Z__ A__

其中 X、Y、Z、A 是局部坐标系原点在当前工件坐标系中的坐标值。

G52 指令能在所有的工件坐标系（G92、G54~G59）内形成子坐标系，即局部坐标系。含有 G52 指令的程序段中，绝对值编程方式的指令值就是在该局部坐标系中的坐标值。设定局部坐标系后，工件坐标系和机床坐标系保持不变。G52 指令为非模态指令，在缩放及旋转功能下不能使用 G52 指令，但在 G52 指令下能进行缩放及坐标系旋转。

④ 直接机床坐标系编程指令 G53。

指令格式为：G53 X__ Y__ Z__

G53 是机床坐标系编程指令，该指令使刀具快速定位到机床坐标系中的指定位置，在含有 G53 指令的程序段中，应采用绝对值编程，且 X、Y、Z 均为负值。

(5) 进给控制指令。

① 快速定位指令 G00。

指令格式为：G00 X__ Y__ Z__ A__

其中 X、Y、Z、A 是快速定位终点，在 G90 时为终点在工件坐标系中的坐标，在 G91 时为终点相对于起点的位移量。

G00 指令令刀具相对于工件以各轴预先设定的速度，从当前位置快速移动到程序段指令指定的定位目标点其快移速度由机床参数"快移进给速度"在各轴分别设定，而不能用 F 规定。G00 指令一般用于加工前的快速定位或加工后的快速退刀。注意在执行 G00 指令时，由于各轴以各自速度移动，不能保证各轴同时到达终点，因此联动直线轴的合成轨迹不一定是直线，所以操作者必须格外小心，以免刀具与工件发生碰撞。常见的做法是将 Z 轴移动到安全高度后，再放心地执行 G00 指令。

② 单方向定位 G60。

指令格式为：G60 X__ Y__ Z__ A__

其中 X、Y、Z、A 是单向定位终点。

G60 指令单方向定位过程是各轴先以 G00 速度快速定位到一个中间点，然后以一固定速度移动到定位终点。各轴的定位方向（从中间点到定位终点的方向）以及中间点与定位终点的距离，由机床参数单向定位偏移值设定。当该参数值小于 0 时，定位方向为负；当该参数值大于 0 时，定位方向为正。G60 指令仅在被规定的程序段中有效。

(6) 直线插补指令 G01。

数控机床的刀具（或工作台）沿各坐标轴位移是以脉冲当量为单位的（mm/脉冲）。刀具加工直线或圆弧时，数控系统按程序给定的起点和终点坐标值在其间进行"数据点的密化"即求出一系列中间点的坐标值，然后依顺序按这些坐标轴的数值向各坐标轴驱动机构输出脉冲。数控装置进行的这种"数据点的密化"叫做插补功能。

G01 是直线插补指令，它指定刀具从当前位置，以两轴或三轴联动方式向给定目标按 F 指令指定的进给速度运动，加工出任意斜率的平面（或空间）直线。

指令格式为：G01 X__ Y__ Z__ F__

其中：X、Y、Z是线性进给的终点，F是合成进给速度。

G01指令是要求刀具以联动的方式，按F规定的合成进给速度，从当前位置按线性路线（联动直线轴的合成轨迹为直线）移动到程序段指定的终点。G01是模态指令，可由G00、G02、G03或G33功能注销。

（7）圆弧插补指令G02、G03。

G02、G03是按指定进给速度的圆弧插补指令，G02顺时针圆弧插补，G03逆时针圆弧插补。

所谓顺圆、逆圆指的是从第三轴正向朝零点或朝负方向看，如XY平面内，从Z轴正向向原点观察，顺时针转为顺圆，反之为逆圆，如图2.42所示。

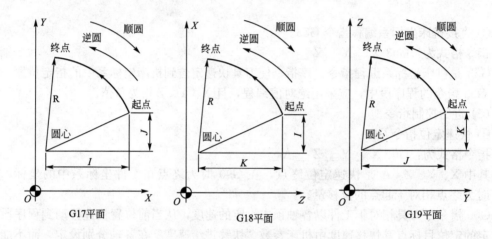

图2.42 圆弧插补方向

指令格式为：

$$G17\begin{vmatrix}G02\\G03\end{vmatrix}X\_\_Y\_\_\begin{vmatrix}R\\I\_\_J\_\_\end{vmatrix}$$

$$G18\begin{vmatrix}G02\\G03\end{vmatrix}X\_\_Z\_\_\begin{vmatrix}R\\I\_\_K\_\_\end{vmatrix}$$

$$G19\begin{vmatrix}G02\\G03\end{vmatrix}Y\_\_Z\_\_\begin{vmatrix}R\\J\_\_K\_\_\end{vmatrix}$$

其中：X、Y、Z为X轴、Y轴、Z轴的终点坐标；I、J、K为圆弧起点相对于圆心点在X、Y、Z轴向的增量值；R为圆弧半径；F为进给速率。

终点坐标可以用绝对坐标G90或增量坐标G91表示，但是I、J、K的值总是以增量方式表示。

【例2-3】 使用G02指令对如图2.43所示的劣弧 a 和优弧 b 进行编程。

分析：在图中，a 弧与 b 弧的起点相同、终点相同、方向相同、半径相同，仅仅旋转角度 $a<180°$，$b>180°$。所以 a 弧半径以R30表示，b 弧半径以R-30表示。程序编制见表2-8。

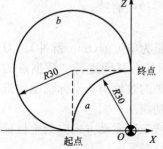

图2.43 优弧与劣弧的编程

表2-8 劣弧a和优弧b的编程

类别	劣弧(a弧)	优弧(b弧)
增量编程	G91 G02 X30 Y30 R30 F300	G91 G02 X30 Y30 R-30 F300
	G91 G02 X30 Y30 R30 F300	G91 G02 X30 Y30 I0 J30 F300
绝对编程	G90 G02 X0 Y30 R30 F300	G90 G02 X0 Y30 R-30 F300
	G90 G02 X0 Y30 I30 J0 F300	G90 G02 X0 Y30 I0 J30 F300

【例2-4】 使用G02、G03对如图2.43所示的整圆编程。

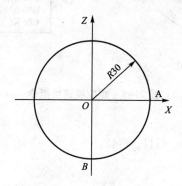

图2.43 整圆编程

解：整圆的程序编制见表2-9。

表2-9 整圆的程序

类别	从A点顺时针一周	从B点逆时针一周
增量编程	G91 G02 X0 Y0 I30 J0 F300	G91 G03 X0 Y0 I0 J30 F300
绝对编程	G90 G02 X30 Y0 I30 J0 F300	G90 G03 X0 Y-30 I0 J30 F300

注意：
① 所谓顺时针或逆时针，是从垂直于圆弧所在平面的坐标轴的正方向看到的回转方向。
② 整圆编程时不可以使用R方式，只能用I、J、K方式。
③ 同时编入R与I、J、K时，只有R有效。
(8) 螺旋线进给指令G02/G03。
指令格式为：

$$G17 \begin{vmatrix} G02 \\ G03 \end{vmatrix} X\_ Y\_ \begin{vmatrix} I\_ J\_ \\ R \end{vmatrix} Z\_ F\_$$

$$G18 \begin{vmatrix} G02 \\ G03 \end{vmatrix} X\_ Z\_ \begin{vmatrix} I\_ K\_ \\ R \end{vmatrix} Y\_ F\_$$

$$G19 \begin{vmatrix} G02 \\ G03 \end{vmatrix} Y\_ Z\_ \begin{vmatrix} J\_ K\_ \\ R \end{vmatrix} X\_ F\_$$

其中 X、Y、Z 是由 G17、G18、G19 平面选定的两个坐标为螺旋线投影圆弧的终点，意义同圆弧进给，第 3 坐标是与选定平面相垂直轴的终点，其余参数的意义同圆弧进给。该指令对另一个不在圆弧平面上的坐标轴施加运动指令，对于任何小于 360°的圆弧，可附加任一数值的单轴指令。如图 2.45(a)所示的螺旋线编程的程序如图 2.45(b)所示。

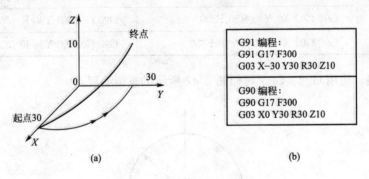

图 2.45　螺旋线进给指令

(9) 刀具补偿指令。

① 刀具半径补偿指令 G40、G41、G42。

指令格式为：

$$G01 \begin{vmatrix} G41 \\ G42 \end{vmatrix} X\_\_ Y\_\_ D\_\_$$

G01 G40 X__ Y__

其中：G41 为左偏半径补偿，指沿着刀具前进方向，向左侧偏移一个刀具半径，如图 2.46(a)所示；G42 为右偏半径补偿，指沿着刀具前进方向，向右侧补偿一个刀具半径，如图 2.46(b)所示。

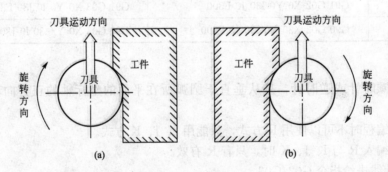

图 2.46　刀具半径补偿

X，Y 为建立刀补直线段的终点坐标值；D 为数控系统存放刀具半径值的内存地址，后有两位数字。如 D01 代表了存储在刀补内存表第 1 号中的刀具的半径值，刀具的半径值需预先用手工输入；G40 为刀具半径补偿撤销指令。

注意：

① 刀具半径补偿平面的切换，必须在补偿取消方式下进行。

② 刀具半径补偿的建立与取消只能用 G00 或 G01 指令，不能是 G02 或 G03 指令。

【例 2-5】 考虑刀具半径补偿，编制如图 2.47 所示的零件加工程序。要求建立如图 2.46 所示的工件坐标系，按箭头所指示的路径进行加工。设加工开始时刀具距离工件上表面 50mm，切削深度为 2mm。

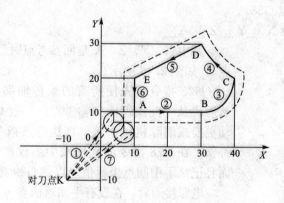

图 2.47 刀补指令的应用

解：一个完整的零件程序见表 2-10。

表 2-10 刀具半径补偿指令的应用

程　　序	说　　明
%8031	程序名
N10 G92 X-10 Y-10 Z50	确定对刀点
N20 G90 G17	在 XY 平面，绝对坐标编程
N30 G42 G00 X4 Y10 D01	右刀补，进刀到(4,10)的位置
N40 Z2 M03 S900	Z轴进到离表面 2mm 的位置，主轴正转
N50 G01 Z-2 F800	进给切削深度
N60 X30	插补直线 A→B
N70 G03 X40 Y20 I0 J10	插补圆弧 B→C
N80 G02 X30 Y30 I0 J10	插补圆弧 C→D
N90 G01 X10 Y20	插补直线 D→E
N100 Y5	插补直线 E→(10,5)
N110 G00 Z50 M05	返回 Z 方向的安全高度，主轴停转
N120 G40 X-10 Y-10	返回到对刀点
N130 M02	程序结束

注意：

① 加工前应先用手动方式对刀，将刀具移动到相对编程原点(-10,-10,50)的对刀点处。

② 图中带箭头的实线为编程轮廓，不带箭头的虚线为刀具中心的实际路线。

② 刀具长度补偿指令 G43、G44、G49。

G43 指令使刀具在终点坐标处向正方向多移动一个偏差量 e；G44 指令则把刀具在终

点的坐标值减去一个偏差量 e(向负方向移动 e);G49(或 D00)指令撤销刀具长度补偿,其格式与刀具半径补偿指令相类似。

(10) 回参考点控制指令。

① 自动返回参考点 G28。

指令格式为:G28 X__ Y__ Z__ A__

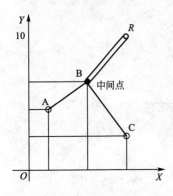

图 2.48 G28 指令的应用

其中 X、Y、Z、A 是回参考点时经过的中间点(非参考点),如图 2.48 所示。

G28 指令首先使所有的编程轴都快速定位到中间点,然后再从中间点返回到参考点。一般 G28 指令用于刀具自动更换或消除机械误差,在执行该指令之前,应取消刀具补偿。在 G28 指令的程序段中不仅产生坐标轴移动指令,而且记忆了中间点坐标值,以供 G29 指令使用。

电源接通后,在没有手动返回参考点的状态下指定 G28 指令时,从中间点自动返回参考点与手动返回参考点相同。这时从中间点到参考点的方向,就是机床参数"回参考点方向"设定的方向。G28 指令仅在被规定的程序段中有效。

② 自动从参考点返回 G29。

指令格式为:G29 X__ Y__ Z__ A__

其中 X、Y、Z、A 是返回的定位终点。

G29 可使所有编程轴以快速进给经过由 G28 指令定义的中间点,然后再到达指定点。通常该指令紧跟在 G28 指令之后。G29 指令仅在被规定的程序段中有效。

(11) 暂停指令 G04。

指令格式为:G04 P__

其中:P 为暂停时间,s。

G04 在前一程序段的进给速度降到零之后才开始暂停动作。在执行含 G04 指令的程序段时,先执行暂停功能。G04 为非模态指令,仅在被规定的程序段中有效。如图 2.49(a)所示零件的钻孔加工程序如图 2.49(b)所示。

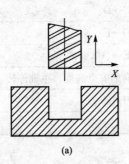

(a)

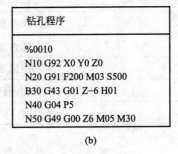

钻孔程序

%0010
N10 G92 X0 Y0 Z0
N20 G91 F200 M03 S500
B30 G43 G01 Z-6 H01
N40 G04 P5
N50 G49 G00 Z6 M05 M30

(b)

图 2.49 暂停指令的应用

在零件的钻孔加工程序中,G04 指令可使刀具作短暂停留,以获得圆整而光滑的表面。如果对不通孔作深度控制时,在刀具进给到规定深度后,用暂停指令使刀具作非进给光整切削,然后退刀,确保孔底平整。

(12) 简化编程指令。

① 镜像功能 G24、G25。

指令格式为：G24 X＿ Y＿ Z＿ A＿
　　　　　　M98 P＿
　　　　　　G25 X＿ Y＿ Z＿ A＿

其中：G24 为建立镜像；G25 为取消镜像；X、Y、Z、A 为镜像位置。

当工件相对于某一轴具有对称形状时，可以利用镜像功能和子程序，只对工件的一部分进行编程，而能加工出工件的对称部分，这就是镜像功能。当某一轴的镜像有效时，该轴执行与编程方向相反的运动。

【例 2-6】 使用镜像功能编制如图 2.50 所示轮廓的加工程序。设刀具起点距工件上表面 100mm，切削深度 5mm。

解：轮廓的加工程序见表 2-11。

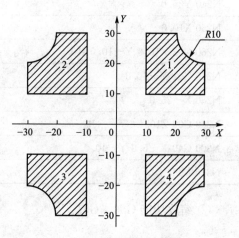

图 2.50 镜像功能应用实例

表 2-11 镜像功能实例程序

程　　序	说　　明
%8041	主程序
N10 G17 G00 M03	
N20 G98 P100	加工 1
N30 G24 X0	Y 轴镜像，镜像位置为 X＝0
N40 G98 P100	加工 2
N50 G24 X0 Y0	X 轴、Y 轴镜像，镜像位置为(0,0)
N60 G98 P100	加工 3
N70 G25 X0	取消 Y 轴镜像
N80 G24 Y0	X 轴镜像
N90 G98 P100	加工 4
N100 G25 Y0	取消镜像
N110 M05	
N120 M30	
%200	子程序
N200 G41 G00 X10.0 Y4.0 D01	
N210 Y1.0	
N220 Z−98.0	
N230 G01 Z−7.0 F100	

程　　序	说　　明
N240 Y25.0	
N250 X10.0	
N260 G03 X10.0 Y－10.0 I10.0	
N270 G01 Y－10.0	
N280 X－25.0	
N290 G00 Z105	
N300 G40 X－5.0 Y－10.0	
N310 M99	

② 缩放功能 G50、G51。

指令格式为：G51 X__ Y__ Z__ P__
　　　　　　M98 P__
　　　　　　G50

其中：G51 为建立缩放；G50 为取消缩放；X、Y、Z 为缩放中心的坐标值；P 为缩放倍数。

G51 既可指定平面缩放也可指定空间缩放。在 G51 后运动指令的坐标值以 X、Y、Z 为缩放中心，按 P 规定的缩放比例进行计算。在有刀具补偿的情况下，先进行缩放，然后才进行刀具半径补偿和刀具长度补偿。

【例 2-7】 用缩放功能编制如图 2.51 所示轮廓的加工程序，已知三角形 ABC 的顶点为 A(10, 30)，B(90, 30)，C(50, 110)，三角形 A′B′C′ 是缩放后的图形，其缩放中心为 D(50, 50)，缩放系数为 0.5，设刀具起点距工件上表面为 50mm。

解：该工件的加工程序见表 2-12。

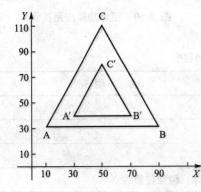

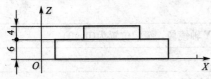

图 2.51　缩放功能的应用实例

表 2-12　缩放功能实例程序

程　　序	说　　明
%8051	主程序
N10 G92 X0 Y0 Z50	建立工件坐标系
N20 G91 G17 M03 S600	
N30 G43 G00 X50 Y50 Z－46 H01 F300	快速定位至工件中心，距表面 4mm，建立刀具长度补偿
N40 ♯51=14	给局部变量♯51赋予14的值

(续)

程 序	说 明
N50 M98 P100	调用子程序,加工三角形 ABC
N60 #51=8	重新给局部变量#51赋予8的值
N70 G51 X50 Y50 P0.5	缩放中心(50,50),缩放系数0.5
N80 M98 P100	调用子程序,加工三角形 A′B′C′
N90 G50	取消缩放
N100 G49 Z46	取消刀具长度补偿
N110 M05 M30	
%100	子程序(三角形 ABC 的加工程序)
N100 G42 G00 X−44 Y−20 D01	快速移动到 XY 平面的加工起点,建立刀具半径补偿
N120 Z [−#51]	Z轴快速向下移动局部变量#51的值
N150 G01 X84	加工 A→B 或 A′→B′
N160 X−40 Y80	加工 B→C 或 B′→C′
N170 X.44 Y−88	加工 C→加工始点或 C′→加工始点
N180 Z [#51]	提刀
N200 G40 G00 X44 Y	返回工件中心,并取消刀具半径补偿
N210 M99	返回主程序

③ 旋转变换 G68、G69。

指令格式为：G17 G68 X＿ Y＿ P＿
　　　　　　 M98 P＿
　　　　　　 G69

其中：G68 为建立旋转；G69 为取消旋转；X、Y、Z 为旋转中心的坐标值；P 为旋转角度,(°),0°≤P≤360°。

在有刀具补偿的情况下,先旋转后刀补(刀具半径补偿、长度补偿),在有缩放功能的情况下,先缩放后旋转。

【例 2-8】 使用旋转功能编制如图 2.52 所示轮廓的加工程序,设刀具起点距工件上表面 50mm,切削深度 5mm。

解：该工件的加工程序见表 2-13。

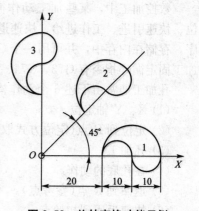

图 2.52 旋转变换功能示例

表 2-13 旋转功能应用实例程序

程 序	说 明
%8061	主程序
N10 G92 X0 Y0 Z50	
N15 G90 G17 M03 S600	
N20 G43 Z-5 H02	
N25 M98 P200	加工 3
N30 G68 X0 Y0 P45	旋转 45°
N40 M98 P200	加工 2
N60 G68 X0 Y0 P90	旋转 90°
N70 M98 P200	加工 3
N20 G49 Z50	
N80 G69 M05 M30	取消旋转
%200	子程序(1 的加工程序)
N100 G41 G01 X20 Y-5 D02 F300	
N105 Y0	
N110 G02 X40 I10	
N120 X30 I-5	
N130 G03 X20 I.5	
N140 G00 Y-6	
N145 G40 X0 Y0	
N150 M99	

4) 固定循环指令

数控加工中,某些加工动作循环已经典型化。例如钻孔、镗孔的动作是孔位平面定位、快速引进、工作进给、快速退回等一系列典型的加工动作,这样就可以预先编好程序,存储在内存中,并可用一个 G 代码程序段调用,称为固定循环,以简化编程工作。孔加工固定循环指令有 G73、G74、G76、G80~G89。

孔加工通常由下述 6 个动作构成,如图 2.53 所示。

(1) X、Y 轴定位。
(2) 定位到 R 点(定位方式取决于上次是 G00 还是 G01)。
(3) 孔加工。
(4) 在孔底的动作。
(5) 退回到 R 点(参考点)。
(6) 快速返回到初始点。

固定循环的数据表达形式可以采用绝对坐标(G90)和相对坐标(G91)表示,如图 2.54 所示,其中图 2.54(a)是采用 G90 的表示;图 2.54(b)是采用 G91 的表示。

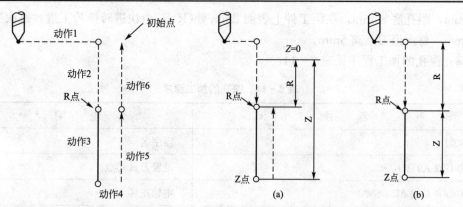

图 2.53 孔加工的 6 个典型动作 　　图 2.54 固定循环的数据表达形式
(a) G90；(b) G91

固定循环的程序格式包括数据形式、返回点平面、孔加工方式、孔位置数据、孔加工数据和循环次数。数据形式(G90 或 G91)在程序开始时就已指定，因此在固定循环程序格式中可不给出。固定循环的程序格式如下。

$\begin{vmatrix} G98 \\ G99 \end{vmatrix}$ G__X__Z__R__Q__P__I__J__K__F__L__

其中：G98 为返回初始平面；G99 为返回 R 点平面；G 为固定循环代码 G73、G74、G76 和 G81～G89 之一；X、Y 为加工起点到孔位的距离(G91)或孔位坐标(G90)；R 为初始点到 R 点的距离(G91)或 R 点的坐标(G90)；Z、R 为点到孔底的距离(G91)或孔底坐标(G90)；Q 为每次进给深度(G73、G83)；I、J 为刀具在轴反向位移增量(G76、G87)；P 为刀具在孔底的暂停时间；F 为切削进给速度；L 为固定循环的次数。

(1) 高速深孔加工循环指令 G73。

指令格式：$\begin{vmatrix} G98 \\ G99 \end{vmatrix}$ G73 X__Y__Z__R__Q__P__K__F__L__;

其中：Q 为每次进给深度；K 为每次退刀距离。

G73 指令用于 Z 轴的间歇进给，使深孔加工时容易排屑，减少退刀量，可以进行高效率的加工。

G73 指令动作循环如图 2.55 所示。注意当 Z、K、Q 的移动量为零时，该指令不执行。

【例 2-9】 使用 G73 指令编制如图 2.56 所示深孔加工程序，设刀具起点距工件上表

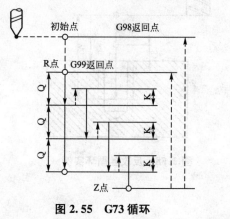

图 2.55 G73 循环

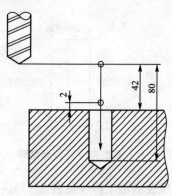

图 2.56 深孔加工实例

面 42mm，距孔底 80mm，在距工件上表面 2mm 处（R 点）由快进转换为工进，每次进给深度 10mm，每次退刀距离 5mm。

解：深孔的加工程序见表 2-14。

表 2-14 深孔的加工程序

程　序	说　明
%8071	程序名
N10 G92 X0 Y0 Z80	设置刀具起点
N20 G00 G90 M03 S600	主轴正转
N30 G98 G73 X100 R40 P2 Q-10 K5 Z0 F200	深孔加工，返回初始平面
N40 G00 X0 Y0 Z80	返回起点
N60 M05	
N70 M30	程序结束

(2) 反攻丝循环指令 G74。

指令格式：$\begin{vmatrix} G98 \\ G99 \end{vmatrix}$ G74 X__ Y__ Z__ R__ P__ F__ L__；

利用 G74 指令攻反螺纹时，主轴反转，到孔底时主轴正转，然后退回。G74 指令动作循环如图 2.57 所示。

注意：①攻丝时速度倍率、进给保持均不起作用。②R 应选在距工件表面 7mm 以上的地方。③如果 Z 的移动量为零，则该指令不执行。

【例 2-10】 使用 G74 指令编制如图 2.58 所示的反螺纹攻丝加工程序，设刀具起点距工件上表面 48mm，距孔底 60mm，在距工件上表面 8mm（R 点）处由快进转换为工进。

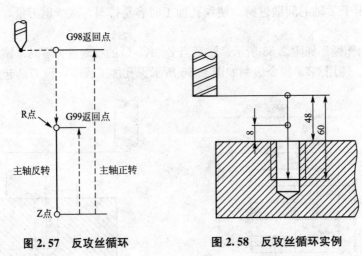

图 2.57　反攻丝循环　　图 2.58　反攻丝循环实例

解：螺纹的加工程序见表 2-15。

表 2-15 螺纹的加工程序

程　　序	说　　明
%8081	程序名
N10 G92 X0 Y0 Z60	设置刀具的起点
N20 G91 G00 M04 S500	主轴反转,转速 500r/min
N30 G98 G74 X100 R-40 P4 F200	攻丝,孔底停留 4 个单位时间,返回初始平面
N35 G90 Z0	
N40 G0 X0 Y0 Z60	返回到起点
N50 M05	
N60 M30	程序结束

(3) 钻孔循环(中心钻)指令 G81。

指令格式:$\begin{vmatrix} G98 \\ G99 \end{vmatrix}$ G81 X＿Y＿Z＿R＿F＿L＿;

G81 执行钻孔循环动作,包括 X、Y 坐标定位,快进,工进和快速返回等动作。

注意:如果 Z 方向的移动量为零,则该指令不执行。G81 指令循环动作如图 2.59 所示。

(4) 带停顿的钻孔循环指令 G82。

指令格式:$\begin{vmatrix} G98 \\ G99 \end{vmatrix}$ G82 X＿Y＿Z＿R＿P＿F＿L＿;

G82 指令除了要在孔底暂停外,其他动作与 G81 相同。暂停时间由地址 P 给出。G82 指令主要用于加工盲孔,以提高孔深精度。

注意:如果 Z 方向的移动量为零,则该指令不执行。

(5) 攻丝循环指令 G84。

指令格式:$\begin{vmatrix} G98 \\ G99 \end{vmatrix}$ G84 X＿Y＿Z＿R＿P＿F＿L＿;

利用 G84 指令攻螺纹时,从 R 点到 Z 点主轴正转,在孔底暂停后,主轴反转,然后退回。G84 指令动作循环如图 2.60 所示。

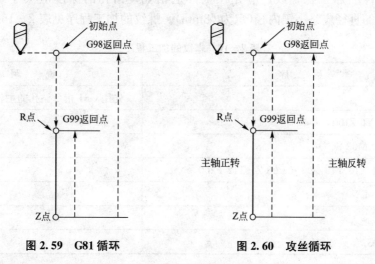

图 2.59　G81 循环　　　　　图 2.60　攻丝循环

注意：①攻丝时速度倍率、进给保持均不起作用。②R 应选在距工件表面 7mm 以上的地方。③如果 Z 方向的移动量为零该指令不执行。

(6) 取消固定循环指令 G80。

该指令能取消固定循环，同时 R 点和 Z 点也被取消。

使用固定循环时应注意以下几点。①在固定循环指令前应使用 M03 或 M04 指令使主轴回转。②在固定循环程序段中，X、Y、Z、R 数据应至少有一个指令才能进行孔加工。③在使用控制主轴回转的固定循环(G74、G84、G86)指令中，如果连续加工一些孔间距比较小或者初始平面到 R 点平面的距离比较短的孔时，会出现在进入孔的切削动作前主轴还没有达到正常转速的情况。遇到这种情况时，应在各孔的加工动作之间插入 G04 指令，以获得时间。④当用 G00～G03 指令注销固定循环时，若 G00～G03 指令和固定循环指令出现在同一程序段，则按后出现的指令运行。⑤在固定循环程序段中，如果指定了 M，则在最初定位时送出 M 信号，等 M 信号完成后，才能进行孔加工循环。

【例 2-11】 编制如图 2.61 所示的螺纹加工程序，设刀具起点距工作表面 100mm 处，螺纹切削深度为 10mm。

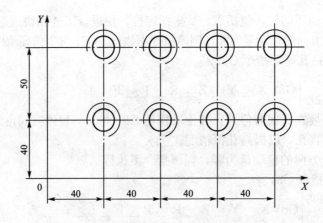

图 2.61 固定循环综合编程

解：在工件上加工孔螺纹，应先在工件上钻孔，钻孔的深度应大于螺纹深(定为 12mm)，钻孔的直径应略小于内径(定为 ϕ8mm)。螺纹的加工程序见表 2-16。

表 2-16 螺纹的加工程序

程　　序	说　　明
%8091	先用 G81 指令钻孔的主程序
N10 G92 X0 Y0 Z100	
N20 G91 G00 M03 S600	
N30 G99 G81 X40 Y40 G90 R-98 Z-112 F200	
N50 G91 X40 L3	
N60 Y50	
N70 X-40 L3	

(续)

程 序	说 明
N80 G90 G80 X0 Y0 Z100 M05	
N90 M30	
%8092	用 G84 指令攻丝的程序
N210 G92 X0 Y0 Z0	
N220 G91 G00 M03 S300	
N230 G99 G84 X40 Y40 G90 R−93 Z−110 F100	
N240 G91 X40 L3	
N250 Y50	
N260 X−40 L3	
N270 G90 G80 X0 Y0 Z100 M05	
N280 M30	

5) 用户宏功能

在编程工作中，用户经常把能完成某一功能的一系列指令像子程序那样存入存储器，用一个总指令来代表它们，使用时只需给出这个总指令就能执行其功能。所存入的一系列指令称作用户宏功能主体，这个总指令称作用户宏功能指令。

在编程时，不必记住用户宏功能主体所含的具体指令，只要记住用户宏功能指令即可。用户宏功能的最大特点是在用户宏功能主体中能够使用变量，变量之间还能够进行运算，用户宏功能指令可以把实际值设定为变量，使用户宏功能更具通用性。可见，用户宏功能是提高数控机床性能的一种特殊功能。宏功能主体既可由机床生产厂提供，也可由机床用户厂自己编制（见编程实例）。使用时，先将用户宏功能主体像子程序一样存放到内存里，然后用子程序调用 M98 指令调用。

华中数控系统中的用户宏功能程序可以使用变量进行算术运算、逻辑运算和函数的混合运算，此外还可以使用循环语句、分支语句和子程序调用语句功能，利于编制各种复杂的零件加工程序，减少甚至免除手工编程时进行繁琐的数值计算，精简程序量。

(1) 宏变量。

在常规的主程序和子程序内，总是将一个具体的数值赋给一个地址。为了使程序更具通用性，更加灵活，在宏程序中设置了变量。

① 变量的表示。

变量可以用"#"号和紧跟其后的变量序号来表示：#$i(i=1, 2, 3, \cdots)$。例如：#5，#109，#501。

② 变量的引用。

将跟随在一个地址后的数值用一个变量来代替，即引入了变量。

例如：对于 F [#103]，若 #103=50，则为 F50；

对于 Z [−#110]，若 #110=100，则为 Z−100；

对于 G [#130]，若 #130=3，则为 G03。

③ 变量的类型。

华中数控系统的变量分为公共变量和系统变量两类。

a. 公共变量。公共变量又分为全局变量和局部变量。全局变量是在主程序和主程序调用的各用户宏功能程序内都有效的变量，也就是说，在一个宏指令中的♯i与在另一个宏指令中的♯i是相同的。局部变量仅在主程序和当前用户宏功能程序内有效，也就是说，在一个宏指令中的♯i与在另一个宏指令中的♯i是不一定相同的。

公共变量的序号为：♯0～♯49。

当前局部变量有以下几种：

♯50～♯199　　全局变量。
♯200～♯249　　0层局部变量。
♯250～♯299　　1层局部变量。
♯300～♯349　　2层局部变量。
♯350～♯399　　3层局部变量。
♯400～♯449　　4层局部变量。
♯450～♯499　　5层局部变量。
♯500～♯549　　6层局部变量。
♯550～♯599　　7层局部变量。

华中数控系统可以子程序嵌套调用，调用的深度最多可以有9层。每一层子程序都有自己独立的局部变量，变量个数为50。如当前局部变量为♯0～♯49，第一层局部变量为♯200～♯249，第二层局部变量为♯250～♯299，第三层局部变量♯300～♯349，以此类推。

b. 系统变量。

系统变量定义为有固定用途的变量，它的值决定系统的状态。系统变量包括刀具偏置变量、接口的输入/输出信号变量、位置信号变量等。

例如：♯600～♯699　　具长度寄存器 H0～H99；
　　　♯700～♯799　　刀具半径寄存器 D0～D99；
　　　♯800～♯899　　刀具寿命寄存器；
　　　♯1000～♯1008　机床当前位置；
　　　♯1010～♯1018　程编当前位置；
　　　♯1020～♯1028　程编工件位置；
　　　……

(2) 常量。

类似于高级编程语言中的常量，在用户宏程序中也具有常量，在华中数控系统中的常量主要有以下3个：

PI：圆周率。
TRUE：条件成立(真)。
FALSE：条件不成立(假)。

(3) 运算符。

在宏程序中的各运算符、函数将实现丰富的宏功能。在华中数控系统中的运算符有以下4种。

① 算术运算符：+，-，*，/。
② 条件运算符：EQ(=)，NE(≠)，GT(>)，GE(≥)，LT(=)，LE(≤)。
③ 逻辑运算符：AND，OR，NOT。
④ 函数：SIN，COS，TAN，ATAN，ATAN2，ABS，INT，SIGN，SQRT，EXP。

(4) 语句表达式。

在华中数控系统中的语句表达式有以下 3 种。

① 赋值语句。即把常数或表达式的值送给一个宏变量。其格式为：宏变量=常数或表达式。

例如：#2=175/SQRT [2] * COS [55 * PI/180]
　　　#3=124.0

② 条件判别语句 IF——ELSE——ENDIF。
③ 循环语句 WHILE——ENDW。

(5) 调用方式。

宏程序的调用方式类似于子程序调用，即同样采用 M98 指令调用，采用 M99 指令结束。但在宏程序时，应给出所需要的参数值，例如，有一个逼近整圆的数控加工程序，在程序中把加工整圆作为宏程序进行调用，在调用时要给出所要求的圆心点和圆半径，程序实例见表 2-17。

表 2-17 圆的宏程序调用

程　序	说　明
%1000	主程序
G92 X0 Y0 Z0	
M98 P2 X-50 Y0 R50	调用加工整圆的宏程序，并给出圆心点和圆半径
M30	
%00O2	加工整圆的宏程序
...	
M99	宏程序结束，返回主程序

在调用宏程序(子程序或固定循环)时，为保存当前主程序的编程信息，系统会将当前程序段各字段(A～Z共26字段，如果没有定义则为零)的内容复制到宏程序执行时的局部变量#0～#25，同时复制调用宏程序时当前通道 9 个轴的绝对位置(机床绝对坐标)到宏程序执行时的局部变量#30～#38。

调用一般子程序时不保存系统模态值，即子程序可修改系统模态参数，并保持有效，而调用固定循环时，保存系统模态参数值，即固定循环子程序不修改系统模态参数。

(6) 用户宏程序编制举例。

【例 2-12】 切圆台与斜方台，各自加工 3 个循环，要求倾斜 10°的斜方台与圆台相切，圆台在方台之上，如图 2.62 所示。程序实例见表 2-18。

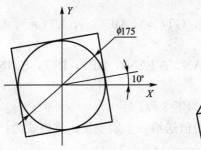 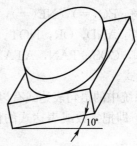

图 2.62 用户宏程序编制

表 2-18 用户宏程序编制

程 序	说 明
%8101	
♯10=10.	圆台阶高度
♯11=10.0	方台阶高度
♯12=124.0	圆外定点的 X 坐标值
♯13=124.0	圆外定点的 Y 坐标值
♯701=13.0	刀具半径(偏大,粗加工)
♯702=10.2	刀具半径(偏中,半精加工)
♯703=10.0	刀具半径(实际,精加工)
N01 G92 X0.0 Y0.0 Z0.0	
N02 G28 Z10 T02 M06	自动回参考点换刀
N03 G29 Z0 S10 M03	单段走完此段,手动移刀到圆台面中心上
N04 G92 X0.0 Y0.0 Z0.0	
N05 G00 Z10.0	
♯0=0	
N06 G00 [X−♯12] Y [−♯13]	快速定位到圆外(−♯12,−♯13)
N07 G01 Z [−♯10] F300	Z 向进刀−♯10mm
WHILE ♯0LT3	加工圆台
N [08+♯0*6] G01 G42 X [−♯12/2] Y [−175/2] F280.0 D [♯0+1]	
N [09+♯0*6] X [0] Y [−175/2]	
N [10+♯0*6] G03 J [175/2]	

(续)

程　序	说　明
N [11+#0*6] G01 X [#12/2] Y [-175/2]	
N [12+#0*6] G40 X [#12] Y [-#13]	
N [13+#0*6] G00 X [-#12]	
Y [-#13]	
#0=#0+1	
ENDW	
N100 G01 Z [-#10-#11] F300	
#2=175/COS [55*PI/180]	
#3=175/SIN [55*PI/180]	
#4=175*COS [10*PI/180]	
#5=175*SIN [10*PI/180]	
#0=0	
WHILE #0LT3	加工斜方台
N [101+#0*6] G01 G90 G42 X [-#2] Y [-#3] F280.0 D [#0+1]	
N [102+#0*6] G91 X [+#4] Y [+#5]	
N [103+#0*6] X [-#5] Y [+#4]	
N [104+#0*6] X [-#4] Y [-#5]	
N [105+#0*6] X [+#5] Y [-#4]	
N [106+#0*6] G00 G90 G40 X [-#12] Y [-#13]	
#0=0+1	
ENDW	
N200 G28 Z10 T00 M05	
N201 G00 X0 Y0 M06	
M02 M30	

2.1.7　SIEMENS 802S 系统数控铣床基本操作

SIEMENS 802S 系统数控铣削系统面板基本操作

1) SIEMENS 802S 系统数控铣削系统操作面板如图 2.63 所示，其界面分区和键盘键名含义见表 2-19。

图 2.63　SIEMENS 802S 数控铣削系统操作面板

表 2-19　界面分区和键盘键名含义

序号	键名及意义	序号	键名及意义
1	状态栏	A	Shift 键
2	工作窗口	B	空格
3	警告框	C	输入确认键
4	软键	D	选择键
5	加工域切换键（切换到加工状态）	E	垂直菜单键（提示栏出现▲时）
6	返回键（提示栏出现▤时用）	F	向上/向上翻页
7	提示栏	G	向下/向下翻页
8	扩展菜单（提示栏出现▶时用）	H	警告取消键
9	区域切换键		

SIEMENS 802S 机械操作面板如图 2.64 所示。

2. 基本操作

1) 回参考点操作

（1）先检查一下各轴是否在参考点的内侧，如不在，则应手动回到参考点的内侧，以避免回参考点时产生超程。

（2）检查操作面板上"手动"和"回原点"按键是否处于按下状态▨、▨，否则按这

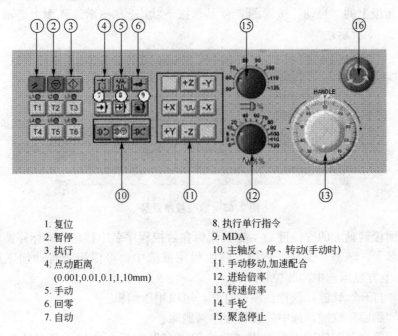

1. 复位
2. 暂停
3. 执行
4. 点动距离
   (0.001,0.01,0.1,1,10mm)
5. 手动
6. 回零
7. 自动
8. 执行单行指令
9. MDA
10. 主轴反、停、转动(手动时)
11. 手动移动,加速配合
12. 进给倍率
13. 转速倍率
14. 手轮
15. 聚急停止

图 2.64 SIEMENS 802S 机械操作面板

两个按钮▨、▨，使其呈按下状态，此时机床进入回零模式，此时 CRT 界面的状态栏上显示"手动 REF"。

(3) 分别按 ＋X、＋Y、＋Z 轴移动方向按键，直至各轴返回参考点，回参考点后，相应的指示灯点亮。

2) 点动、步进、手轮操作

(1) 按操作面板上的手动按键▨，使其呈按下状态▨。

(2) "增量"时需按▨按键选择适当的进给倍率。初始状态下，进给倍率为 0.001mm，再次按进给倍率为 0.01mm，通过按▨按键，进给倍率可在 0.001~1mm 之间切换。

(3) 按机床操作面板上的＋X、＋Y 或＋Z 键，则刀具相对工件向 X、Y 或 Z 轴的正方向移动，按机床操作面板上的－X、－Y 或－Z 键，则刀具相对工件向 X、Y 或 Z 轴的负方向移动。

(4) 如欲使某坐标轴快速移动，只要在按住某轴的"＋"或"－"键的同时，按住中间的"快移"键即可。

(5) 在增量模式下，左右旋动手轮可实现当前选择轴的正、负方向的移动。

3) MDA 操作

按操作面板上的 MDA 模式按键▨，使其呈按下状态▨，机床进入 MDA 模式，此时 CRT 界面出现 MDA 程序编辑窗口。

按操作面板上的▨按键，显示键盘，输入指令(操作类似于数控程序处理)。

输入完一段程序后，按操作面板上的"运行开始"按键▨，运行程序。

4) 程序输入及调试

(1) 选择一个已有的数控程序。

按操作面板上的"自动"按键,使其呈按下状态;CRT 界面上显示了数控程序目录,如图 2.65 所示。

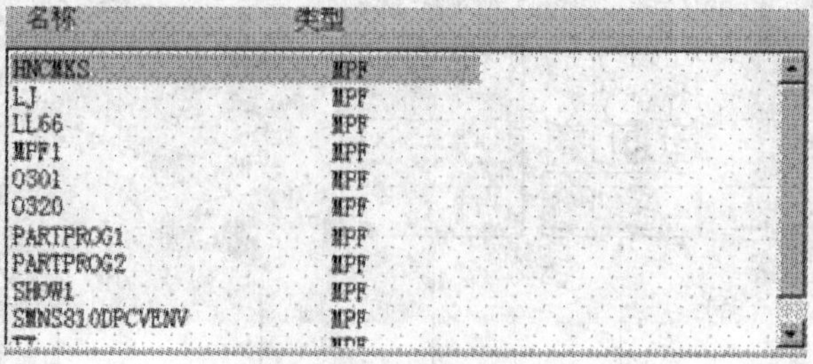

图 2.65 数控程序目录

按数控面板键盘上的方位键,光标在数控程序名中移动。光标停留在所要选择的数控程序名上,单击"选择"软键,数控程序被选中,可以用于自动加工运行。此时 CRT 界面右上方显示选中的数控程序名。

若单击"打开"软键,数控程序被打开,可以用于编辑。

若单击"删除"软键,选中的数控程序被删除。

若单击"重命名"软键,在弹出"改换程序名"对话框中输入新的程序名,按"确认"软键即可。

若单击"拷贝"软键,在弹出"复制"对话框输入复制的目标文件名,单击"确认"软键即可。

(2) 新建一个数控程序。

按操作面板上的按键,CRT 界面下方显示软键菜单条。

单击"程序"软键,在弹出的下级子菜单中单击扩展键,在子菜单中单击"新程序"软键,弹出"新程序"对话框,在"请指定新程序名"栏中输入新建的数控程序的程序名,单击"确认"软键,完成了数控程序的新建。此时 CRT 界面上显示一个空的程序编辑界面。

(3) 编辑数控程序。

在选择"打开"或"新建"一个数控程序时,即可利用光标键和编辑键来编辑修改或输入程序内容。

在数控程序编辑界面中,按键盘上的方位键、、、,使光标移动到所需位置

插入:将光标移动到所需插入字符的后一位置处,输入所需插入的字符,字符被插在光标前面

删除:将光标移动到所需删除字符的后一位置处,按键盘上的按键,可将字符删除

搜索:在数控程序编辑界面中,单击"搜索"软键,在弹出的对话框中输入所要查找的字符串,单击"确认"软键,则系统从光标停留的位置开始查找,找到后,光标停留在字符串的第一个字符上,且对话框消失。若没有找到,则光标不移动,且系统弹出错误报告,单击"确认"软键可以取消错误报告;需要继续查找同一字符时,单击"继续搜索"软键,则系统从光标停留的位置继续开始查找。

另外还可以使用"标记"软键来定义块,并可进行块复制和块粘贴及块删除等块操作。插入固定循环:在数控程序编辑界面,将光标移动到需要插入固定循环等特殊语句的位置,按键盘上的 ■ 按键,即可在弹出的列表中选择插入固定循环、宏语句等。

若选择了 LCYCL→LCYC82 后单击 ■ 确认,则弹出如图 2.66 所示循环参数设置界面。完成参数设置后,单击"确认"软键,该语句即被插入指定位置。

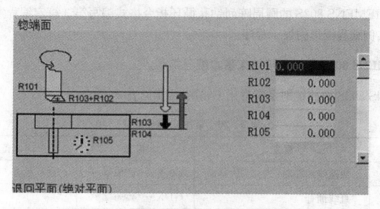

图 2.66 钻镗循环参数设置界面

(4) 运行数控程序。

按操作面板上的"自动模式" ■ 按键,使其呈按下状态 ■,机床进入自动加工模式,选好待加工程序后,按操作面板上的"运行开始" ■ 按键,即可开始自动加工,数控程序在运行过程中,按"循环保持" ■ 按键,程序暂停运行,机床保持暂停运行时的状态。再次按"运行开始" ■ 按键,程序从暂停行开始继续运行。

5) 工件坐标系和刀补设置

按操作面板上的 ■ 按键,CRT 界面下方显示软键菜单条,单击"参数"软键,在弹出的下级子菜单中单击"零点偏移"软键,在弹出的如图 2.67 所示的"可设置零点偏移"界面中,可进行 G54~G57 的预置工件坐标零点的设置。若单击"刀具补偿"软键,在弹出的下级子菜单中单击≪T 或 T≫软键进入 T-号为"1"的"刀具补偿数据"对话框中,如图 2.68 所示,可设置刀补数据。

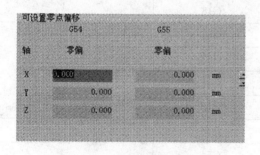

图 2.67 "可设置零点偏移"界面

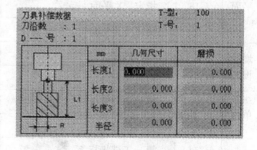

图 2.68 "刀具补偿数据"对话框

6) 注意事项

(1) 给定的数控程序名需以两个英文字母开头,或以字母 L 开头,或跟不多于 7 位的数字。

(2) SIEMENS 802S 数控系统的 M 指令基本和 FANUC Oi 数控系统相同,很多 G 指令功能也类似,但格式有所区别,一定要完全熟悉后才可调试运行。

7) 实训报告要求

(1) 比较一下 SIEMENS 802S 系统和 FANUC 0i 系统的基本指令功能及其格式,找出其主要区别。

(2) 简要叙述 SIEMENS 802S 数控系统对刀及设置工件零点的操作过程。

(3) 用 SIEMENS 802S 的圆周阵列钻孔循环指令格式编写第 3 篇宏编程实训项目中铣削阵列钻孔实例编程图形的加工程序。

2.1.8 SIEMENS 802S 系统数控铣床基本编程指令

SIEMENS 802S 数控铣削系统常用 G 指令功能见表 2-20。

表 2-20 常用 G 指令功能

分类	代码	意义	格式	备注
插补	G0	快速线性移动	G0 X… Y… Z…	
	G1 *	直线插补	G1 X… Y… Z…	
	G2	顺/逆圆插补(终点+圆心)	G2/G3 X… Y… Z… I… J… K…	XYZ 确定终点,IJK 确定圆心 CR 为半径(大于 0 为优弧,小于 0 为劣弧) AR 确定圆心角(0 到 360°)
		顺/逆圆插补(终点+半径)	G2/G3 X… Y… Z… CR=…	
		顺/逆圆插补(圆心+圆心角)	G2/G3 AR=… I… J… K…	
		顺/逆圆插补(终点+圆心角)	G2/G3 AR=… X… Y… Z…	
	G5	圆弧插补(三点圆弧)	G5 X… Y… Z… I1=… J1=… K1=…	XYZ 确定终点,I1、J1、K1 确定中间点
暂停	G4	给定加工中断的时间	G4 F…	F…:暂停时间(秒)
平面	G17 *	指定 XY 平面	G17	
	G18	指定 ZX 平面	G18	
	G19	指定 YZ 平面	G19	
增量设置	G90 *	绝对尺寸	G90	
	G91	增量尺寸	G91	
单位	G70	英制单位输入	G70	
	G71 *	公制单位输入	G71	
工件坐标系	G54	第一工件坐标系	G54	
	G55	第二工件坐标系	G55	
	G56	第三工件坐标系	G56	
	G57	第四工件坐标系	G57	

(续)

分类	代码	意义	格式	备注
	G74	回参考点（原点）	G74 X… Y… Z…	
刀具补偿	G40 *	取消刀具半径补偿	G40	补偿地址用 D；刀具半径补偿只有在线性插补时才能选择
	G41	左侧刀具半径补偿	G41	
	G42	右侧刀具半径补偿	G42	
	G450 *	刀补时拐角走圆角	G450	拐角圆弧半径等于刀具半径
	G451	刀补时到交点时再拐角	G451	

1. 铣床平面选择：G17 到 G19

功能：在计算刀具长度补偿和刀具半径补偿时必须首先确定一个平面，即确定一个两坐标轴的坐标平面，在此平面中可以进行刀具半径补偿，另外根据不同的刀具类型（铣刀、钻头、车刀等）进行相应的刀具长度补偿。对于钻头和铣刀，长度补偿的坐标轴为所选平面的垂直坐标轴（参见章节"刀具和刀具补偿"）。平面选择的作用在相应的部分进行了描述（比如章节"倒圆，倒角"），同样，平面选择的不同也影响圆弧插补时圆弧方向的定义：顺时针和逆时针。在圆弧插补的平面中规定横坐标和纵坐标，由此也就确定顺时针和逆时针旋转方向，也可以在非当前平面中运行圆弧插补坐标轴运动，可以有下面几种平面（表 2-21）。

表 2-21 平面及坐标轴

G 功能	平面（横坐标/纵坐标）	垂直坐标轴（在钻削/铣削时的长度补偿轴）
G17	X/Y	Z
G18	Z/X	Y
G19	Y/Z	X

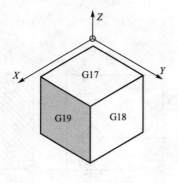 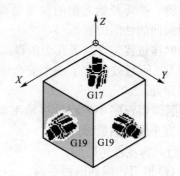

编程举例

N10 G17 T…D…M… ;选择 XY 平面
N20…X…Y…Z;Z 轴方向上刀具长度补偿

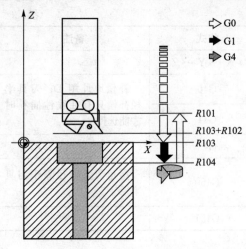

图 2.69 调用程序回钻孔位置

2. 铣床循环

1) 钻削、沉孔加工——LCYC82

功能：刀具以编程的主轴速度和进给速度钻孔，直至到达给定的最终钻削深度。在到达最终钻削深度时可以编程一个停留时间，退刀时以快速移动速度进行。

前提条件：必须在调用程序中规定主轴速度值和方向以及钻削轴进给率。

在调用循环之前必须在调用程序中回钻孔位置，如图 2.69 所示。

在调用循环之前必须选择带补偿值的相应的刀具，见表 2-22。

表 2-22 LCYC82 刀具补偿值参数

参数	含义，数值范围
R101	退回平面（绝对平面）
R102	安全距离
R103	参考平面（绝对平面）
R104	最后钻深（绝对值）
R105	在此钻削深度停留时间

R101　退回平面确定循环结束之后钻削轴的位置。

R102　安全距离只对参考平面而言，由于有安全距离，参考平面被提前了一个距离。循环可以自动确定安全距离的方向。

R103　参数 R103 所确定的参考平面就是图纸中所标明的钻削起始点。

R104　参数 R104 确定钻削深度，它取决于工件零点。

R105　参数 R105 之下编程此深度处（断屑）的停留时间（秒）。

时序过程：循环开始之前的位置是调用程序中最后所回的钻削位置。

循环的时序过程包含以下几个步骤。

（1）用 G0 回到被提前了一个安全距离量的参考平面处。

（2）按照调用程序中编程的进给率以 C 进行钻削，直至最终钻削深度。

（3）执行此深度停留时间。

（4）以 G0 退刀，回到退回平面。

举例：

钻削、沉头孔加工，如图 2.70 所示。使用 LCYC82 循环，程序在 XY 平面 X24Y15 位

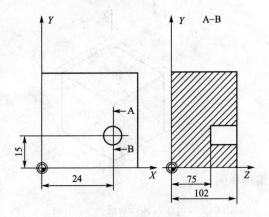

图 2.70 钻削沉头孔

置加工深度为 2.7mm 的孔,在孔底停留时间 2s,钻孔坐标轴方向安全距离为 4mm。循环结束后刀具处于 X24Y15Z110。

```
N10 G0 G17 G90 F500 T2 D1 5500 M4      ;规定此参数值
N20 X24 Y15                             ;回到钻孔位
N30 R101=110 R102=4 R103=102 R104=75    ;设定参数
N35 R105=2                              ;设定参数
V40 LCYC82                              ;调用循环
N50 MZ                                  ;程序结束
```

2) 深孔钻削 LCYC83(图 2.71)

功能:深孔钻削循环加工中心孔,通过分步钻入达到最后的钻深,钻深的最大值事先规定。

钻削既可以在每步到钻深后,提出钻头到其参考平面达到排屑目的,也可以每次上提 1mm 以便断屑。

调用　　LCYC83

前提条件:必须在调用程序中规定主轴速度和方向。

在调用循环之前钻头必须已经处于钻削开始位置。

在调用循环之前必须选取钻头的刀具补偿值,见表 2-23。

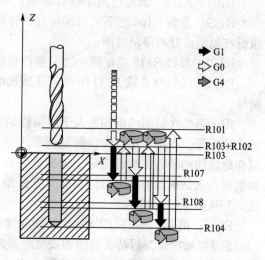

图 2.71 深孔钻削

表 2-23　LCYC83 刀具补偿值参数

参数	含义,数值范围
R101	退回平面(绝对平面)。
R102	安全距离,无符号。
R103	参考平面(绝对平面)。
R104	最后钻深(绝对值)。
R105	在此钻削深度停留时间(断屑)。
R107	钻削进给率。
R108	首钻进给率。
R109	在起始点和排屑时停留时间。
R110	首钻深度(绝对)。
R111	递减量,无符号。
R127	加工方式: 断屑=0 排屑=1

说明

R101 退回平面确定的循环结束之后钻削加工轴的位置。循环以位于参考平面之前的退回平面为出发点，因此从退回平面到钻深的距离也较大。

R102 安全距离只对参考平面而言，由于有安全距离，参考平面被提前了一个安全距离量。循环可以自动确定安全距离的方向。

R103 参数 R103 所确定的参考平面就是图纸中所标明的钻削起始点。

R104 最后钻深以绝对值编程，与循环调用之前的状态 G90 或 G91 无关。

R105 参数 R105 之下编程此深度处的停留时间(s)。

R107、R108 通过这两个参数编程了第一次钻深及其后钻削的进给率。

R109 参数 R109 之下可以编程几秒钟的起始点停留时间。只有在"排屑"方式下才执行在起始点处的停留时间。

R110 参数 R110 确定第一次钻削行程的深度。

R111 递减量参数 R111 下确定递减量的大小，从而保证以后的钻削量小于当前的钻削量。

用于第二次钻削的量如果大于所编程的递减量，则第二次钻削量应等于第一次钻削量减去递减量。否则，第二次钻削量就等于递减量。当最后的剩余量大于两倍的递减量时，则在此之前的最后钻削量应等于递减量，所剩下的最后剩余量平分为最终两次钻削行程。如果第一次钻削量的值与总的钻削深度量相矛盾，则显示报警号 61107 "第一次钻深错误定义"从而不执行循环。

R127 值 0：钻头在到达每次钻削深度后上提 1mm 空转，用于断屑。

值 1：每次钻深后钻头返回到安全距离之前的参考平面，以便排屑。

时序过程：循环开始之前的位置是调用程序中最后所回的钻削位置。

循环的时序过程包含以下几个步骤。

(1) 用 G0 回到被提前了一个安全距离量的参考平面处。

(2) 用 G1 执行第一次钻深，钻深进给率是调用循环之前所编程的进给率，执行钻深停留时间(参数 R10)。

在断屑时用 G1 按调用程序中所编程的进给率从当前钻深上提 1mm，以便断屑。

在排屑时：用 G0 返回到安全距离量之前的参考平面，以便排屑，执行起始点停留时间(参数 R109)，然后用 G0 返回上次钻深，但留出一个前置量(此量的大小由循环内部计算所得)。

(3) 用 G1 按所编程的进给率执行下一次钻深切削，该过程一直进行下去，直至到达最终钻削深度。

(4) 用 G0 返回到退回平面。

举例

深孔钻削，如图 2.72 所示。

程序在位置 X70 处执行循环 LCYC83。

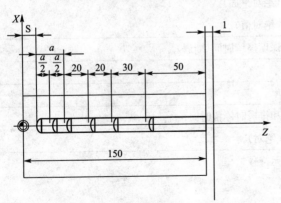

图 2.72 深孔钻削实例

```
N100 G0 G18 G90 T4 5500 M3              ;确定工艺参数
N110 Z155
N120 X70                                 ;回第一次钻削位置
R101=155 R102=1 R103=150
R104=5 R105=0 R109=0 R110=100            ;设定参数
R111=20 R107=500 R127=1 R108=400
N140 LCYC83                              ;第一次调用循环
N199 M2
```

3) 钻削孔排列

利用循环 LCYC60 和 LCYC61 可以按照一定的几何关系加工出钻孔以及螺纹，在此当然要使用前面已经介绍过的钻孔循环及螺纹切削循环指令，如图 2.73 所示。

(1) LCYC60 矩形阵列孔钻削。

功能：用此循环加工线性排列的钻孔或螺纹孔，钻孔及螺纹孔的类型由一个参数确定。

```
R115=… R116=… R117=… R118=… R119=… R120=… R121=…
LCYC60
```

其中：R115：钻孔循环号；R116：横坐标参考点；R117：纵坐标参考点；R118：第一孔到参考点的距离；R119：孔数；R120：平面中孔排列直线的角度；R121：空间距离，如图 2.74 所示。

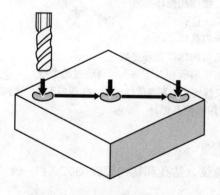

图 2.73 矩形阵列孔钻削

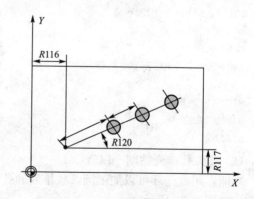

图 2.74 加工线性排列钻孔

前提条件：在调用程序中必须按照设定过参数的钻孔循环和切内螺纹循环的要求编程主轴转速和方向以及钻孔轴的进给率。

同样，在调用钻孔图循环之前也必须对所选择的钻削循环和切内螺纹循环设定参数。另外，在调用循环之前必须选择相应的带刀具补偿的刀具，见表 2-24。

时序过程：出发点可以是位置任意，但需保证从该位置出发可以无碰撞地回到第一个钻孔位。循环执行时首先回到第一个钻孔位，并按照 R115 参数所确定的循环加工孔，然后快速回到其他的钻削位，按照所设定的参数进行接下去的加工过程。

表 2-24 LCYC60 刀具补偿值参数

参数	含义，数值范围
R115	钻孔或攻丝循环号数值： 82（LCYC82），83（LCYC83），84（LCYC84），840（LCYC840），85（LCYC85）
R116	横坐标参考点
R117	纵坐标参考点
R118	第一孔到参考点的距离
R119	孔数
R120	平面中孔排列直线的角度
R121	孔间距离

举例

线性排列孔：用此程序加工 ZX 平面上在 X 轴方向排列的螺纹孔。在此，出发点定为 Z30X20，第一个孔与此参考点的距离为 20mm，其他的钻孔相互间的距离也是 20mm。

首先执行循环 LCYC83 加工孔，然后运行循环 LCYC84 进行螺纹切削（不带补偿夹具），螺距为正号（主轴向右旋转），钻孔深度为 80mm，如图 2.75 所示。

```
N10 G0 G18 G90 S500 M3 T1 D1            ;确定工艺参数
N20 X50 Z50 Y110                         ;回到出发点
N30 R101=105 R102=2 R103=102 R104=22     ;定义钻孔循环参数
N40 R106=1 R107=82 R108=20 R109=100      ;定义钻孔循环参数
N50 R110-1 R111-100                      ;定义钻孔循环参数
N60 R115=83 R116=30 R117=20
    R119=0 R118=20 R121=20               ;定义线性孔循环参数
N70 LCYC60                               ;调用线性孔循环
N80 ·······                              ;更换刀具
N90 R106=0.5 R107=100 R108=500           ;定义切内螺纹循环参数
                                         （只需要编程相对于钻孔循环改过的参数）
N100 R115=84                             ;定义线性孔循环参数（R116～121 等同于第一次调用）
N110 LCYC60                              ; 调用线性孔循环
N120 M2
```

(2) 圆弧孔排列钻削——LCYC61。

功能：用此循环可以加工圆弧状排列的孔和螺纹。钻孔和切内螺纹的方式由一个参数确定，如图 2.76 所示。

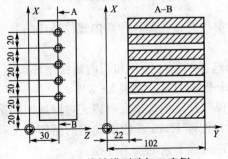

图 2.75 线性排列孔加工实例

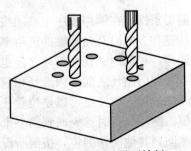

图 2.76 圆弧孔排列钻削

前提条件：在调用该循环之前同样要对所选择的钻孔循环和切内螺纹循环设定参数。在调用循环之前，必须要选择相应的带刀具补偿的刀具，见表 2-25。

表 2-25 LCYC61 刀具补偿值参数

参数	含义，数值范围
R115	钻孔或攻丝循环号数值： 82(LCYC82)，83(LCYC83)，84(LCYC84)，840(LCYC840)，85(LCYC85)
R116	圆弧圆心横坐标(绝对值)。
R117	圆弧圆心纵坐标(绝对值)。
R118	圆弧半径
R119	孔数
R120	起始角，数值范围：$-180 < R120 < 180$
R121	角增量

说明

R115　参见 LCYC60。

R116、R117、R118　加工平面中圆弧孔位置通过圆心坐标(参数 R116、R117)和半径 R118 定义。在此，半径值只能为正。

R119　参见 LCYC61。

R120、R121　此参数确定圆弧上钻孔的排列位置。其中参数 R120 给出横坐标正方向与第一个钻孔之间的夹角，R121 规定孔与孔之间的夹角。如果 R121 等于零，则在循环内部将这些孔均匀地分布在圆弧上，从而根据钻孔数计算出孔与孔之间的夹角，如图 2.77 所示。

时序过程：出发点可以是位置任意，但需保证从该位置出发可以无碰撞地回到第一个钻孔位。循环执行时首先回到第一个钻孔位，并按 R115 参数所确定的循环加工孔，然后快速回到其他的钻削位，按照所设定的参数进行接下去的加工过程。

举例

使用循环 LCYC82 加工 4 个深度为 30mm 的孔。圆通过 XY 平面上圆心坐标(X70, Y60)和半径 42mm 确定，起始角为 33°，Z 轴上的安全距离为 2mm。主轴转速和方向以及进给率在调用循环中确定，如图 2.78 所示。

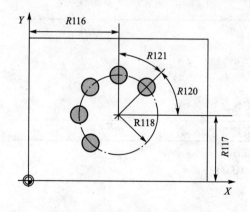

图 2.77　加工圆弧孔排列钻削

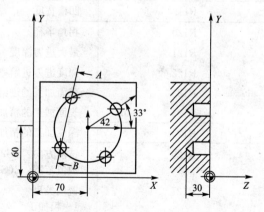

图 2.78　圆孔排列钻削实例

```
N10 G0 G17 G90 F500 S400 M3 T3 D1        ;确定工艺参数
N20 X50 Y45 Z5                           ;回到出发点
N30 R101=5 R102=2 8103=0 8104=-30 R105=1  ;定义钻削循环参数
N40 R115=82 R116=70 R117=60 R118=42 R119=4 ;定义圆弧孔排列循环
N50 R120=33 R121=0                       ;定义圆弧孔排列循环
N60 LCYC61                               ;调用圆弧孔循环
N70 M2                                   ;程序结束
```

(3) 铣削循环 矩形槽、键槽和圆形槽的铣削——LCYC75。

功能：利用此循环，通过设定相应的参数可以铣削一个与轴平行的矩形槽或者键槽，或者一个圆形凹槽，循环加工分为粗加工和精加工。通过参数设定凹槽长度＝凹槽宽度＝两倍的圆角半径，可以铣削一个直径为凹槽长度或凹槽宽度的圆形凹槽。如果凹槽宽度等同于两倍的圆角半径，则铣削一个键槽。加工时总是在第3轴方向从中心处开始进刀。这样在有导向孔的情况下就可以使用不能切中心孔的铣刀，如图 2.79 所示。

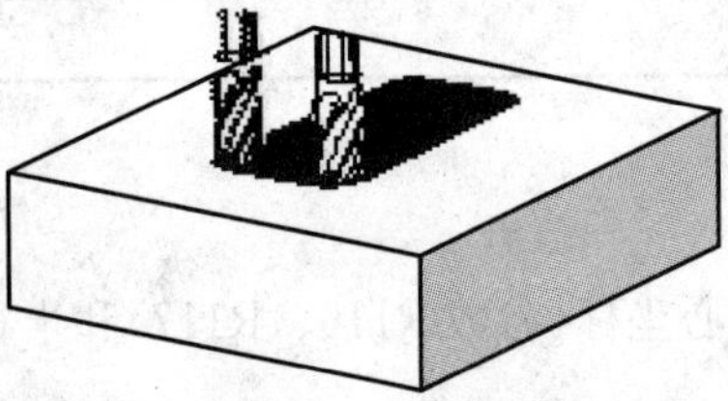

前提条件：如果没有钻底孔，则该循环要求使用带端面齿的铣刀，从而可以切削中心孔(IN844)。

在调用程序中规定主轴的转速和方向。在调用循环之前必须要选择相应的带刀具补偿的刀具，见表 2-26。

图 2.79 铣削循环

表 2-26 LCYC75 刀具补偿值参数

参数	含义，数值范围
R101	退回平面(绝对平面)
R102	安全距离
R103	参考平面(绝对平面)
R104	凹槽深度(绝对数值)
R116	凹槽圆心横坐标
R117	凹槽圆心纵坐标
R118	凹槽长度
R119	凹槽宽度
R120	拐角半径
R121	最大进刀深度
R122	深度进刀进给率
R123	表面加工的进给率
R124	表面加工的精加工余量
R125	深度加工的精加工余量
R126	铣削方向：(G2 或 G3) 数值范围：2(G2)，3(G3)
R127	铣削类型 1—粗加工 2—精加工

其中

R101、R102、R103 参见 LCYC82。

R104 在此参数下编程参考面和凹槽槽底之间的距离(深度)。

R116、R117 用参数 R116 和 R117 确定凹槽中心点的横坐标和纵坐标。

R118、R119 用参数 R118 和 R119 确定铣刀半径，R120 确定编程的拐角半径，则所加工的凹槽圆角半径等于铣刀半径。如果刀具半径超过凹槽长度或宽度的一半，则循环中断，并发出报警"铣刀半径太大"。如果铣削一个圆形槽(R118=R119=R120)，则拐角半径(R120)的值就是圆形槽的直径。

R121 用此参数确定最大的进刀深度。循环运行时以同样的尺寸进刀。利用参数 R121 和 R104 循环计算出一个进刀量，其大小介于 0.5 倍最大进刀深度和最大进刀深度之间。如果 R121=0，则立即以凹槽深度进刀。进刀从提前了一个安全间隙的参考平面处开始。

R122 进刀时的进给率，垂直于加工平面。

R123 用此参数确定平面上粗加工和精加工的进给率。

R124 在参数 R124 下编程粗加工时留出的轮廓精加工余量。在精加工时(R127=2)，根据参数 R124 和 R125 选择"仅加工轮廓"或者"同时加工轮廓和深度"。

仅加工轮廓：R124>0，R125=0。

轮廓和深度：R124>0，R125>0；

　　　　　　R124=0，R125=0；

　　　　　　R124=0，R125>0。

R125 此参数给定的精加工余量在深度进给粗加工时起用。精加工时(R127=2)利用参数 R124 和 R125 选择"仅加工轮廓"或"同时加工轮廓和深度"。

仅加工轮廓：R124>0，R125=0。

轮廓和深度：R124>0，R125>0；

　　　　　　R124=0，R125=0；

　　　　　　R124=0，R125>0。

R126 用此参数规定加工方向。

R127 此参数确定加工方式。

1—粗加工：按照给定的参数加工凹槽至精加工余量。

2—精加工：进行精加工的前提条件是凹槽的粗加工过程已经结束，接下去对精加工余量进行加工。在此要求留出的精加工余量小于刀具直径，如图 2.80 所示。

时序过程：出发点可以是位置任意，但需保证从该位置出发可以无碰撞地回到退回平面的凹槽中心点。

① 粗加工(R127=1)。

用 G0 回到退回平面的凹槽中心点，然后再同样以 G0 回到提前了安全间隙的参考

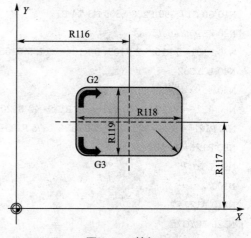

图 2.80 精加工

平面处。凹槽的加工分为以下几个步骤。

　　a. 以 R122 确定的进给率和调用循环之前的主轴转速进刀到下一次加工的凹槽中心点处。

　　b. 按照 R123 确定的进给率和调用循环之前的主轴转速在轮廓和深度方向进行铣削，直至最后精加工余量。如果铣刀直径大于凹槽、键槽宽度减去精加工余量，或者铣刀半径等于凹槽、键槽宽度，若是有可能可降低精加工余量，通过摆动运动加工一个溜槽。

　　c. 加工方向由 R126 参数给的值确定。

　　d. 在凹槽加工结束之后，刀具回到退回平面凹槽中心，循环过程结束。

② 精加工(R127=2)。

如果要求分多次进刀，则只有最后一次进刀到达最后深度凹槽中心点(R122)。为了缩短返回的空行程，在此之前的所有进刀均快速返回，并根据凹槽和键槽的大小无需回到凹槽中心点才开始加工。通过参数和 R124R125 选择"仅进行轮廓加工"或者"同时加工轮廓和深度"。

　　仅加工轮廓：R124>0，R125=0。
　　轮廓和深度：R124>0，R125>0；
　　　　　　　　R124=0，R125=0；
　　　　　　　　R124=0，R125>0。

平面加工以 R123 参数设定的值进行，深度进给则以 R122 设定的参数值运行。加工方向由参数 R126 设定的参数值确定。凹槽加工结束以后刀具运行到退回平面的凹槽中心点处，结束循环。

举例

① 凹槽铣削。

用下面的程序，可以加工一个长度为 60mm，宽度为 40mm，圆角半径为 8mm，深度为 17.5mm 的凹槽。使用的铣刀不能切削中心，因此要求预加工凹槽中心(LCYC82)。凹槽边的精加工余量为 0.75mm，深度为 0.5mm，Z 轴上到参考平面的安全距离为 0.5mm。凹槽的中心点坐标为(X60，Y40)，最大进刀深度为 4mm。加工分为粗加工和精加工，如图 2.81 所示。

```
N10 G0 G17 G90 F200 S300 M3 T4 D1        ;确定工艺参数
N20 XEiO Y40 75                          ;回到钻削位置
N30 R101=5 R102=2 R103=0 R104=-17.5 R105=2 ;设定钻削循环参数
N40 LCYC82                               ;调用钻削循环
N50……                                   ;更换刀具
N60 R116=60 R117=40 R118=60 R119=40 8120=8 ;凹槽铣削循环粗加工设定参数
N70 R121=4 R122=120 R123=300 R124=0.75 R125=0.5 ;与钻削循环相比较 R101～R104 参数不改变
N80 R126=2 R127=1
N90 LCYC75                               ;调用粗加工循环
N100……                                  ;更换刀具
N110 R127=2                              ;凹槽铣削循环精加工设定参数(其他参数不变)
N120 LCYC75                              ;调用精加工循环
N130 M2                                  ;程序结束
```

② 圆形槽铣削。

使用此程序可以在 YZ 平面上加工一个圆形凹槽，中心点坐标为(Z50，Y50)，凹槽深 20mm，深度方向进给轴为 X 轴，没有给出精加工余量，也就是说使用粗加工加工此凹槽。使用的铣刀带端面齿，可以切削中心，如图 2.82 所示。

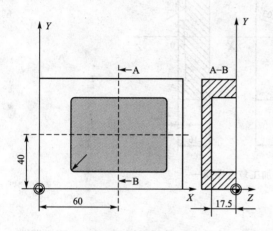

图 2.81 凹槽铣削　　　　　　　　　　　　图 2.82 圆形槽铣削

```
N10 G0 G19 G90 5200 M3 T1 D1           ;规定工艺参数
N20 Z60 X40 Y5                          ;回到起始位
N30 R101=4 R102=2 R103=0 R104=-20 R11Ei=50 R117=50   ;凹槽铣削循环设定参数
N40 R11S=50 R119=50 R120=25 R121=4 R122=100          ;凹槽铣削循环设定参数
N50 R123=200 R124=0 R125=0 R12Ei=0 R127=1            ;凹槽铣削循环设定参数
N60 LCYC75                              ;调用循环
N70 M2                                  ;程序结束
```

2.2 数控铣削加工复合课题

2.2.1 复合课题一

毛坯为 70mm×70mm×18mm 板材，六面已粗加工过，要求数控铣出如图 2.83 所示的槽，工件材料为 45# 钢。

1. 根据图样要求、毛坯及前道工序加工情况，确定工艺方案及加工路线

（1）以已加工过的底面为定位基准，用通用台虎钳夹紧工件前后两侧面，台虎钳固定于铣床工作台上。

（2）工步顺序。

① 铣刀先走两个圆轨迹，再用左刀具半径补偿加工 50mm×50mm 四角倒圆的正方形。

② 每次切深为 2mm，分两次加工完。

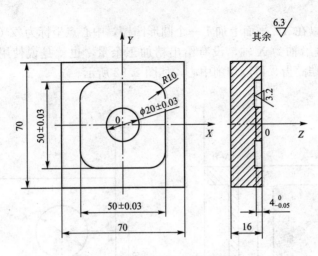

图 2.83 数控铣削加工复合课题一

2. 选择机床设备

根据零件图样要求,选用经济型数控铣床即可达到要求,故选用 XKN7125 型数控立式铣床。

3. 选择刀具

现采用 φ10mm 的平底立铣刀,定义为 T01,并把该刀具的直径输入刀具参数表中。

4. 确定切削用量

切削用量的具体数值应根据该机床性能相关的手册并结合实际经验确定,详见加工程序。

5. 确定工件坐标系和对刀点

在 XY 平面内确定以工件中心为工件原点、Z 方向以工件表面为工件原点,建立工件坐标系,如图 2.83 所示。

采用手动对刀方法(操作与前面介绍的数控铣床对刀方法相同)把点 O 作为对刀点。

6. 编写程序

按该机床规定的指令代码和程序段格式,把加工零件的全部工艺过程编写成程序清单。

考虑到加工如图 2.83 所示的槽,深为 4mm,每次切深为 2mm,分两次加工完,为编程方便,同时减少指令条数,可采用子程序。该工件的加工程序如下(该程序用于 XKN7125 铣床)。

```
N0010 G00 Z2 S800 T1 M03
N0020 X15 Y0 M08
N0030 G20 N01 P1.-2              ;调一次子程序,槽深为 2mm
N0040 G20 N01 P1.-4              ;再调一次子程序,槽深为 4mm
N0050 G01 Z2 M09
```

```
N0060 G00 X0 Y0 Z150
N0070 M02                        ;主程序结束
N0010 G22 N01                    ;子程序开始
N0020 G01 ZP1 F80
N0030 G03 X15 Y0 I-15 J0
N0040 G01 X20
N0050 G03 X20 Y0 I-20 J0
N0060 G41 G01 X25 Y15            ;左刀补四角倒圆的正方形
N0070 G03 X15 Y25 I-10 J0
N0080 G01 X-15
N0090 G03 X-25 Y15 I0 J-10
N0100 G01 Y-15
N0110 G03 X-15 Y-25 I10 J0
N0120 G01 X15
N0130 G03 X25 Y-15 I0 J10
N0140 G01 Y0
N0150 G40 G01 X15 Y0             ;左刀补取消
N0160 G24                        ;主程序结束
```

2.2.2 复合课题二

毛坯为 120mm×60mm×10mm 板材，5mm 深的外轮廓已粗加工过，周边留 2mm 余量，要求加工出如图 2.84 所示的外轮廓及 φ20mm 的孔。工件材料为铝。

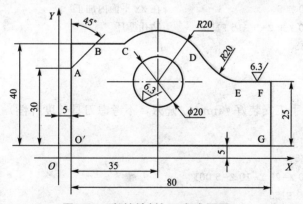

图 2.84 数控铣削加工复合课题二

1. 根据图样要求、毛坯及前道工序加工情况，确定工艺方案及加工路线

(1) 以底面为定位基准，两侧用压板压紧，固定于铣床工作台上。
(2) 工步顺序。
① 钻孔 φ20mm。
② 按 O'ABCDEFG 线路铣削轮廓。

2. 选择机床设备

根据零件图样要求，选用经济型数控铣床即可达到要求。故选用华中 I 型（ZJK7532A

型)数控钻铣床。

3. 选择刀具

现采用 ϕ20mm 的钻头,定义为 T02,ϕ5mm 的平底立铣刀,定义为 T01,并把该刀具的直径输入刀具参数表中。

由于华中 I 型数控钻铣床没有自动换刀功能,按照零件加工要求,只能手动换刀。

4. 确定切削用量

切削用量的具体数值应根据该机床性能相关的手册并结合实际经验确定,详见加工程序。

5. 确定工件坐标系和对刀点

在 XY 平面内确定以 O 点为工件原点,Z 方向以工件表面为工件原点,建立工件坐标系,如图 2.84 所示。采用手动对刀方法把 O 点作为对刀点。

6. 编写程序(用于华中 I 型铣床)

按该机床规定的指令代码和程序段格式,把加工零件的全部工艺过程编写成程序清单。该工件的加工程序如下:

1) 加工 ϕ20mm 孔程序(手工安装好 ϕ20mm 钻头)

```
% 1337
N0010 G92 X5 Y5 Z5                      ;设置对刀点
N0020 G91                               ;相对坐标编程
N0030 G17 G00 X40 Y30                   ;在 XY 平面内加工
N0040 G98 G81 X40 Y30 Z-5 R15 F150      ;钻孔循环
N0050 G00 X5 Y5 Z50
N0060 M05
N0070 M02
```

2) 铣轮廓程序(手工安装好 ϕ5mm 立铣刀,不考虑刀具长度补偿)

```
% 1338
N0010 G92 X5 Y5 Z50
N0020 G90 G41 G00 X-20 Y-10 Z-5 D01
N0030 G01 X5 Y-10 F150
N0040 G01 Y35 F150
N0050 G91
N0060 G01 X10 Y10 F150
N0070 G01 X11.8 Y0
N0080 G02 X30.5 Y-5 R20
N0090 G03 X17.3 Y-10 R20
N0100 G01 X10.4 Y0
N0110 G03 X0 Y-25
N0120 G01 X-90 Y0
N0130 G90 G00 X5 Y5 Z10
```

N0140 G40
N0150 M05
N0160 M30

2.2.3 复合课题三

要加工如图 2.85 所示的带圆角的矩形槽，槽周边精修余量为 0.75mm，深度精修余量为 0.5mm，最大进刀深度为 4mm，分粗、精加工，编程如下。

```
N10 G0 G17 G90 F200 S300 M3 T4 D1
N20 X60 Y40 Z5
N30 R101=5 R102=2 R103=0 R104=-17.5 R105=2
N40 LCYC82
N50 ........
N60 R116=60 R117=40 R118=60 R119=40 R120=8
N70 R121=4 R122=120 R123=300 R124=0.75 R125=0.5
N80 R126=2 R127=1
N90 LCYC75
N100 ............
N110 R127=2
N120 LCYC75
N130 M2
```

练习：如图 2.86 所示。

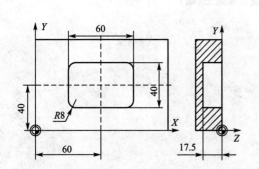

图 2.85 数控铣削加工复合课题三

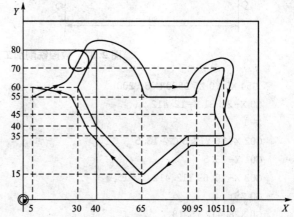

图 2.86 轮廓加工图例

```
N1 T1                              刀具 1 刀补 D1 回起始点
N5 G0 G17 G90 X5 Y55 Z50
N6 G1 Z0 F200 S80 M3
N10 G41G450 X30 Y60 F400           工件轮廓左补偿，圆弧过渡
N20 X40 Y80
N30 G2 X65 Y55 I0 J-25
```

```
N40 G1 X95
N50 G2 X110 Y70 I15 J0
N60 G1 X105 Y45
N70 X110 Y35
N80 X90
N90 X65 Y15
N100 X40 Y40
N110 X30 Y60
N120 G40 X5 Y60
N130 G0 Z50 M2          结束刀具补偿运行
```

练习：如图 2.87 所示。

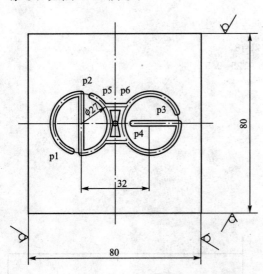

P	X	Y
P1	−21.21	−12.412
P2	−10.69	12.412
P3	28.412	5.13
P4	8.3	0
P5	−4.775	7.5
P6	4.774	7.5

图 2.87　数控铣削加工复合课题三(续)

```
G54 X0 Y0 Z5 S500 M03 F200
G0 X-21.31 Y-12.412
Z-1
G02 X-16 Y13.5 CR=13.5
G01 Y-13.5
G03 X-10.69 Y12.412 CR=13.5
G0 Z5
G0 X28.412 Y5.13
G1 Z-1
G03 X4.775 Y7.5 CR=13.5
G03 X4.775 Y-7.5 CR=13.5
G03 X29.5 Y0 CR=13.5
G01 X8.3 Y0
G0 Z5
G0 X-4.775 Y7.5
Z-1
```

```
G01 X4.775 Y7.5
G0 Z5
G0 X-4.775 Y-7.5
Z-1
G01 X4.774 Y7.5
G0 Z10
M02
```

2.3 数控铣削加工实训

2.3.1 坐标系设定

【任务目的】 掌握两种设定工件坐标系的方法,通过 G92 设定工件坐标系,通过 G54~G59 设定工件坐标系。

【知识准备】

1. G92 指令格式及功能

格式:G92 X__ Y__ Z__

说明:(1) 程序中如果使用 G92 指令,则该指令应位于程序的第一句。

(2) 通常将坐标原点设于主轴轴线上,以便于编程。

(3) 程序启动时,如果第一条程序是 G92 指令,那么执行后,刀具并不运动,只是当前点被置为 X、Y、Z 的设定值。

(4) G92 指令要求坐标值 X、Y、Z 必须齐全,不可缺少,并且不能使用 U、V、W 编程。

例如:G92 X10. Y10. Z50;含义为刀具不产生任何动作,只是将刀具所在的位置设为 X10、Y10、Z50. 即相当于确定了坐标系。

2. G54~G59 指令格式及功能

格式:G54(G55、G56、G57、G58、G59)

说明:(1) 加工前,将测得的工件编程原点坐标值预存入数控系统对应的 G54~G59 存储区中,编程时,指令行里写入 G54~G59 即可。

(2) 比 G92 指令稍麻烦些,但不易出错。所谓零点偏置就是在编程过程中进行编程坐标系(工件坐标系)的平移变换,使编程坐标系的零点偏移到新的位置。

(3) G54~G59 指令具有模态功能,可相互注销,G54 为默认值。

(4) 使用 G54~G59 时,就不能再用 G92 指令设定坐标系。G54~G59 指令和 G92 指令不能混用。

【任务描述】

加工如图 2.88 所示的 4 个图形,用选择工件坐标系来编程。图形为铣刀中心走刀轨迹,切深为-3mm。

要求:G54~G57 工件加工坐标系的坐标原点分别设在 01、02、03、04,设机床坐标系原点为 O，工件表面距机床原点在 Z 向 -60 处 mm。

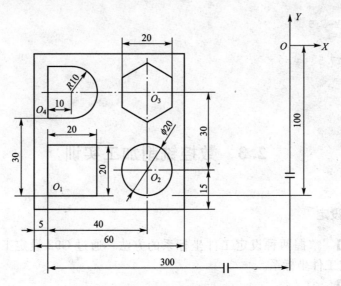

图 2.88 选择工件坐标系

【完成任务】

(1) 对刀并设置 G54~G57 参数。

G54 设置　X-300.0　Y-100.0　Z-60.0
G55 设置　X-260.0　Y-90.0　Z-60.0
G56 设置　X-260.0　Y-60.0　Z-60.0
G57 设置　X-300.0　Y-70.0　Z-60.0

(2) 编写并输入程序。

G54
M03 S1000
G90 G00 X0 Y0 Z6.0
G01 Z-3.0 F100.0
X20.0
Y20.0
X0.
Y0.
G00 Z6.0
G55
G00 X0. Y0.
X10.
G01 Z-3.0
G02 I-10.0
G00 Z6.0
G56
G00 X0 Y0

X10.0 Y5.77
G01 Z-3.0
X0. Y11.56
X-10. Y5.77
Y-5.77
X0 Y-11.55
X10.0 Y-5.77
Y5.77
G00 Z6.0
G57
G00 X0 Y0
Z-3.0
X10.
G03 Y20. I0 J10.0
X0.
Y0.
G00 Z6.0
M05
M30

(3) 程序调试及加工。

2.3.2 基本移动指令的应用

【任务目的】 掌握 G00、G01、G02、G03、G90、G91、G17、G18、G19 指令的格式、功能及应用。

【知识准备】

G90 绝对坐标：用绝对值形式表示。

指令格式：G90X＿Y＿Z＿。

G91 相对坐标：用增量值形式表示。

指令格式 G91X＿Y＿Z＿。

G00 快速点定位：刀具以机床最快的速度定位到某一点上。

指令格式：G00X＿Y＿Z＿。

G01 直线插补：刀具以一定的进给速度直线移动到某一点。

指令型式：G01X＿Y＿Z＿F＿。

G17XY 坐标平面（默认）。

G18ZX 坐标平面。

G19YZ 坐标平面。

G02 顺时针圆弧插补：刀具以一定的进给速度沿顺时针方向以圆弧形式移动到某一点。

指令格式：G17G02X＿Y＿R＿F＿；
G17G02X＿Y＿I＿J＿F＿。

G03 逆时针圆弧插补：刀具以一定的进给速度沿逆时针方向以圆弧形式移动到某

一点。

指令格式：G17G03X＿Y＿R＿F＿；
G17X＿Y＿I＿J＿F＿。

1. G00、G01、G90、G91 的应用

【任务描述】

加工如图 2.89 所示的图形，用 φ6mm 铣刀铣出 X、Y、Z 三个字母（中心轨迹），深度为 3.0mm，应用 G00、G01 指令编程实现。（分别使用绝对坐标和增量坐标方式实现）。

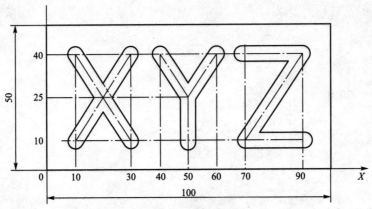

图 2.89 移动指令应用

【完成任务】

（1）对刀并设置 G54 参数，建立工件坐标系。
（2）编写并输入程序。

绝对编程

G54
M03 S1000
G90 G00 X0 Y0 Z6.0
X10. Y10.
G01 Z-3. F100.
X30. Y40.
G00 Z6.
X10.
G01 Z-3. F100.
X30. Y10.
G00 Z6.
X50.
G01 Z-1.100.
Y25.
X40. Y40.
G00 Z6.
X60.
G01 Z-3. F100.

X50. Y25.
G00 Z6.
X70. Y40.
G01 Z-3. F100.
X90.
X70. Y10.
X90.
G00 Z6.
G00 Z100.
X200. Y200.
M05
M30

增量编程

G54
M03 S1000
G90 G00 X0 Y0 Z6.0
G91 X10. Y10.
G01 Z-9. F100.
X20. Y30.
G00 Z9.
X-20..
G01 Z-9. F100.
X20. Y-30.
G00 Z9.
X20.
G01 Z-9. 100.
Y15.
X-10. Y15.
G00 Z9.
X20.
G01 Z-9. F100.
X-10. Y-15.
G00 Z9.
X20. Y15.
G01 Z-9. F100.
X20.
X-20. Y-30.
X20.
G00 Z6.
G00 Z100.
X200. Y200.
M05
M30

(3) 程序调试及加工。

2. G02、G03 指令的应用

【任务描述】

加工如图 2.90 所示的图形，用 Φ6mm 铣刀铣出 A-B-C 轨迹（中心轨迹），深度为 3.0mm，应用 G02、G03 指令编程实现。（分别使用半径和圆心方式实现）。

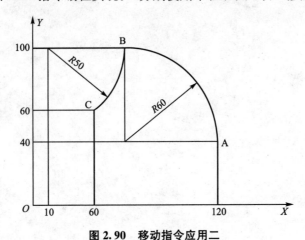

图 2.90　移动指令应用二

【完成任务】

(1) 对刀并设置 G54 参数，建立工件坐标系。

(2) 编写并输入程序。

圆心方式编程

G54
M03 S1000
G90 G00 Z0.
X0. Y0.
X120. Y40.
G01 Z-3. F100.
G03 X60. Y100 I-60.
G02 X40. Y60. I-50.
G01 Z3.
G00 Z10.
X0 Y0
M05
M30

半径方式编程

G54
M03 S1000
G90 G00 Z0.
X0. Y0.

```
X120. Y40.
G01 Z-3. F100.
G03 X60. Y100 I-60.
G02 X40. Y60. I-50.
G01 Z3.
G00 Z10.
X0 Y0
M05
M30
```

(3) 程序调试及加工。

2.3.3 固定循环指令的应用

【任务目的】 掌握 G73、G74、G76 和 G81~G89 指令的格式、功能及应用。

【知识准备】

1. 固定循环的动作组成

为了提高编程工作效率,FANUC Oi MC 系统对于一些典型加工中几个固定、连续的动作规定可用固定循环指令来选择。本系统常用的固定循环指令能完成的工作有镗孔、钻孔和攻螺纹等。孔加工固定循环指令有 G73、G74、G76、G80~G89,通常由下述 6 个动作构成,如图 2.91 所示,图中实线表示切削进给,虚线表示快速进给。

动作 1:X、Y 轴定位。
动作 2:快速运动到 R 点(参考点)。
动作 3:孔加工。
动作 4:在孔底的动作。
动作 5:退回到 R 点(参考点)。
动作 6:快速返回到初始点。

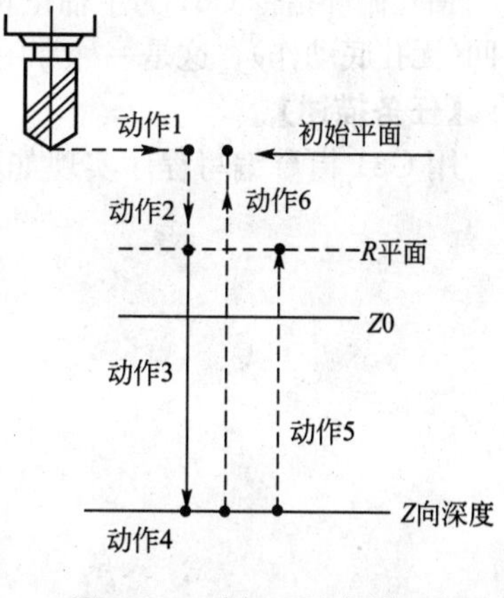

图 2.91 孔加工固定循环

2. 固定循环的程序格式

G98(G99)G73(G74、G76 和 G80~G89)X＿Y＿Z＿R＿Q＿P＿I＿J＿F＿L＿

其中:

G98 为返回初始平面,G99 为返回 R 点平面;固定循环代码 G73、G74、G76 和 G81~G89 中的任一个均可为孔加工方式;

G90、G91 为固定循环的数据,用绝对坐标(G90)和相对坐标(G91)表示,分别如图 2.92(a)和图 2.92(b)所示。数据形式(G90 或 G91)在程序开始时就已指定,因此,在固定循环程序格式中可不写出。X、Y 为孔的位置坐标,Z 为 R 点到孔底的距离(G91 时)或孔底坐标(G90 时);R 为初始点到 R 点的距离(G91 时)或 R 点的坐标值(G90 时);Q 指定每次进给深度(G73 或 G83 时)或指定刀具位移增量(G76 或 G87 时);P 指定刀具在孔底的暂停时间;I、J 指定刀尖向反方向的移动量;F 为切削进给速度;L 指定固定循环的次数;G73、G74、G76 和 G81~G89 都是模态指令。G80、G01~G03 代码可以取消固定循环。在固定循环中，定位速度由前面的指令速度决定。

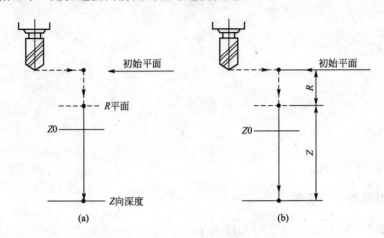

图 2.92　固定循环中绝对和增量输入值

3. 定点钻孔循环 G81 的应用

格式：G81 X＿Y＿Z＿R＿F＿；

钻孔循环指令 G81 为主轴正转，刀具以进给速度向下运动钻孔，到达孔底位置后，快速退回(无孔底动作)，这是一种常用的钻孔加工方式，G81 指令的循环动作如图 2.93 所示。

【任务描述】

用 G81 指令编写程序实现如图 2.94 所示的 3 个直径为 5mm 的孔，孔深为 8mm。

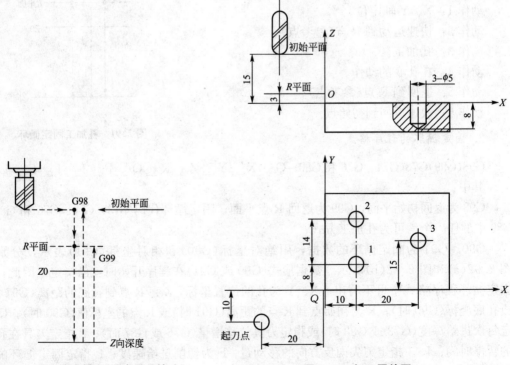

图 2.93　G81 固定循环(通常用于钻孔)　　　　图 2.94　加工零件图一

【完成任务】

（1）对刀并设置 G54 参数，建立工件坐标系。

（2）编写并输入程序。

绝对坐标	相对坐标

G54

M03 S1000

G90 G81 G99 X10.Y8.Z-8.R3.F80.

Y22.

G98 X30.Y15.

G00 X-20.Y-10.

M05

G54

M03 S1000

G90 G81 G99 X10.Y8.Z-8.R3.F80.

G91 Y14..

G98 X20.Y-7.

G00 X-50.Y-25.

M05

（3）程序调试及加工。

4. 深孔钻削循环指令 G83 的应用

格式：G83 X__ Y__ Z__ R__ Q__ F__；

深孔钻削循环指令 G83 如图 2.95 所示，其中有一个加工数据 Q，即每次切削深度，当钻削深孔时，须间断进给，有利于断屑、排屑，钻削深度到 Q 时，退回到 R 平面，当第二次以后切入时，先快速进给刀距到刚加工完的位置 d 处，然后变为切削进给。注意 Q 必须为正值。

【任务描述】

用 G83 指令编写程序实现如图 2.96 所示的 3 个直径为 5mm 的深孔，孔深为 60mm，设 Q 为 15mm，d 由系统参数设定为 2mm。

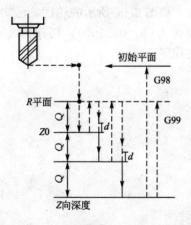

图 2.95 G83 钻削循环（通常用于深孔）　　图 2.96 加工零件图二

【完成任务】

（1）对刀并设置 G54 参数，建立工件坐标系。

（2）编写并输入程序。

G54

M03 S1000

G90 G00 X0 Y0 Z20.

```
G91 G83 G99 X10. Y5. Z-11. R-17. Q15. K3 F80.
G90 G00 Z20.
Z200.
G00 X200. Y200.
M05
M30
```

(3) 程序调试及加工。

2.3.4 子程序

【任务目的】 掌握调用子程序指令的格式、功能及子程序编辑方法。

【知识准备】

编程时，为了简化程序的编制，当一个工件上有相同的加工内容时，常用调用子程序的方法进行编程。调用子程序的程序叫做主程序，子程序的编号与一般程序基本相同，只是程序结束字为 M99，并返回到调用子程序的主程序中。

调用子程序的编程格式为：

M98 P×××× L××××；

其中：M98 为调用子程序指令字；地址 P×××× 为子程序号；L×××× 指重复调用次数省略时为调用一次，系统允许重复调用的次数为 9999 次。

【任务描述】

加工如图 2.97 所示的轮廓，已知刀具起始位置为（0，0，100），切深为 10mm，试编制程序。

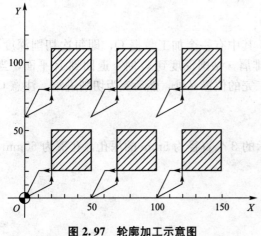

图 2.97 轮廓加工示意图

【完成任务】

(1) 对刀并设置 G54 参数，建立工件坐标系。

(2) 编写并输入程序。

```
O100
G90 G54 G00 Z100.0 S800 M03
M08
X0. Y0.
M98 P200 L3
G90G00X0. Y60.0
M98 P200 L3
G90G00Z100.0
X0. Y0.
M09
M05
M30
O200
```

```
G91 Z-95.0
G41 X20.0 Y10.0 D1
G01 Z-10.0 F100
Y40.0
X30.0
X-40.0
G00 Z110.0
G40 X-10.0 Y-20.0
X50.0
M99
```

(3) 程序调试及加工。

2.3.5 刀具补偿

【任务目的】 掌握刀具补偿在实际加工中的应用

【知识准备】

(1) 掌握编程的基本知识。

(2) 掌握对刀的基本知识。

(3) 掌握补偿的基本知识,刀具半径补偿功能 G40、G41、G42,刀具长度补偿指令 G43、G44、G49。

【任务描述】

毛坯为 70mm×70mm×18mm 板材,六面已粗加工过,要求数控铣出如图 2.98 所示的槽,工件材料为 45#钢。

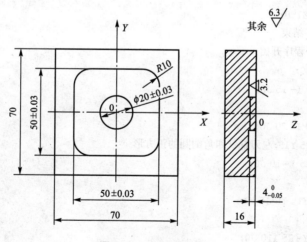

图 2.98 加工零件图

【完成任务】

1. 根据图样要求、毛坯及前道工序加工情况,确定工艺方案及加工路线

(1) 以已加工过的底面为定位基准面,用通用台虎钳夹紧工件前后两侧面,台虎钳固定于铣床工作台上。

(2) 工步顺序。

① 铣刀先走两个圆轨迹，再用左刀具半径补偿加工 50mm×50mm 四角倒圆的正方形。
② 每次切深为 2mm，分两次加工完。

2. 选择机床设备

根据零件图样要求，选用经济型数控铣床即可达到要求。

3. 选择刀具

现采用 φ10mm 的平底立铣刀，定义为 T01，并把该刀具的直径输入刀具参数表中。

4. 确定切削用量

切削用量的具体数值应根据该机床性能相关的手册并结合实际经验确定，详见加工程序。

5. 确定工件坐标系和对刀点

在 XY 平面内确定以工件中心为工件原点，Z 方向确定以工件表面为工件原点，建立工件坐标系，如图 2.99 所示。

采用手动对刀方法（操作与前面介绍的数控铣床对刀方法相同）把点 O 作为对刀点。

6. 编写程序

按该机床规定的指令代码和程序段格式，把加工零件的全部工艺过程编写成程序清单。考虑到加工如图 2.98 所示的槽，深为 4mm，每次切深为 2mm，分两次加工完，为编程方便，同时减少指令条数，可采用调用子程序。该工件的加工程序如下。

```
0010 G00 Z2 S800 T1 M03;
N0020 X15 Y0 M08;
N0030 G20 N01 P1.-2;调一次子程序,槽深为 2mm
N0040 G20 N01 P1.-4;再调一次子程序,槽深为 4mm
N0050 G01 Z2 M09;
N0060 G00 X0 Y0 Z150;
N0070 M02;主程序结束
N0010 G22 N01;子程序开始
N0020 G01 ZP1 F80;
N0030 G03 X15 Y0 I-15 J0;
N0040 G01 X20;
N0050 G03 X20 Y0 I-20 J0;
N0060 G41 G01 X25 Y15;左刀补铣四角倒圆的正方形
N0070 G03 X15 Y25 I-10 J0;
N0080 G01 X-15;
N0090 G03 X-25 Y15 I0 J-10;
N0100 G01 Y-15;
N0110 G03 X-15 Y-25 I10 J0;
N0120 G01 X15;
N0130 G03 X25 Y-15 I0 J10;
N0140 G01 Y0;
N0150 G40 G01 X15 Y0 ;左刀补取消
N0160 G24;主程序结束
```

如图 2.99 所示，毛坯为 100mm×100mm×10mm 板材，六面已粗加工过，要求数控铣出如图 2.99 所示的槽,工件材料为 $45^{\#}$ 钢。

(1) 以 O 点为编程原点,内腔节点计算如图 2.100 所示。

(2) 从图分析,加工内腔时要注意刀具半径补偿的路线安排,如图 2.101 所示。

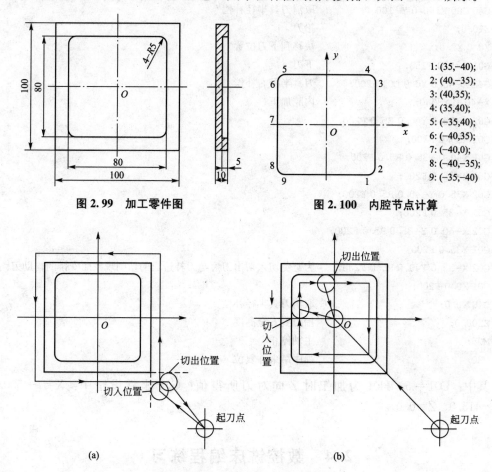

图 2.99 加工零件图　　图 2.100 内腔节点计算

图 2.101 刀具加工路线安排

(a) 外轮廓加工路线;(b) 内腔加工路线

(3) 图 2.98 中,最小内凹圆弧为 $R5$mm,可选用 $\phi10$mm 的立铣刀(也可根据实际加工场地条件选用小于 $\phi10$mm 立铣刀),根据刀具的大小与机床的自身情况(如 KV650 铣床),可选用转速为 1200r/min。精加工程序如下。

O0001;	程序名
G80 G90 G17 G49 G40;	程序保护头
G43 G00 Z200.0 H01;	建立刀具长度正补偿
M03 S1200;	主轴正转,转速为 1200r/min
G54 X100.0 Y-100.0;	建立工件坐标系,并移动到(100, -100)处
Z10.0;	快速移动到工件上表面 10mm 处
G01 Z-10.0 F300;	下刀
G42 X50.0 Y-60.0 D01 F500;	刀具半径右补偿
Y50.0 F200;	外轮廓切削

```
X-50.0;
Y-50.0;
X60.0;
G40 G00 X100.0 Y-100.0;      取消刀具半径补偿
Z10.0;                        抬刀
X0.0 Y0.0;                    快移到下刀位置
G01 Z-5.0 F150;               下刀
G42 X-40.0 Y0.0 D01 F200;     刀具半径右补偿
X-40.0 Y35.0;                 内腔加工
G02 X-35.0 Y40.0 R5.0 F200;
G01 X35.0 F200;
G02 X40.0 Y35.0 R5.0 F200;
G01 Y-35.0 F200;
G02 X35.0 Y-40.0 R5.0 F200;
G01 X-35.0 F200;
G02 X-40.0 Y-35.0 R5.0 F200;
G01 Y35.0 F200;
G02 X-35.0 Y40.0 R5.0 F200;   为避免切入切出刀痕与刀补造成的切削现象而安排的辅助刀路
G01 X0.0 F200;
G40 Y0.0;                     取消刀具半径补偿
Z200.0;                       抬刀到安全高度
M05;                          主轴停止
M30;                          程序结束并复位
```

其中：D01＝5；H01为加工时Z向对刀所得值；G54坐标设定中：X＝－500.0、Y＝－415.0、Z=0.0。

2.4 数控铣床编程练习

2.4.1 练习一

练习图2.102所示数控铣床编程。

分析与提示：熟悉操作面板及界面、零点设置及对刀、基本编程指令的使用。

编程步骤规范化。

图形宽度2～3mm。

刀具。

评分标准

序号	项目	配分	序号	项目	配分
1	操作正确规范	1.5	4	粗糙度	2.5
2	程序规范化	1	5	安全文明生产	1
3	图形正确	4			

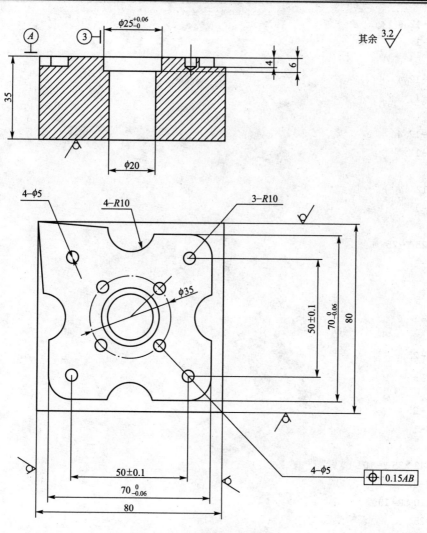

图 2.102 数控铣床编程练习一

```
G54 M03 S1000 F200
G0 Z5
G0 G42 X10 Y0
G1 Z-2
G2 I-10
G1 X5
G2 I-5
G1 Z5
G0 X12.5
G2 I-12.5
G1 Z5
G0 G40 X12.4 Y12.5
G1 Z-1
Z5
```

```
G0 X-12.4
G1 Z-1
Z5
G0 Y-12.4
G1 Z-1
Z5
G0 Y-12.4
G1 Z-1
Z5
G0 X12.4
G1 Z-1
Z5
G0 X25 Y-25
G1 Z-1
Z5
G0 Y25
G1 Z-1
Z5
G0 X-25
G1 Z-1
Z5
G0 Y-25
G1 Z-1
Z5
G0 G42 X35 Y-10
G1 Z-1
G2 Y10 CR=10
G1 Y25
G3 X25 Y35 CR=10
G1 X10
G2 X-12 Y37 CR=10
G1 X-40 Y40
X-37 Y12
G2 X-35 Y-10 CR=10
G1 X-25
G3 X-25 Y-35 CR=10
G1 X-10
G2 X10 Y-35 CR=10
G1 X25
G3 X35 Y-25 CR=10
G1 Y-10
Z5
G0 X0 Y0 Z20
M02
```

2.4.2 练习二

练习图 2.103 所示数控铣床编程。

分析与提示：熟悉刀具长度补偿、半径补偿的使用。

$\phi25$ 采用镗孔（调刀训练）。

$4-\phi5$ 先打中心孔，再钻孔。

$4-\phi8H8$：打中心孔——钻孔——铰孔。

孔加工视不同系统可采用循环指令。

刀具：键槽铣刀（尽可能大）。

钻头 $\phi5$、$\phi20$、中心钻、微调镗刀。

评分提示

序号	项目	配分	序号	项目	配分
1	操作正确规范	1	5	其他尺寸	1
2	$\phi25^{+0.06}_{0}$	1.5	6	$4-\phi5$	1
3	$70^{0}_{-0.06} \times 70^{0}_{-0.06}$	1.5	7	粗糙度	2
4	50 ± 0.1	1	8	安全文明生产	1

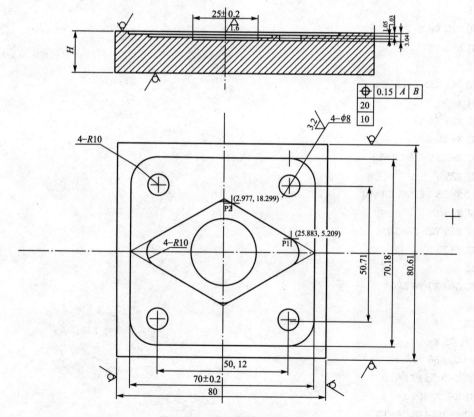

图 2.103 数控铣床编程练习二

```
G54 M03 F200 S800
G0 Z5
G0 G41 X25.883 Y5.209
L1
G0 G90 X12.5 Y0
G1 Z-1
G2 I-12.5
G1 Z5
G1 G40 X0 Y0
G0 G41 X12.5 Y0
Z-2
G3 I-12.5
G1 X3
G3 I-3
G1 Z5
G0 G40 X25.06 Y25
G1 Z-1
Z5
G0 X-25.06 Y25
G1 Z-1
Z5
G0 X25.06 Y-25
G1 Z-1
Z5
G0 G41 X35 Y-25
G1 Z-1
G2 X25.06 Y-35 CR=10
G1 X-25.06
G2 X-25 Y-35 CR=10
G1 Y25
G2 X-25.06 Y35 CR=10
G1 X25.06
G2 X35 Y25 CR=10
G1 Y-25
Z5
G0 G40 X0 Y0 Z20
M02
L1
G91 G1 Z-6
X-22.866 Y13.9
G3 X-5.954 CR=10
G1 X-22.866 Y-13.09
G3 Y-10.418 CR=10
G1 X22.886 Y-13.09
```

G3 X5.954 CR=10
G1 X22.886 Y13.09
G3 Y10.418 CR=10
G1Z5

2.4.3 练习三

练习图 2.104 所示数控铣床编程。

分析与提示：熟悉坐标变换技术、子程序（或循环）、相对坐标编程技术。

注意铣刀与键槽铣刀的区别。

刀具：面铣刀、钻头、铰刀、铣刀（立铣 or 键槽铣，注意工艺不同）。

评分提示

序号	项目	配分	序号	项目	配分
1	操作正确规范	1	5	4—$\phi 8$	1
2	程序优化	1.5	6	其他尺寸	1
3	$\phi 65_{-0.06}^{0}$	1.5	7	粗糙度	2
4	$10_{0}^{+0.06}$	1	8	安全文明生产	1

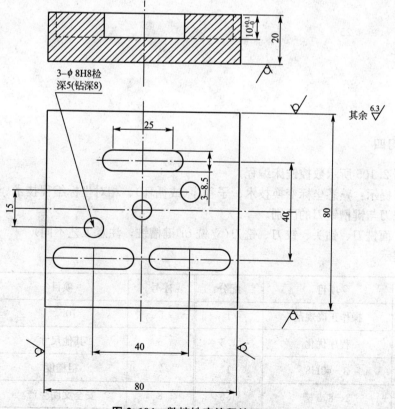

图 2.104 数控铣床编程练习三

```
G54 G90 F200 S1000 M03
G0 X-20 Y-7.5 Z5
G1 Z-1
Z5
G0 X0 Y0
G1 Z-1
Z5
G0 X20 Y7.5
G1 Z-1
Z5
G0 G42 X0 Y15.75
L1
G0 G90 G42 X-20 Y-24.25
L1
G0 G90 G42 X20 Y-24.25
L1 G0 Z20
M02
L1.SPF
G91 G1 Z-1
X-12.5
G2 Y8.5 CR=4.25
G1 X25
G2 Y-8.5 CR=4.25
G1 X-12.5
Z5
G40
M17
```

2.4.4 练习四

练习图 2.105 所示数控铣床编程。

分析与提示：熟悉坐标变换技术、子程序(或循环)、相对坐标编程技术。
注意铣刀与键槽铣刀的区别。
刀具：面铣刀、钻头、铰刀、铣刀(立铣 or 键槽铣，注意工艺不同)
评分提示

序号	项目	配分	序号	项目	配分
1	操作正确规范	1	5	$10^{+0.1}_{0}$	1
2	程序优化	·1.5	6	其他尺寸	1
3	3—ϕ8H8	1	7	粗糙度	2
4	3—8.5槽	1.5	8	安全文明生产	1

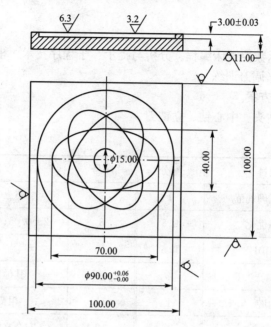

图 2.105 数控铣床编程练习四

2.4.5 练习五

练习图 2.106 所示数控铣床编程。

分析与提示：熟悉循环编程技术（铣槽，刀具参数。尽可能大）。

坐标旋转变换技术。

刀具：面铣刀、键槽铣刀（尽可能大）、刻刀。

评分标准

序号	项目	配分
1	操作正确规范	1
2	程序优化	1
3	$\phi 90^{+0.06}_{0}$	1.5
4	3 ± 0.03	1
5	椭圆	2
6	其他尺寸	0.5
7	粗糙度	2
8	安全文明生产	1

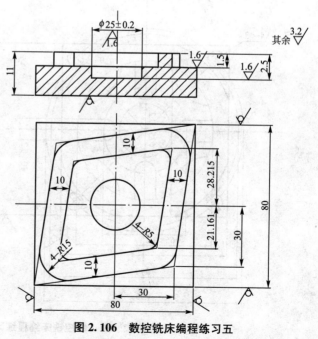

图 2.106 数控铣床编程练习五

2.4.6 练习六

练习图 2.107 所示数控铣床编程。分析与提示：子程序技术。坐标变换技术（旋转）。
$\phi 25_{\ 0}^{+0.052}$ 采用镗孔（调刀训练）。

4－ϕ10H8 空加工方案。

刀具：面铣刀、钻头、中心钻、立铣刀。

评分标准

序号	项目	配分	序号	项目	配分
1	操作正确规范	1	7	5±0.3	0.5
2	程序优化	0.5	8	2±0.05；4±0.05	0.5
3	4－ϕ10H8	0.5	9	$6_{\ 0}^{+0.1}$ $8_{\ 0}^{+0.1}$	0.5
4	73.281±0.1	1	10	其他尺寸	1
5	内腔	1	11	粗糙度	1.5
6	$\phi 25_{\ 0}^{+0.052}$	1	12	安全文明生产	1

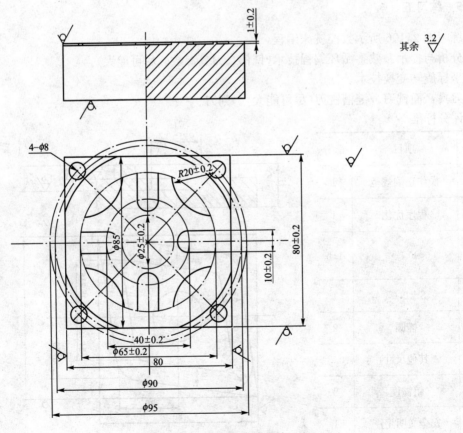

图 2.107 数控铣床编程练习六

```
G54 F300 S800 M03
G0 X0 Y0 Z5
G1 X4
Z-1
G2 I-4
G1 Y8.5
G2 J-8.5
G1 Z5
G0 Y38.5
G1 Z-1
G2 J-38.5
G1 Y36.5
G2 J-36.5
G1 Z5
G0 X50 Y0
L5
ROT RPL=90
L5
ROT RPL=180
L5
ROT RPL=270
L5
ROT
G0 X33.59 Y33.59
G1 Z-1
Z5
G0 X-33.59 Y33.59
G1 Z-1
Z5
G0 Y-33.59
G1 Z-1
Z5
G0 X33.59
G1 Z-1
Z5
G0 X0 Y0 Z40
M02

L5
G1 G42 X50 Y0
X32.11 Y-5
X20
G2 Y5 CR=5
G1 X32.11
G3 X30.25 Y11.88 CR=32.5
G2 X11.88 Y30.25 CR=20
G1 Z10
G40 X0 Y50
M17
```

练习图 2.108、图 2.109、图 2.110 所示数控铣床编程。

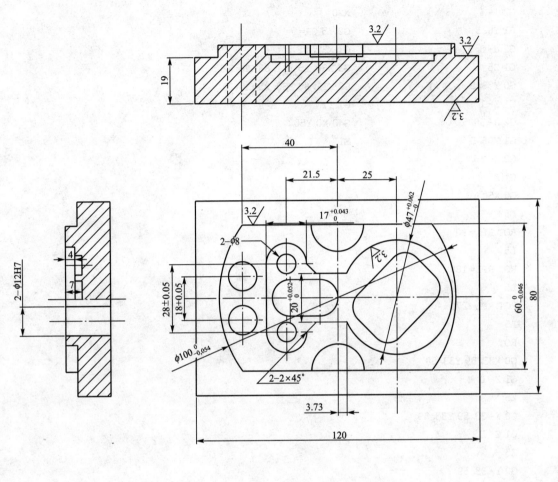

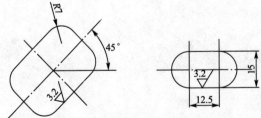

图 2.108 数控铣床编程练习七

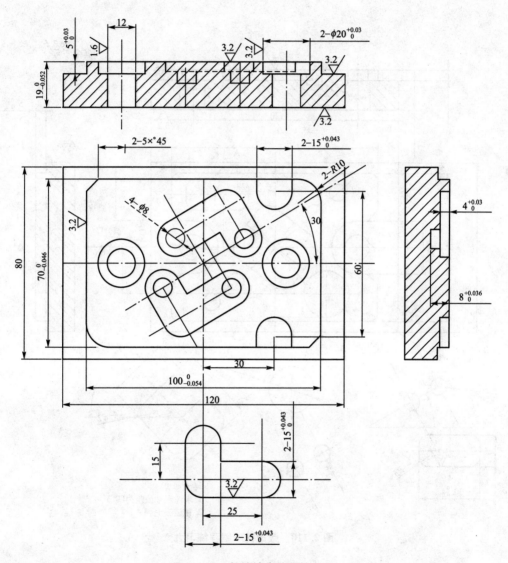

图 2.109 数控铣床编程练习八

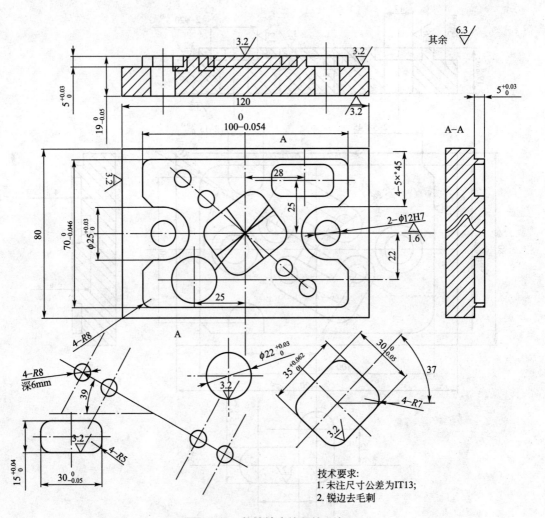

图 2.110 数控铣床编程练习九

第3章 数控线切割加工

3.1 数控线切割机床基本操作

3.1.1 线切割机床面板操作

1. 知识准备

(1) 数控线切割机床的基本组成和工作原理。
(2) 数控线切割机床的坐标系。

2. 实训仪器与设备

国产 HCKX 系列 DK7732A 型快走丝线切割机床若干台。

3. 任务目的

掌握数控线切割机床操作面板的功能。

4. 任务实现

以国产 HCKX 系列 DK7732A 型快走丝线切割机床为例,介绍数控电火花线切割机床的基本操作与加工。本机床的主要参数有如下几种。

X/Y 坐标工作台的最大行程	320mm×400mm
Z 轴方向行程	150mm
工件最大加工重量	200kg
U 轴方向行程	35mm
V 轴方向行程	35mm
切割最大锥度	$-6 \sim +6°/50mm$
脉冲当量	001mm/脉冲
储丝筒最大行程	180mm

排丝距	0.3mm
电极丝直径	0.12～0.25mm
电极丝最大长度	250mm
电极丝速度	2.5、4、6、7.6、9.2m/s
加工表面粗糙度	大于2.5
X/Y定位精度	0.016mm
加工电压	80V
电源	380V、50Hz
最大工作电流	5A
消耗功率	2.5kW

1) 操作面板

(1) 数控脉冲电源柜，图3.1所示为线切割机床数控脉冲电源框。

电压表：用于显示高频脉冲电源的加工电压，空载电压一般为80V左右。

电流表：用于显示高频脉冲电源的加工电流，加工时电流不高于5A。

手动变频调整按钮：加工中旋转此按钮调整脉冲频率以旋转适当的切割速度。

启动按钮：按下后，接通数控系统电源。

急停按钮：加工中出现紧急故障时，按下此按钮，系统立刻停止工作。

手控盒：用于在手动方式下移动机床的坐标轴，其波段开关分0、1、2、3这4挡移动速度，及点动、低、中、高4挡。设定速度后按下相应的移动坐标轴对应键，机床工作台就沿着该方向开始移动。手控盒操作面板如图3.2所示。

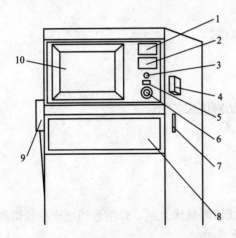 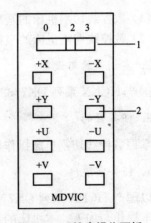

图3.1 线切割机床数控脉冲电源柜
1—电压表；2—电流表；3—手动变频调整按钮；
4—鼠标；5—气动按钮；6—急停按钮；7—软盘
插口；8—键盘；9—手控盒；10—显示器

图3.2 手控盒操作面板
1—波段旋转开关；2—移动
轴方向控制键

显示器：显示系统软件加工菜单、程序内容、加工轨迹和NC信息。

(2) 储丝筒操作面板如图3.3所示。

断丝检测开关：该开关用来控制断丝检测回路，通过导电块作为检测元件，当运丝系统运行正常时，两个导电块通过电极丝短路，检测回路正常，当工作中断丝，两导电块形成开路，检测回路发出信号，控制储丝筒及电源柜程序停止。

上丝电动机开关：开启此开关，可实现半自动上丝，丝盘在上丝电动机带动下产生恒定反扭矩将电极丝张紧，使电极丝能均匀、整齐并以一定的张力缠绕在储丝筒上。

储丝筒启、停按钮：此按钮控制储丝筒的开启和停止。主要用于在上丝和穿丝运行中控制储丝筒的运转，在进行手动上丝或穿丝操作时，务必按下储丝筒停止按钮锁定，防止误操作启动储丝筒造成意外事故。开启丝筒前应先弹起停止按钮，再按启动按钮。

储丝筒调速开关：储丝筒电动机有5挡转速，主要用于调节电极丝速度。1挡转速最低，用于半自动上丝，2、3挡用于切割较薄的工件，4、5挡用于切割较厚的工件。

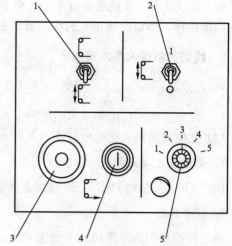

图 3.3 储丝筒操作面板

1—断丝检测开关；2—上丝电动机开关；3—停转按钮；4—启动按钮；5—调速旋转开关

2) 软件功能

(1) 屏幕划分。开机后会自动进入软件操作界面，如图 3.4 所示。

图 3.4 软件操作界面

1—系统运行状态；2—系统菜单区；3—图形显示区；4—操作帮助区；5—功能键区

系统运行状态：X、Y、U、V 为显示各轴的当前坐标位置，即在工件坐标系中的位置；起始时间为显示加工开始的时间；终止时间为显示系统当前的时间；坐标系为显示当前所用工件坐标系。

系统菜单区：软件的主要功能通过菜单来实现，选择相应的菜单可以进行程序的编辑、校验、运行、调整、参数设置及检测等操作。

图形显示区：在加工或校验时，三维显示工件的加工轨迹。

操作帮助区：显示各种操作的提示信息。

(2) 系统菜单。系统菜单有 5 个主菜单,每个主菜单包含了多个子菜单,可以对应不同的功能操作。可以参阅相关的实训指导书或随机所带的参考资料。

3.1.2 线切割机床的基本操作

1. 知识准备

(1) 数控线切割机床的基本组成和工作原理。

(2) 数控线切割机床的坐标系。

2. 实训仪器与设备

国产 HCKX 系列 DK7732A 型快走丝线切割机床若干台。

3. 任务目的

熟悉数控线切割机床的基本操作方法

4. 任务实现

1) 开机、关机操作

(1) 打开数控柜左侧的空气开关,接通机床电源。

(2) 释放急停按钮。

(3) 按下绿色按钮,控制系统通电。

注意:如果出现死机,可以按计算机热启动键(三键组合),重新启动计算机。关机时先按下急停按钮,再关闭空气开关。

2) 电极丝的安装

电极丝的安装分为上丝和穿丝,先上丝,后穿丝。

(1) 上丝操作。上丝操作可以是手动操作,也可以是半自动操作。图 3.5 所示为上丝路径,操作过程如下。

① 按下储丝筒停止按钮,断开断丝检测开关。

② 将丝盘套在上丝电动机轴上,并用螺母锁紧。

③ 用摇把将储丝筒摇至极限位置或与极限位置保留一段距离。

④ 将电极丝一端拉出绕过上丝介轮、导轮,并将丝头固定在储丝筒端部紧固螺钉上。

⑤ 剪掉多余丝头,按顺时针转动储丝筒几圈后打开上丝电动机开关,电极丝被拉紧。

⑥ 转动储丝筒,将丝绕至 10~15mm 宽度,取下摇把,松开储丝筒停止按钮,将调试旋钮调整到 1 挡。

⑦ 调整储丝筒左右行程挡块,按下储丝筒开始按钮开始绕丝。

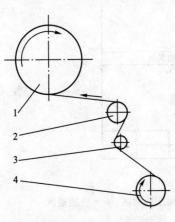

图 3.5 上丝路径

1—储丝筒;2—导轮;3—上丝介轮;4—上丝电动机

⑧ 接近极限位置时,按下储丝筒停止按钮。

⑨ 拉紧电极丝,关掉上丝电动机,剪掉多余电极丝并固定好丝头,半自动上丝完成。

注:手动上丝,直接用摇把均匀转动储丝筒将丝上满即可。

(2) 穿丝操作。① 按下储丝筒停止按钮。

② 将张丝架拉至最右端并用插销定位。
③ 取下储丝筒一端丝头并拉紧，按穿丝路径以此绕过各导轮，最后固定在紧固螺钉处。
④ 剪掉多余丝头，用摇把转动储丝筒反绕几圈。
⑤ 拔下张丝滑块上的插销，手扶张丝滑块缓慢放松到滑块停止转动，穿丝结束。

3) 储丝筒行程调整

穿丝完成后，为防止机械性断丝，在行程挡块去顶的长度之外，储丝筒两端还应有一定的储丝量，具体调整过程是如下。

(1) 用摇把将储丝筒摇至在轴向剩下 10mm 左右的位置停止。
(2) 松开相应的限位挡块上的紧固螺钉，移动限位挡块至接近感应开关的中心位置后固定，用同样的方法调整另一端，两行程挡块之间的距离即储丝筒的行程。

4) 电极丝找正

在切割之前必须对电极丝找正，具体操作过程如下。

(1) 保证工作台面和找正块各面干净无损坏。
(2) 移动 Z 轴至适当位置后锁紧，将找正块地面靠实工作台面，长向平行于 X 轴或 Y 轴。
(3) 用手控盒移动 X 轴或 Y 轴坐标至电极丝贴近找正块垂直面。
(4) 打开"手动"菜单中的"感触感知"子菜单。
(5) 按 F7 键，进入控制电源微弱放电功能，储丝筒启动、高频打开。
(6) 在手动方式下，调整手控盒移动速度，移动电极丝接近找正块，当它们之间的间隔足够小时即会产生放电火花。通过手控盒电动调整 U、V 轴坐标，直到放电火花上下均匀一致，电极丝找正。

5) 建立机床坐标

操作过程：

(1) 在主菜单下移动光标打开"手动"菜单中的"撞极限"子菜单。
(2) 按 F2 键，移动机床到 X 轴负极限，机床自动建立 X 坐标。
(3) 采用相同的方法建立另外轴的机床坐标。
(4) 打开"手动"菜单中"设零点"功能将各个坐标设零，机床坐标建立。

6) 工作台移动

工作台移动分为手动移动和键盘输入移动，具体操作分如下。

手动移动过程：

(1) 在主菜单下移动光标打开"手动"菜单中的"手动盒"子菜单。
(2) 通过手动盒上的移动速度控制开关控制速度。
(3) 按下相应的坐标轴，确定工作台移动方向。

键盘输入移动操作：

(1) 在主菜单下移动光标打开"手动"菜单中的"移动"子菜单。
(2) 从"移动"子菜单中选择"快速定位"功能。
(3) 定位光标到移动的坐标位置，输入移动距离。

按 Enter 键，工作台移动到确定位置。

7) 程序的编辑、校验与运行

具体操作过程：

（1）在主菜单下移动光标打开"文件"菜单中的"编辑"子菜单。

（2）按 F3 键编辑新文件，并输入文件名。

（3）输入源程序，并选择"保存"功能将程序保存。

（4）在主菜单下移动光标打开"文件"菜单中的"装入"主菜单，调入上一步保存的文件。

（5）打开"校验画面"子菜单，系统自动进行校验并显示出图形轨迹。

（6）图形如果正确，打开"运行"菜单中的"模拟运行"子菜单，机床将进行模拟加工，及不放电空运行一次，此时工件不能装夹在工作台上。

（7）装夹工件，移动光标打开"运行"菜单中的"内存"子菜单，按 Enter 键后，机床开始加工。

3.2 数控线切割加工实例

3.2.1 凹凸模加工实例

1. 知识准备

（1）数控线切割机床的基本组成和工作原理。

（2）数控线切割机床的编程指令代码。

2. 实训仪器与设备

国产 HCKX 系列 DK7732A 型快走丝线切割机床若干台，以及准备好工件毛坯并加工出准确的基准面和压板、夹具等装夹工具。

3. 任务目的

（1）掌握数控电火花线切割典型零件的程序编制方法。

（2）了解数控电火花线切割典型零件加工工艺分析过程。

4. 任务实现

图 3.6 为凹凸模，图 3.7 为编程示意图。电极丝为 $\phi 0.1$mm 的钼丝，单面放电间隙为 0.01mm。

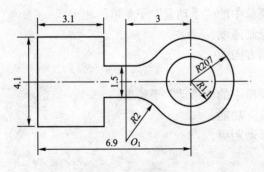

图 3.6　凹凸模

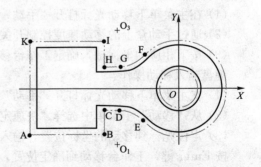

图 3.7　编程示意图

(1) 开机。检查系统各部分是否正常,包括高频电源、工作液泵、储丝筒等的运行情况。

(2) 工艺分析。由于该凸凹模图示尺寸为平均尺寸,故作相应偏移就可按此尺寸编程。图形上、下对称,孔的圆心在图形对称轴上,6 个侧面已磨平,可作定位基准,可以进行切割加工。

(3) 切割路线的选择。合理地选择切割路线可简化编程计算,提高加工质量。根据分析,本题选择在型孔中心处钻穿丝孔,先切割型孔,然后再切割外轮廓较合理。

(4) 确定补偿距离。钼丝中心轨迹如图 3.7 中双点划线所示。补偿距离为 $\Delta R = (0.1/2+0.01)\text{mm}=0.06\text{mm}$。

(5) 计算交点坐标。将电极丝中点轨迹划分成单一的直线或圆弧段。

求 E 点的坐标值:因两圆弧的切点必定在两圆弧的连心 OO_1 上。直线 OO_1 的方程为 $Y=(2.75/3)X$。故可求得 E 点的坐标值为 $X=-1.570\text{mm}$,$Y=-1.4393\text{mm}$。其余各交点坐标可直接从图形中求得,见表 3-1。

表 3-1 凸凹模轨迹图形各线段交点及圆心坐标

交点	X	Y	交点	X	Y	圆心	X	Y
A	−6.96	−2.11	F	−1.57	1.439	O	0	0
B	−3.74	−2.11	G	−3	0.81	O_1	−3	−2.75
C	−3.74	−0.81	H	−3.74	0.81	O_2		2.75
D	−3	−0.81	I	−3.74	2.11			
E	−1.57	−1.439	K	−6.69	2.11			

切割型孔时电极丝中心至圆心 O 的距离(半径)为 $R=(1.1-0.06)\text{mm}=1.04\text{mm}$。

(6) 编写程序单。切割凸凹模时,先切割型孔,然后再按 B→C→D→E→F→G→H→I→K→A→的顺序切割,3B 格式切割程序单见表 3-2。

表 3-2 凸凹模 3B 格式切割程序单

序号	B	X	B	Y	B	J	G		备注
1	B		B		B	001040	Gx	L3	穿丝切割
2	B	1040	B		B	004160	Gy	SR2	
3	B		B		B	001040	Gx	L1	
4								D	拆卸钼丝
5	B		B		B	013000	Gy	L4	空走
6	B		B		B	003740	Gx	L3	空走
7								D	重新装上钼丝
8	B		B		B	012190	Gy	L2	切入并加工 BC 段
9	B		B		B	000740	Gx	L1	
10	B		B	1940	B	000629	Gy	SR1	
11	B	1570	B	1439	B	005641	Gy	NR3	
12	B	1430	B	1311	B	001430	Gx	SR4	

序号	B	X	B	Y	B	J	G		备注
13	B		B		B	000740	Gx	L3	
14	B		B		B	001300	Gy	L2	
15	B		B		B	003220	Gx	L3	
16	B		B		B	004220	Gy	L4	
17	B		B		B	003220	Gx	L1	
18	B		B		B	008000	Gy	L4	退出
19								D	加工结束

(7) 装夹工件。根据工件厚度调整 Z 轴至适当位置并锁紧。

(8) 进行储丝筒绕丝、穿丝和电极丝位置校正等操作。

(9) 移动 X、Y 轴坐标确立电极丝切割起始坐标位置。

(10) 开启工作液泵,调节喷嘴流量。

(11) 输入或调用加工程序并存盘后装入内存。

(12) 确认程序无误后,进行自动加工。

(13) 当工件行将切割完毕时,其与母体材料的连接强度势必下降,此时要注意固定好工件,防止因工作液的冲击使得工件发生偏斜,从而改变切割间隙,轻者影响工件表面质量,重者使工件切坏报废。

3.2.2 凹模和凸模加工实例

1. 知识准备

(1) 数控线切割机床的基本组成和工作原理。

(2) 数控线切割机床的编程指令代码。

2. 实训仪器与设备

国产 HCKX 系列 DK7732A 型快走丝线切割机床若干台,以及准备好工件毛坯并加工出准确的基准面和压板、夹具等装夹工具。

3. 任务目的

(1) 掌握数控电火花线切割典型零件的程序编制方法。

(2) 了解数控电火花线切割典型零件加工工艺分析过程。

4. 任务实现

图 3.8 为零件图,图 3.9 为凹模电极丝中心轨迹,图 3.10 为凸模电极丝中心轨迹。该模具要求单边配合间隙为 0.01mm,电极丝直径为 ϕ0.18mm,单边放电间隙为 0.01mm。

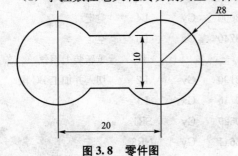

图 3.8 零件图

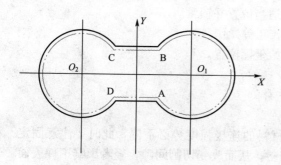
图 3.9 凹模电极丝中心轨迹

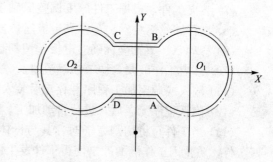
图 3.10 凸模电极丝中心轨迹

(1) 开机。检查系统各部分是否正常，包括高频电源、工作液泵、储丝筒等的运行情况。

(2) 工艺分析。

(3) 切割路线的选择。按 O→A→B→C→D→O 的顺序切割。

(4) 确定补偿距离。凹模的间隙补偿量为 $D=(0.18/2+0.01)=0.1(\text{mm})$；凸模的间隙补偿量为 $D=(0.18/2+0.01-0.01)=0.9(\text{mm})$。

(5) 计算交点坐标。

(6) 编写程序单。

凹模加工程序：

G92 X0 Y0
G41 D100
G01 X3755 Y-5000
G03 X3755 Y5000 I6245 J5000
G01 X-3755 Y5000
G03 X-3755 Y-5000 I-6245 J-5000
G01 X3755 Y-5000
G40
G01 X0 Y0
M02

凸模加工程序：

G92 X0 Y0
G42 D90
G01 X3755 Y-5000
G03 X3755 Y5000 I6245 J5000
G01 X-3755 Y5000
G03 X-3755 Y-5000 I-6245 J-5000
G01 X3755 Y-5000
G40
G01 X0 Y0
M02

(7) 装夹工件。根据工件厚度调整 Z 轴至适当位置并锁紧。
(8) 进行储丝筒绕丝、穿丝和电极丝位置校正等操作。
(9) 移动 X、Y 轴坐标确立电极丝切割起始坐标位置。
(10) 开启工作液泵，调节喷嘴流量。
(11) 输入或调用加工程序并存盘后装入内存。
(12) 确认程序无误后，进行自动加工。
(13) 当工件行将切割完毕时，其与母体材料的连接强度势必下降，此时要注意固定好工件，防止因工作液的冲击使得工件发生偏斜，从而改变切割间隙，轻者影响工件表面质量，重者使工件切坏报废。

第 4 章
CAXA 制造工程师

4.1 基本造型

4.1.1 轴承支架造型

目的：说明 EB3D 实体造型的特点。可以同时拉伸多个封闭曲线，基实体的要求和非基实体的要求不同。做筋板的要求，边界线可以是单条线，也可以用多条线组成。要避免出现两个实体之间的临界状态。三视图如图 4.1 所示。

第一步：选 XY 平面进入草图模式。按上面的俯视图做草图，连同两孔一同做出。点取拉伸会自动退出草图，拉伸深度选 15 如图 4.2 所示，单击"确定"按钮。

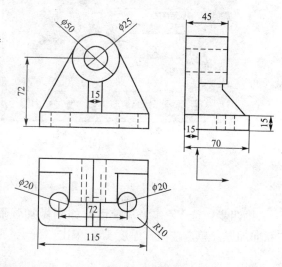

图 4.1 三视图

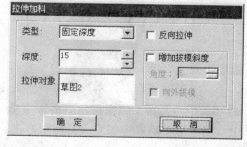

图 4.2 XY 面作为基准图

第二步：选 XZ 平面。进入草图，按主视图做出草图。拉伸深度选 15，单击"确定"按钮，如图 4.3 所示。

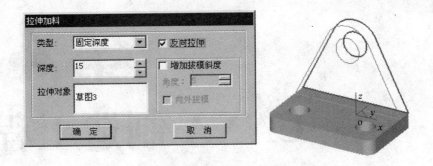

图 4.3　XZ 面作为基准面

第三步：选取前面作为基准面。进入草图，做出 φ50mm 和 φ25mm 两圆，拉伸深度选 30，单击"确定"按钮，如图 4.4 所示。

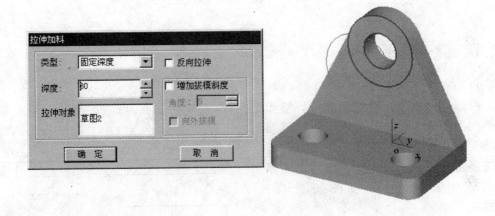

图 4.4　前面作为基准面

第四步：选 YZ 作为基准面，如图做加强筋上的一条线。单击"筋板"按钮。选中"双向加厚"单选按钮，厚度 15，单击"确定"按钮，如图 4.5 所示。

图 4.5　YZ 面作为基准图

第五步：倒圆角，在根部和棱边处倒圆，大小自定。结果如图 4.6 所示。

第六步：投影到二维电子图板。选文件"输出视图"，弹出"二维视图输出"对话框，选择需要的选项，确定后单击"输出"按钮。启动二维电子图板选文件"数据接口"接收视图。这时视图动态出现屏幕上，选取适当的位置放置各个视图，然后标注需要的尺寸。

投影的设置和结果如图 4.7、图 4.8、图 4.9 所示。

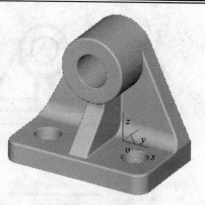

图 4.6　倒圆角

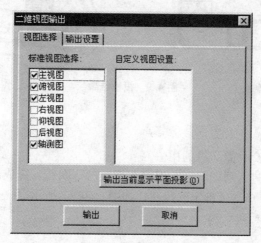

图 4.7　"二维视图输出"对话框

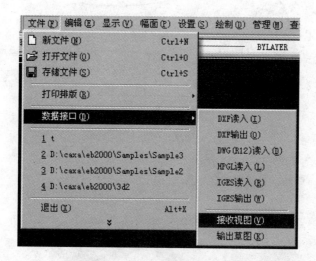

图 4.8　设置"接收视图"界面

图 4.9 投影结果

4.1.2 连杆造型

目的：说明 EB3D 交并差运算的用法。

第一步：选 XY 面进入草图状态。根据图纸做出草图线，完成后点取拉伸，接伸深度选 10，拔模斜度选 5°，单击"确定"按钮，如图 4.10(a)所示。

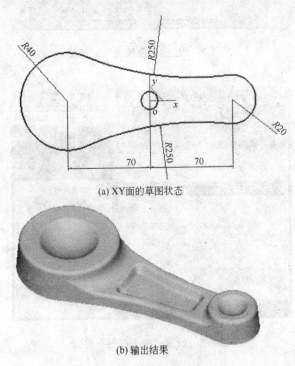

(a) XY 面的草图状态

(b) 输出结果

图 4.10 连杆造型

最后结果如图 4.10(b)所示，存储文件。这时注意不要忘记把文件另存为扩展名为"x_t"的文件，以备后用。选"新建"，做一长方体，要大于连杆尺寸，完成后，选"文件"并输入文件，输入刚才存储的 x_t 文件名，这时出现对话框如图 4.11 所示。

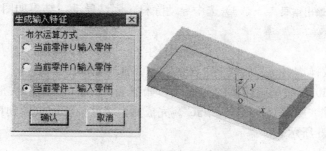

图 4.11 "生成输入特征"对话框

选中第三项，进行实体的差运算。接着系统提示输入定位点，对于这一零件，应选坐标原点。结果如图 4.12 所示。

图 4.12 长方体输出结果

4.1.3 螺母造型

目的：(1) 了解利用拉伸、旋切、导动除料，做出实体的方法。

(2) 了解公式曲线的应用。

螺母尺寸如图 4.13 所示。

步骤：(1) 按图 4.13 作出正六边形，里孔做成 $\phi12.7$mm。然后用拉伸的方法做出螺母的基本体，六边形和内孔一次作出。

(2) 作螺纹的导动曲线。导动曲线为一空间螺旋线，螺距为 1.5mm。在公式曲线中输入下面的公式：$x(t) = 8 \times \cos(t)$

$$y(t) = 8 \times \sin(t)$$

$$z(t) = 15 \times t/62.8$$

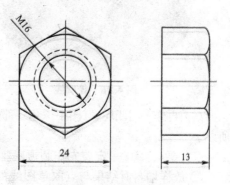

图 4.13 螺母尺寸

图 4.14 螺母造型输出结果

角度方式为弧度,参数的起始值为 0,终止值为 62.8。单击"确定"按钮,曲线的起点为(0, 0, −1)。这样做是为了避免螺纹开始的部分会有一小部分切不出。

(3) 做螺纹齿形的截面线:夹角为 60°。

(4) 选中导动除料,固结导动,结果如图 4.14 所示。

4.1.4 叶轮造型

目的:了解放样增料、旋转增料、旋转除料、圆形阵列。

结果步骤:(1) 作底座旋转体的截面线,如图 4.15 所示中的箭头形状部分。为了简便可以直接调文件"威海双轮线框.mxe"。完成后,将这一轮廓投影到草图然后做旋转增料,结果如图 4.15 所示。

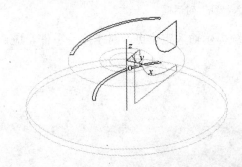 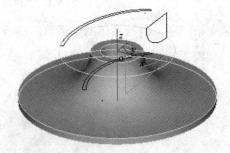

图 4.15 高座旋转体截面线

(2) 作出图中的两个深色的轮廓,为了简便可以直接把两个深色的轮廓线投影到它所在的平面上,作出两个草图,然后作放样增料。作放样增料时要注意点取草图线的位置要相互对应,不要任意点取,否则结果不对。放样结果如图 4.16 所示。

(3) 用圆形阵列作出其余 4 片叶片,结果如图 4.17 所示。

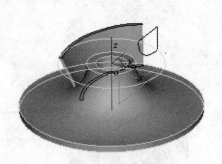 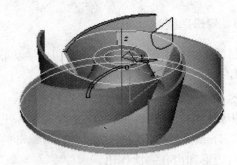

图 4.16 轮廓线　　　　图 4.17 叶片

(4) 再作一封闭轮廓(图中深色线部分),用旋切切除叶片上的边缘部分,结果如图 4.18 所示。

(5) 要点:① 一定要先作圆形底座,再作叶片,否则叶片作不了阵列。

② 放样增料时结果与点取草图线的位置有关,否则将得不到正确的结果。如图 4.19 所示。

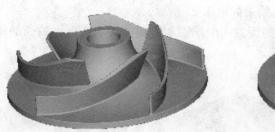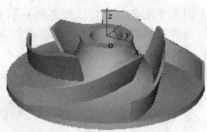

图 4.18 封闭轮廓

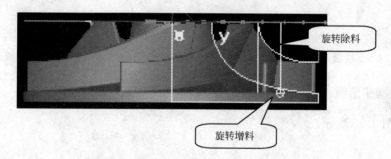

图 4.19 旋转增料与旋转除料位置示意图

4.1.5 十字连接件造型

形状如图 4.20 所示。

作图步骤：

（1）先作出一个端面，旋转以后形成 4 个端面截面线。尺寸可以直接测绘得到，也可以调文件"十字连接.epb"直接得到。

（2）把 4 个截面分别投影到它所在的 4 个平面上，作为蓝图轮廓线。每一个截面都要分为两部分来做，因为每一个截都要以中心为界，分别投影到两个平面上。这样一共要作 8 个草图，结果如图 4.21 所示。

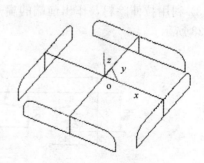

图 4.20 十字连接件造型　　　　图 4.21 蓝图轮廓线

(3) 作两个互为90°的直纹面，如图4.22所示。

(4) 把4个端面分别作拉伸到面，结果如图4.23所示。

(5) 抽壳：厚度为0.8mm。抽去的面为4个端面和底面，共5张面。抽壳的结果如图4.24所示。

图4.22　直纹面　　　　图4.23　拉伸端面　　　　图4.24　抽壳结果

4.1.6　台钳搬子造型

形状如图4.25所示。

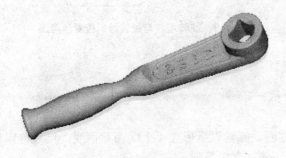

图4.25　台钳搬子造型

作图步骤：

(1) 搬子主体部分为一旋转体，首先作出旋转体的截面线，具体尺寸及形状如图4.26所示。

(2) 利用上一步作出的截面线做旋转增料，结果如图4.27所示。

(3) 利用拉伸除料，作出前端的扁平部分，上下两平面可以同时作出，具体尺寸如图4.28所示。

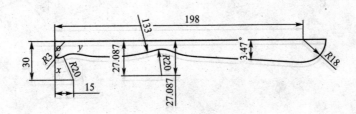

图4.26　旋转体截面线

图 4.27 旋转增料

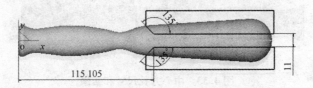

图 4.28 拉伸除料尺寸

(4) 两个轮廓同时作拉伸除料,结果如图 4.29 所示。

图 4.29 拉伸除料结果

(5) 在零件的端部作一 $\phi36mm$ 的圆,向上拉伸 18mm,如图 4.30 所示。

图 4.30 端部圆

(6) 点取圆柱上端面在圆柱中心钻一 $\phi18mm$ 的通孔,在这里没有直接作方孔是因为通孔的两端有一个倒角,直接作倒角比用旋切要简便,如图 4.31 所示。

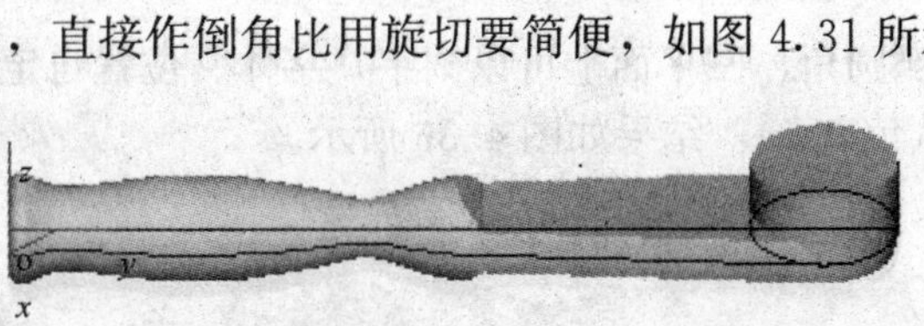

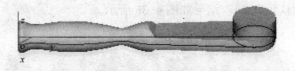

图 4.31 钻通孔

(7) 作 3×45°倒角,结果如图 4.32 所示。

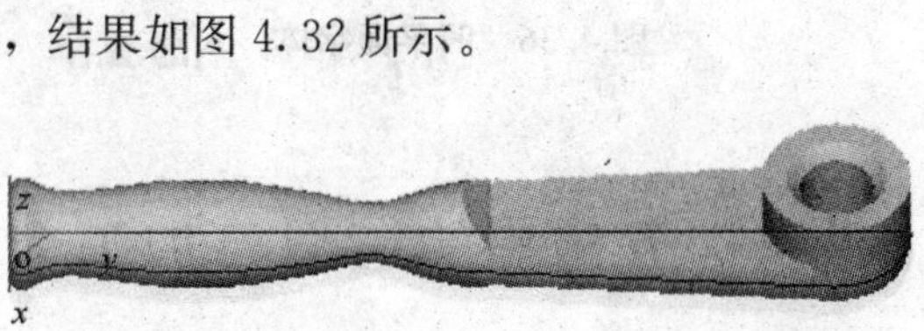

图 4.32 倒角

(8) 利用拉伸除料作出中心方孔,尺寸和结果如图 4.33 所示。
(9) 作出两平面凹下 2mm 部分,尺寸如图 4.34 所示。

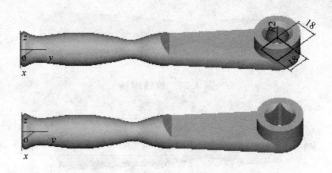

图 4.33 中心方孔尺寸和结果

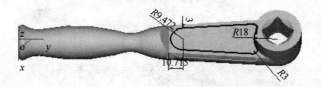

图 4.34 凹平面尺寸

(10) 分别拉伸除料上下两面，结果如图 4.35 所示。

图 4.35 凹平面结果

(11) 各棱边适当倒圆角，凹平面上可以刻字，字体、位置自定(图中字高为 15，字体为隶书，字间距为默认值 0.5)，结果如图 4.36 所示。

图 4.36 凹平面字体

4.2 五角星的造型与加工

4.2.1 五角星造型

造型思路：由图纸可知五角星的造型特点主要是由多个空间面组成，因此在构造实体时首先使用空间曲线构造实体的空间线架,然后利用直纹面生成曲面,可以逐个生成也可以将生成的一个角的曲面进行圆形均步阵列,最终生成所有的曲面。最后使用曲面裁剪实体的方法生成实体,完成造型。图 4.37 所示为五角星造型,图 4.38 所示为五角星二维图。

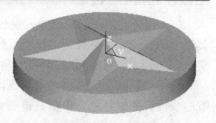

图 4.37　五角星造型

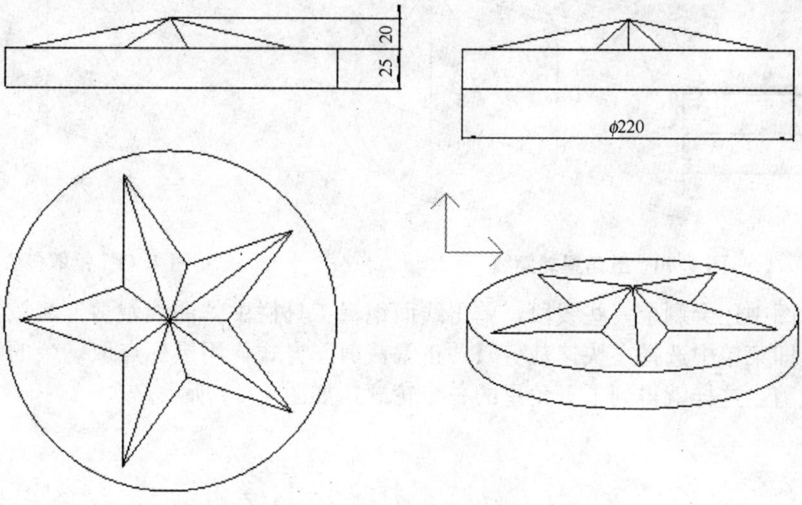

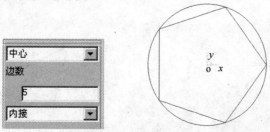

图 4.38　五边星二维图

4.2.2　绘制五角星框架

(1) 圆的绘制。单击曲线生成工具栏上的 ⊙ 按钮,进入空间曲线绘制状态,在特征树下方的立即菜单中选择作圆方式"圆心点_半径",然后按照提示用鼠标点取坐标系原点,也可以按 Enter 键,在弹出的对话框内输入圆心点的坐标(0,0,0),半径 R=100 并确认,然后单击鼠标右键结束该圆的绘制。

注意:在输入点坐标时,应该在英文输入法状态下输入,也就是标点符号是半角输入,否则会导致错误。

(2) 五边形的绘制。单击曲线生成工具栏上的 ⊙ 按钮,在特征树下方的立即菜单中选择"中心"定位,边数 5 条按 Enter 键确认,内接。按照系统提示点取中心点,内接半径为 100(输入方法与圆的绘制相同)。然后单击鼠标右键结束该五边形的绘制。这样就得到了五角星的 5 个角点,如图 4.39 所示。

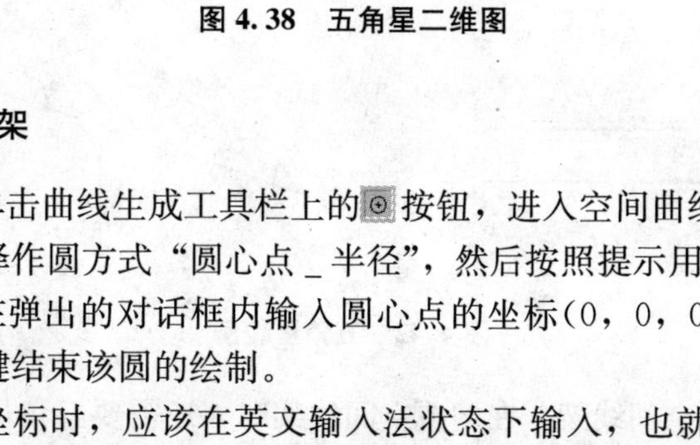

图 4.39　五边形绘制

(3)构造五角星的轮廓线。通过上述操作得到了五角星的 5 个角点，使用曲线生成工具栏上的"直线"按钮，在特征树下方的立即菜单中选择"两点线"、"连续"、"非正交"（如图 4.38 所示）方式，将五角星的各个角点连接，如图 4.40 所示。

使用"删除"工具将多余的线段删除，单击 ⊘ 按钮，用鼠标直接点取多余的线段，拾取的线段会变成红色，单击右键确认，如图 4.41 所示。

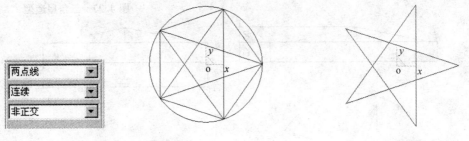

图 4.40　五角星轮廓线　　　　　　　图 4.41　拾取多余线段

裁剪后图中还会剩余一些线段，单击线面编辑工具栏中"曲线裁剪"按钮，在特征树下方的立即菜单中选择"快速裁剪"、"正常裁剪"方式，用鼠标点取剩余的线段就可以实现曲线裁剪。这样就得到了五角星的一个轮廓，如图 4.42 所示。

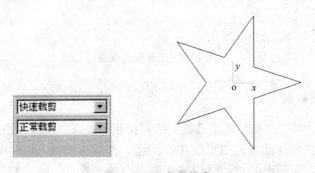

图 4.42　五角星轮廓

(4)构造五角星的空间线架。在构造空间线架时，还需要五角星的一个顶点，因此需要在五角星的高度方向上找到一点(0，0，20)，以便通过两点连线实现五角星的空间线架构造。

使用曲线生成工具栏上的"直线"按钮，在特征树下方的立即菜单中选择"两点线"、"连续"、"非正交"方式，用鼠标点取五角星的一个角点，然后按 Enter 车键，输入顶点坐标(0，0，20)。同理，作五角星各个角点与顶点的连线，完成五角星的空间线架，如图 4.43 所示。

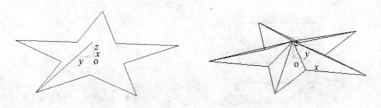

图 4.43　五角星空间线架

4.2.3 生成五角星曲面

(1) 通过直纹面生成曲面。选择五角星的一个角为例,单击曲面工具栏中的"直纹面" 按钮,在特征树下方的立即菜单中选择"曲线+曲线"的方式生成直纹面,然后单击鼠标左键拾取与该角相邻的两条直线完成曲面,如图 4.44 所示。

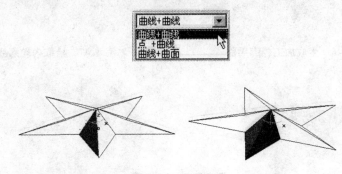

图 4.44 生成曲面

注意:在拾取相邻直线时,鼠标的拾取位置应该尽量保持一致(相对应的位置),这样才能保证得到正确的直纹面。

(2) 生成其他各个角的曲面。在生成其他曲面时,可以利用直纹面逐个生成曲面,也可以使用阵列功能对已有一个角的曲面进行圆形阵列来实现五角星的曲面构成。单击几何变换工具栏中的 按钮,在特征树下方的立即菜单中选择"圆形"阵列方式,分布形式"均布",份数"5",单击鼠标左键拾取一个角上的两个曲面,单击鼠标右键确认,然后根据提示输入中心点坐标(0,0,0),也可以直接单击鼠标拾取坐标原点,系统会自动生成各角的曲面,如图 4.45 所示。

 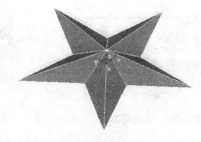

图 4.45 生成各角曲面

注意:在使用圆形阵列时,一定要注意阵列平面的选择,否则曲面会发生阵列错误。因此,在本例中使用阵列前最好按一下快捷键 F5,用来确定阵列平面为 XY 平面。

(3) 生成五角星的加工轮廓平面。先以原点为圆心点作圆,半径为 110,如图 4.46 所示。

单击曲面工具栏中的"平面" 工具按钮,并在特征树下方的立即菜单中选择"裁剪平面" 方式。单击鼠标拾取平面的外轮廓线,然后确定链搜索方向(用鼠标点取箭头),系统会提示拾取第一个内轮廓线(图 4.47),单击鼠标拾取五角星底边的一条线(图 4.48),单击鼠标右键确定,完成加工轮廓平面,如图 4.49 所示。

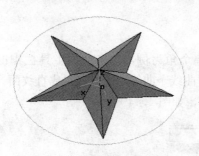
图 4.46　生成加工轮廓平面

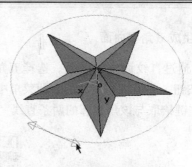
图 4.47　拾取内轮廓线

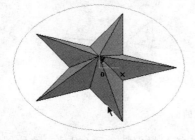
图 4.48　拾取边线

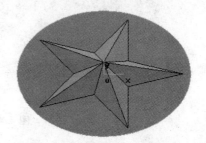
图 4.49　完成加工轮廓平面

4.2.4　生成加工实体

（1）生成基本体。选中特征树中的 XY 平面，单击鼠标右键选择"创建草图"命令，如图 4.50 所示。或者直接单击"创建草图" 按钮（按快捷键 F2），进入草图绘制状态。

单击曲线生成工具栏上的"曲线投影" 按钮，用鼠标拾取已有的外轮廓圆，将圆投影到草图上，如图 4.51 所示。

图 4.50　生成基本体

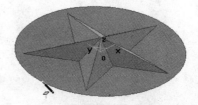
图 4.51　圆投影到草图

单击特征工具栏上的"拉伸增料" 按钮，在"拉伸"对话框中选择相应的选项，单击"确定"按钮完成，如图 4.52 所示。

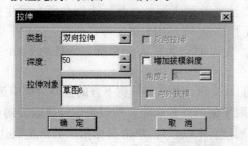
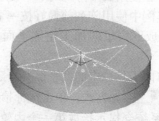

图 4.52　拉伸增料外轮廓图

(2) 利用"曲面裁剪除料"生成实体。单击特征工具栏上的"曲面裁剪除料" 按钮,用鼠标拾取已有的各个曲面,并且选择除料方向,单击"确定"按钮完成,如图 4.53 所示。

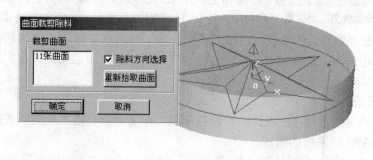

图 4.53 生成实体

(3) 利用"隐藏"功能将曲面隐藏。单击并选择"编辑"-"隐藏"命令,用鼠标从右向左框选实体(用鼠标单个拾取曲面),单击右键确认,实体上的曲面就被隐藏了,如图 4.54 所示。

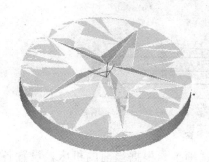 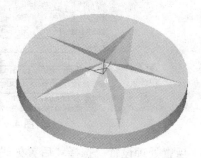

图 4.54 曲面隐藏

注意:由于在实体加工中,有些图线和曲面是需要保留的,因此不要随便删除。

4.2.5 五角星加工

加工思路:等高粗加工、曲面区域加工。

五角星的整体形状是较为平坦,因此整体加工时应该选择等高粗加工,精加工时应采用曲面区域加工。

1. 加工前的准备工作

1) 设定加工刀具

(1) 选择"应用"→"轨迹生成"→"刀具库管理"命令,弹出"刀具库管理"对话框,如图 4.55 所示。

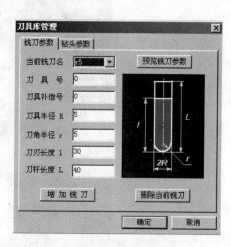

图 4.55 "刀具库管理"对话框

图4.56 "增加铣刀"对话框

(2)增加铣刀。单击"增加铣刀"按钮,在对话框中输入铣刀名称,如图4.56所示。

一般都是以铣刀的直径和刀角半径来表示,刀具名称尽量和工厂中用刀的习惯一致。刀具名称一般表示形式为"D10, r3",D代表刀具直径,r代表刀角半径。

(3)设定增加的铣刀的参数。在"刀具库管理"对话框中键入正确的数值,刀具定义即可完成。其中的刀刃长度和刃杆长度与仿真有关而与实际加工无关,在实际加工中要正确选择吃刀量和吃刀深度,以免刀具损坏。

2)后置设置

用户可以增加当前使用的机床,给出机床名,定义适合自己机床的后置格式。系统默认的格式为FANUC系统的格式。

(1)选择"应用"-"后置处理"-"后置设置"命令,弹出"后置设置"对话框。

(2)增加机床设置。选择当前机床类型,如图4.57所示。

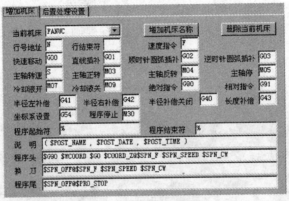

图4.57 增加机床设置

(3)后置处理设置。选择"后置处理设置"选项卡,根据当前的机床,设置各参数,如图4.58所示。

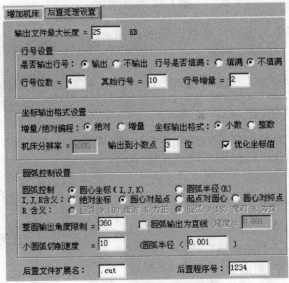

图4.58 设置后置处理参数

3) 设定加工范围

此例的加工范围直接拾取曲面造型上的轮廓线即可,如图 4.59 所示。

2. 等高粗加工刀具轨迹

(1) 设置"粗加工参数"。选择"应用"-"轨迹生成"-"等高粗加工"命令,在弹出的"粗加工参数表"中设置"粗加工参数",如图 4.60 所示。

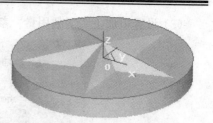

图 4.59 设定加工范围

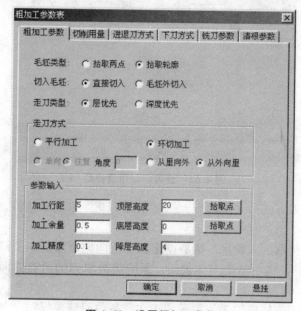

图 4.60 设置粗加工参数

(2) 设置粗加工"铣刀参数",如图 4.61 所示。

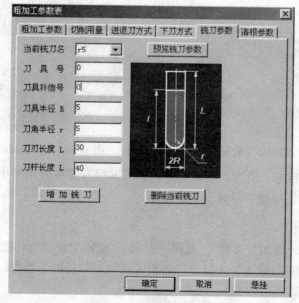

图 4.61 设置铣刀参数

(3) 设置粗加工"切削用量"参数,如图 4.62 所示。

图 4.62 设置切削用量参数

(4) 确认"进退刀方式"、"下刀方式"、"清根方式"系统默认值。单击"确定"按钮退出参数设置。

(5) 按系统提示拾取加工轮廓。拾取设定加工范围的矩形后单击链搜索箭头;按系统提示"拾取加工曲面",选中整个实体表面,系统将拾取到的所有曲面变红,然后单击鼠标右键结束,如图 4.63 所示。

(6) 生成粗加工刀路轨迹。系统提示"正在准备曲面请稍候"、"处理曲面"等,然后系统就会自动生成粗加工轨迹。结果如图 4.64 所示。

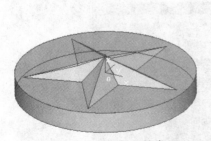
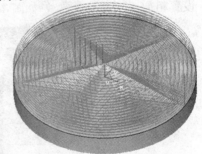

图 4.63 拾取加工轮廓　　　　图 4.64 生成粗加工刀路轨迹

(7) 隐藏生成的粗加工轨迹。拾取轨迹,单击鼠标右键在弹出菜单中选择"隐藏"命令,隐藏生成的粗加工轨迹,以便于下步操作。

3. 曲面区域加工

(1) 设置"曲面区域加工参数"。选择"应用"-"轨迹生成"-"曲面区域加工"命令,在弹出的"曲面区域加工参数表"中设置"曲面区域加工"精加工参数,如图 4.65 所示。

(2) 设置精加工"铣刀参数",如图 4.66 所示。

第4章 CAXA制造工程师

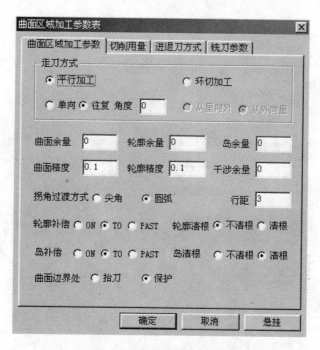

图 4.65 设置曲面区域加工参数

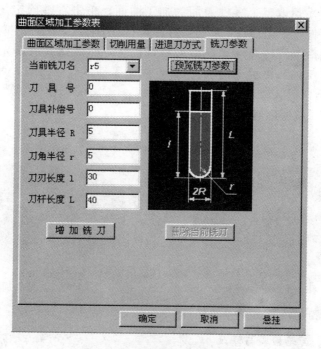

图 4.66 设置精加工铣刀参数

(3) 设置精加工"切削用量"参数,如图 4.67 所示。

(4) 确认"进退刀方式"系统默认值。单击"确定"按钮完成并退出精加工参数设置。

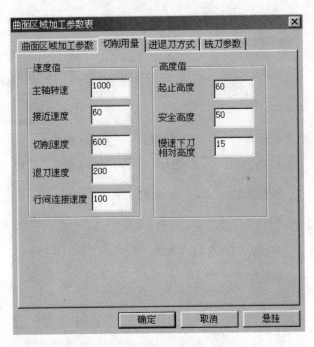

图 4.67　设置精加工切削用量

(5) 按系统提示拾取整个零件表面为加工曲面,单击右键确定。系统提示"拾取干涉面",如果零件不存在干涉面,单击右键确定跳过。系统会继续提示"拾取轮廓",用鼠标直接拾取零件外轮廓,单击右键确认,然后选择并确定链搜索方向,如图 4.68 所示。系统最后提示"拾取岛屿",由于零件不存在岛屿,可以单击右键确定跳过。

(6) 生成精加工轨迹,如图 4.69 所示。

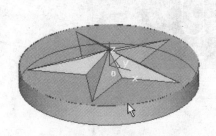

图 4.68　拾取零件表面

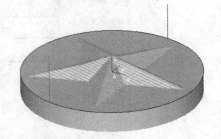

图 4.69　生成精加工轨迹

注意:精加工的加工余量为 0。

4. 加工仿真、刀路检验与修改

(1) 单击"可见"铵扭,显示所有已生成的粗、精加工轨迹。

(2) 选择"应用"-"轨迹仿真"命令,在立即菜单中选定选项,如图 4.70 所示;按系统提示同时拾取粗加工刀具轨迹与精加工轨迹,单击右键;系统将进行仿真加工,如图 4.70 所示。

(3) 在仿真过程中，系统显示走刀方式。仿真结束后，拾取点观察截面，如图 4.71 所示。单击右键存储仿真结果（文件路径）。

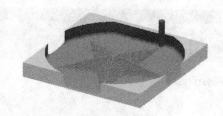
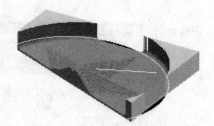

图 4.70　仿真加工　　　　　　　　　图 4.71　拾取点观察截面

(4) 观察仿真加工走刀路线，检验判断刀路是否正确、合理（有无过切等错误）。

(5) 选择"应用"-"轨迹编辑"命令，弹出"轨迹编辑"表，按提示拾取相应加工轨迹或相应轨迹点，修改相应参数，进行局部轨迹修改。若修改过大，应该重新生成加工轨迹。

(6) 仿真检验无误后，可保存粗、精加工轨迹。

5．生成 G 代码

(1) 选择"应用"-"后置处理"-"生成 G 代码"命令，在弹出的"选择后置文件"对话框中给定要生成的 NC 代码文件名（五角星 .cut）及其存储路径，单击"保存"按钮退出，如图 4.72 所示。

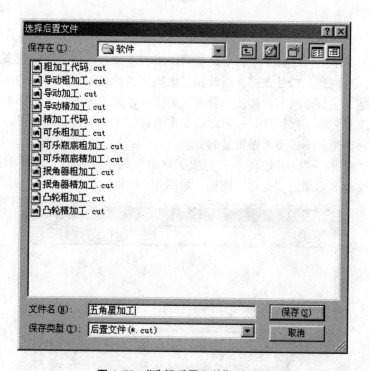

图 4.72　"选择后置文件"对话框

(2) 分别拾取粗加工轨迹与精加工轨迹,单击右键确定,生成加工 G 代码,如图 4.73 所示。

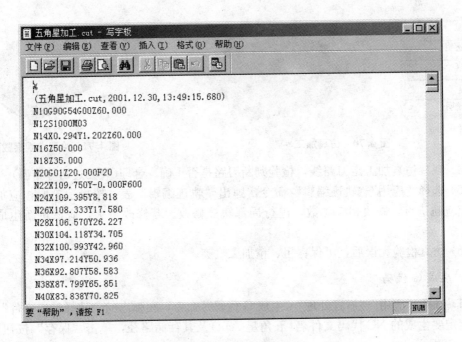

图 4.73 生成加工代码

6. 生成加工工艺单

生成加工工艺单的目的有 3 个。一是车间加工的需要,当加工程序较多时可以使加工有条理,不会产生混乱。二是方便编程者和机床操作者的交流,说出来的东西总不如纸面上的文字更清楚。三是车间生产和技术管理上的需要,加工完的工件的图形档案、G 代码程序可以和加工工艺单一起保存,一年以后如需要再加工此工件,那么可以立即取出来就加工,一切都很清楚,不需要再做重复的劳动。

(1) 选择"应用"→"后置处理"→"生成工序单"命令,弹出"选择 HTML 文件名"对话框,输入文件名后单击"保存"按钮,如图 4.74 所示。

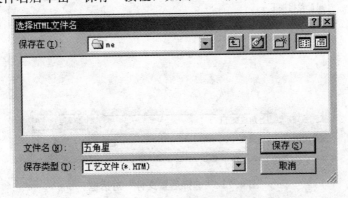

图 4.74 "选择 HTML 文件名"对话框

(2) 屏幕左下边提示拾取加工轨迹,用鼠标选取或用窗口选取或按 W 键,选中全部刀具轨迹,单击右键确认,立即生成加工工艺单。生成和结果如图 4.75 所示。

加工轨迹明细单						
序号	代码名称	刀具号	刀具参数	切削速度	加工方式	加工时间
1	五角星粗加工.cut	0	刀具直径=10.00 刀角半径=5.00 刀刃长度=30.000	600	粗加工	191 分钟
2	五角星精加工.cut	0	刀具直径=10.00 刀角半径=5.00 刀刃长度=30.000	600	曲面区域	21 分钟

图 4.75 加工工艺单

(3) 加工工艺单可以用 IE 浏览器来看,也可以用 Word 来看并且可以用 Word 来进行修改和添加。

至此,五角星的造型、生成加工轨迹、加工轨迹仿真检查、生成 G 代码程序、生成加工工艺单的工作已经全部完成,可以把加工工艺单和 G 代码程序通过工厂的局域网送到车间。车间在加工之前还可以通过《CAXA 制造工程师》中的校核 G 代码功能,再看一下加工代码的轨迹形状,做到加工之前心中有数。把工件打表找正,按加工工艺单的要求找好工件零点,再按工序单中的要求装好刀具找好刀具的 Z 轴零点,就可以开始加工了。

4.3 鼠标的曲面造型与加工

4.3.1 鼠标造型

造型思路:鼠标效果图如图 4.76、图 4.77 所示,它的造型特点主要是外围轮廓都存在一定的角度,因此在造型时首先想到的是实体的拔模斜度,如果使用扫描面生成鼠标外轮廓曲面时,就应该加入曲面扫描角度。在生成鼠标上表面时,可以使用两种方法:一、如果用实体构造鼠标,应该利用曲面裁剪实体的方法来完成造型,也就是利用样条线生成的曲面,对实体进行裁剪;二、如果使用曲面构造鼠标,就利用样条线生成的曲面对鼠标的轮廓进行曲面裁剪完成鼠标上曲面的造型。作完上述操作后就可以利用直纹面生成鼠标的底面曲面,最后通过曲面过渡完成鼠标的整体造型。鼠标样条线坐标点:(-60, 0, 15), (-40, 0, 25), (0, 0, 30), (20, 0, 25), (40, 9, 15)

图 4.76 鼠标造型

4.3.2 生成扫描面

(1) 按 F5 键,将绘图平面切换到在平面 XY 上。

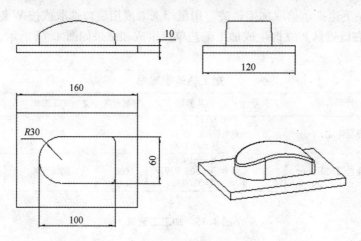

图 4.77 鼠标二维图

(2) 单击"矩形功能" ▢ 按钮,在无模式菜单中选择"两点矩形"方式,输入第一点坐标(-60,30,0),第二点坐标(40,-30,0),矩形绘制完成,如图 4.78 所示。

(3) 单击"圆弧功能" ⊕ 按钮,按空格键,选择切点方式,作一圆弧,与长方形右侧三条边相切,如图 4.79 所示。

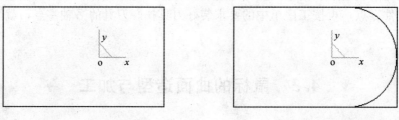

图 4.78 绘制矩形　　　　　　　　图 4.79 绘制圆弧

(4) 单击"删除功能" ✎ 按钮,拾取右侧的竖边,单击右键确定,删除完成,如图 4.80 所示。

(5) 单击"裁剪功能" ✂ 按钮,拾取圆弧外的直线段,裁剪完成,结果如图 4.81 所示。

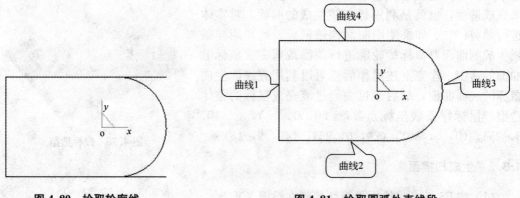

图 4.80 拾取轮廓线　　　　　　　　图 4.81 拾取圆弧外直线段

(6) 单击"曲线组合"按钮,在立即菜中选择"删除原曲线"命令。状态栏提示"拾取曲线",按空格键,弹出"拾取"快捷菜单,选择"单个拾取"方式,单击曲线 2、曲线 3、曲线 4,单击右键确认,如图 4.82 所示。

(7) 按 F8,将图形旋转为轴侧图,如图 4.83 所示。

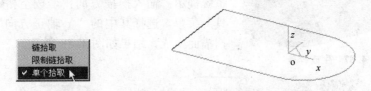

图 4.82 拾取快捷菜单 　　　　图 4.83 轴侧图

(8) 单击"扫描面"按钮,在立即菜单中输入起始距离 0.0000,扫描距离 40,扫描角度 2。然后按空格键,弹出"矢量选择"快捷菜单,选择"Z 轴正方向"命令,如图 4.84 所示。

(9) 按状态栏提示拾取曲线,依次单击曲线 1 和组合后的曲线,生成两个曲面,如图 4.85 所示。

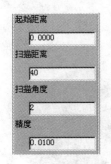 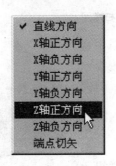 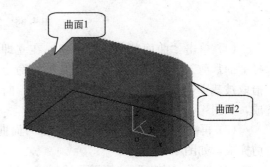

图 4.84 扫描面参数设置 　　　　　　图 4.85 生成曲面

4.3.3 曲面裁剪

(1) 单击"曲面裁剪"按钮,在立即菜单中选择"面裁剪"、"裁剪"和"相互裁剪"命令。按状态栏提示拾取被裁剪的曲面 2 和剪刀面曲面 1,两曲面裁剪完成,如图 4.86 所示。

图 4.86

(2) 单击"样条功能"按钮,按 Enter 键,依次输入坐标点(−60,0,15),(−40,

0,25),(0,0,30),(20,0,25),(40,9,15),单击右键确认,样条生成,结果如图4.87所示。

(3) 单击"扫描面功能"按钮,在立即菜单中输入起始距离值-40,扫描距离值80,扫描角度0,系统提示"输入扫描方向:",按空格键弹出"方向工具"菜单,选择其中的"Y轴正方向",拾取样条线,扫描面生成,结果如图4.88所示。

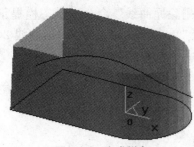

图4.87 生成样条

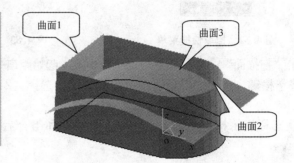

图4.88 生成扫描图

(4) 单击"曲面裁剪"按钮,在立即菜单中选择"面裁剪"、"裁剪"和"相互裁剪"命令。按提示拾取被裁剪曲面曲面2,剪刀面曲面3,曲面裁剪完成,如图4.89所示。

(5) 再次拾取被裁剪面曲面1、剪刀面曲面3,裁剪完成,如图4.90所示。

(6) 选择"编辑"→"隐藏"命令,按状态栏提示拾取所有曲线使其不可见,如图4.91所示。

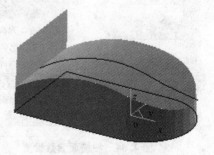

图4.89 拾取被剪曲线

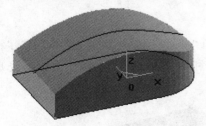

图4.90 裁剪完成

图4.91 隐藏拾取曲线

4.3.4 生成直纹面

(1) 单击"线面可见"按钮,拾取底部的两条曲线,单击右键确认其可见。

(2) 单击"直纹面"按钮,拾取两条曲线生成直纹面,如图4.92所示。

图4.92 生成直纹面

4.3.5 曲面过渡

(1) 单击"曲面过渡"按钮,在立即菜单中选择"三面过渡"、"内过渡"、"等半径"、输入半径值2,"裁剪曲面",如图4.93所示。

(2) 按状态栏提示拾取曲面1、曲面2和曲面3,选择向里的方向,曲面过渡完成,如图4.94所示。

图 4.93

图 4.94 曲面过渡

4.3.6 生成鼠标电极的托板

(1) 按F5键切换绘图平面为XY面,然后单击特征树中的"平面XY",将其作为绘制草图的基准面。

(2) 单击"绘制草图"按钮,进入草图状态。

(3) 单击曲线生成工具栏上的"矩形"按钮,绘制如图4.95所示大小的矩形。

(4) 单击"绘制草图"按钮,退出草图状态。

(5) 单击"拉伸增料"按钮,在对话框中输入深度10,选中"反向拉伸"复选框,并单击"确定"按钮。按F8其轴侧图如图4.96所示。

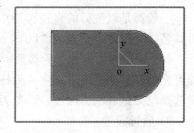

图 4.95 绘制矩形草图

图 4.96 反向拉伸

4.3.7 鼠标加工

加工思路:等高粗加工、等高精加工

鼠标电极的整体形状较为陡峭,整体加工选择等高粗加工,精加工采用等高精加工+补加工。局部精加工还可以使用平面区域、平面轮廓(拔模斜度)以及参数线加工。

1. 加工前的准备工作

1) 设定加工刀具

(1) 选择"应用"→"轨迹生成"→"刀具库管理"命令，弹出"刀具库管理"对话框，如图 4.97 所示。

(2) 增加铣刀。单击"增加铣刀"按钮，在对话框中输入铣刀名称，如图 4.98 所示。

图 4.97 "刀具库管理"对话框

图 4.98 "增加铣刀"对话框

一般都是以铣刀的直径和刀角半径来表示，刀具名称尽量和工厂中用刀的习惯一致。刀具名称一般表示形式为"D10, r3"，D 代表刀具直径，r 代表刀角半径。

(3) 设定增加的铣刀的参数。在"刀具库管理"对话框中键入正确的数值，刀具定义即可完成。其中的刀刃长度和刀杆长度与仿真有关而与实际加工无关，在实际加工中要正确选择吃刀量和吃刀深度，以免刀具损坏。

2) 后置设置

用户可以增加当前使用的机床，给出机床名，定义适合自己机床的后置格式，系统默认的格式为 FANUC 系统的格式。

(1) 选择"应用"-"后置处理"-"后置设置"命令，弹出"后置设置"对话框。

(2) 增加机床设置。选择当前机床类型，如图 4.99 所示。

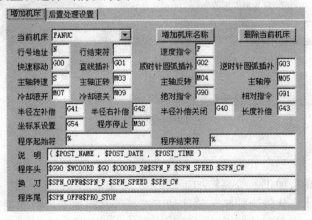

图 4.99 增加机床设置

（3）后置处理设置。选择"后置处理设置"选项卡，根据当前的机床，设置各参数，如图 4.100 所示。

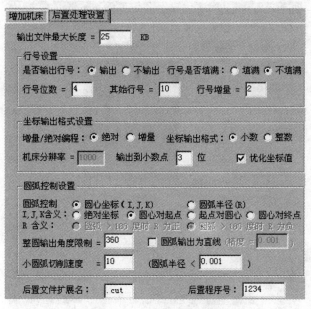

图 4.100 后置处理设置

3）设定加工范围

单击曲线生成工具栏上的"矩形"按钮，拾取鼠标托板的两对角点，绘制如图 4.101 所示的矩形，作为加工区域。

2. 等高粗加工

（1）设置"粗加工参数"。选择"应用"-"轨迹生成"-"等高粗加工"命令，在弹出的"粗加工参数表"对话框中设置"粗加工参数"，如图 4.102 所示。

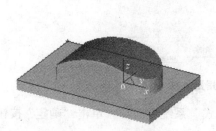

图 4.101 设定托板加工范围

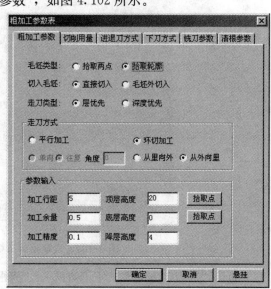

图 4.102 设置粗加工参数

(2) 设置粗加工"铣刀参数",如图 4.103 所示。

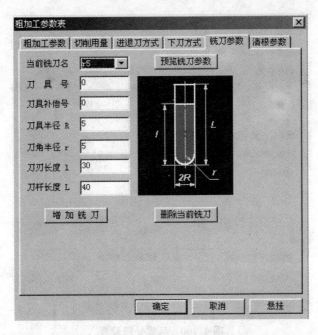

图 4.103　设置粗加工铣刀参数

(3) 设置粗加工"切削用量"参数,如图 4.104 所示。

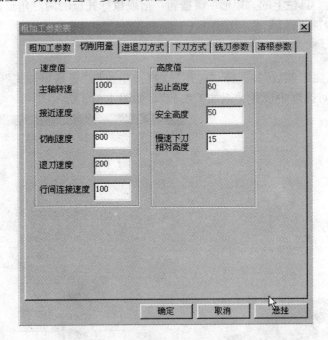

图 4.104　设置粗加工切削用量参数

(4) 确认"进退刀方式"、"下刀方式"、"清根方式"系统默认值。单击"确定"按钮退出参数设置。

(5)按系统提示拾取加工轮廓。拾取设定加工范围的矩形后单击链搜索箭头;按系统提示"拾取加工曲面",选中整个表面,然后单击鼠标右键结束,如图4.105所示。

(6)生成粗加工刀路轨迹。系统提示:"正在准备曲面请稍候"、"处理曲面"等,然后系统就会自动生成粗加工轨迹。结果如图4.106所示。

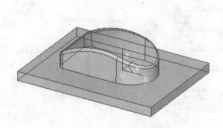

图4.105 拾取加工轮廓

图4.106 生成粗加工轨迹

(7)隐藏生成的粗加工轨迹。拾取轨迹单击鼠标右键,在弹出菜单中选择"隐藏"命令,隐藏生成的粗加工轨迹,以便于下步操作。

3. 等高精加工

(1)设置等高精加工参数。选择"应用"-"轨迹生成"-"等高精加工"命令,在弹出的"等高线加工参数表"对话框中设置"等高线加工"精加工参数,如图4.107所示。

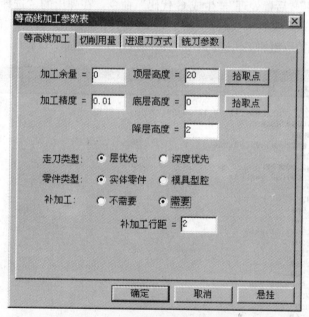

图4.107 设置等高粗加工参数

(2)切削用量、进退刀方式和铣刀参数按照粗加工的参数来设定,完成后单击"确定"按钮。

(3)按系统提示拾取整个零件表面为加工曲面,单击右键确定。

(4)生成精加工轨迹,如图4.108所示。

注意:精加工的加工余量=0。

4. 加工仿真

(1) 单击"可见"按钮，显示所有已生成的粗、精加工轨迹，如图 4.109 所示。

(2) 选择"应用"-"轨迹仿真"命令，在立即菜单中选定选项，如图 4.109 所示；按系统提示同时拾取粗加工刀具轨迹与精加工轨迹，单击右键，系统将进行仿真加工，如图 4.109 所示。

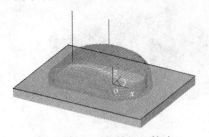

图 4.108　生成精加工轨迹　　　　　　图 4.109　加工仿真

(3) 观察仿真加工走刀路线，检验判断刀路是否正确、合理(有无过切等错误)。

(4) 选择"应用"-"轨迹编辑"命令，弹出"轨迹编辑"表，按提示拾取相应加工轨迹或相应轨迹点，修改相应参数，进行局部轨迹修改。若修改过大，重新生成加工轨迹。

(5) 仿真检验无误后，可保存粗、精加工轨迹。

5. 生成 G 代码

(1) 选择"应用"-"后置处理"-"生成 G 代码"命令，在弹出的"选择后置文件"对话框中给定要生成的 NC 代码文件名(鼠标粗加工.cut)及其存储路径，单击"确定"按钮。

(2) 按提示分别拾取粗加工轨迹，单击右键确定，生成粗加工 G 代码，如图 4.110 所示。

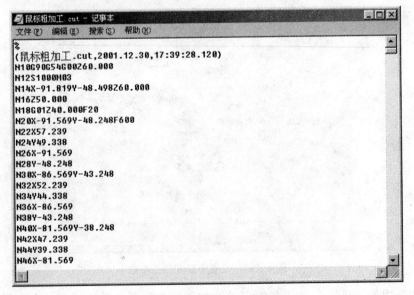

图 4.110　粗加工 G 代码

(3) 同样方法生成精加工 G 代码，如图 4.111 所示。

6. 生成加工工艺单

(1) 选择"应用"-"后置处理"-"生成加工工艺单"命令，在弹出的"选择 HTML 文件名"对话框中输入加工工艺单文件名及其存储路径,单击"确定"按钮。

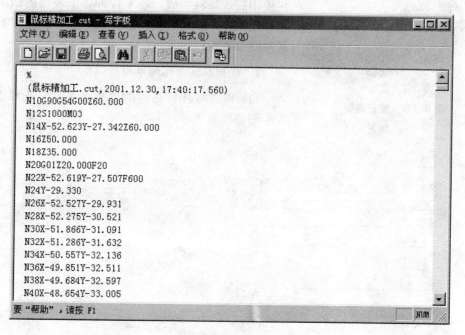

图 4.111 精加工 G 代码

(2) 按提示分别拾取粗加工轨迹与精加工轨迹,单击右键确定,生成加工工艺单,如图 4.112 所示。

加工轨迹明细单						
序号	代码名称	刀具号	刀具参数	切削速度	加工方式	加工时间
1	鼠标精加工.cut	0	刀具直径=10.00 刀角半径=5.00 刀刃长度=30.000	600	等高线	20分钟
2	鼠标粗加工.cut	0	刀具直径=10.00 刀角半径=5.00 刀刃长度=30.000	600	粗加工	63分钟

图 4.112 加工工艺单

至此,鼠标的造型和加工的过程就结束了。

4.4 连杆件的造型与加工

4.4.1 连杆件的实体造型

造型思路:

根据连杆的造型(图 4.113)及其三视图(图 4.114)可以分析出连杆主要包括底部的托板、基本拉伸体、两个凸台、凸台上的凹坑和基本拉伸体上表面的凹坑。底部的托板、基

本拉伸体和两个凸台通过拉伸草图得到。凸台上的凹坑使用旋转除料生成。基本拉伸体上表面的凹坑先使用等距实体边界线得到草图轮廓，然后使用带有拔模斜度的拉伸减料生成。

1. 作基本拉伸体的草图

(1) 单击零件特征树的"平面XY"，选择XY面为绘图基准面。

图4.113 连杆造型

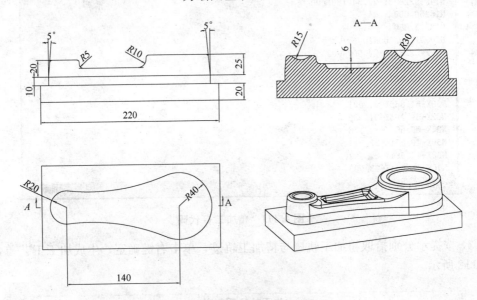

图4.114 连杆造型的三视图

(2) 单击"绘制草图" 按钮，进入草图绘制状态。

(3) 绘制整圆。单击曲线生成工具栏上的"整圆" 按钮，在立即菜单中选择做圆方式为"圆心_半径"，按 Enter 键，在弹出的对话框中先后输入圆心(70，0，0)、半径R＝20 并确认，然后单击鼠标右键结束该圆的绘制。同样方法输入圆心(－70，0，0)、半径 R＝40 绘制另一圆，并连续单击鼠标右键两次退出圆的绘制。结果如图 4.115 所示。

(4) 绘制相切圆弧。单击曲线生成工具栏上的"圆弧" 按钮，在特征树下的立即菜单中选择做圆弧方式为"两点_半径"，然后按 Enter 键，在弹出的点工具菜单中选择"切点"命令，拾取两圆上方的任意位置，按 Enter 键，输入半径 R＝250 并确认完成第一条相切线。接着拾取两圆下方的任意位置，同样输入半径 R＝250。结果如图 4.116 所示。

图4.115 绘制整圆　　　　　　　　图4.116 绘制相切圆弧

(5) 裁剪多余的线段。单击线面编辑工具栏上的"曲线裁剪" 按钮，在默认立即菜单选项下，拾取需要裁剪的圆弧上的线段，结果如图 4.117 所示。

(6) 退出草图状态。单击"绘制草图" 按钮，退出草图绘制状态。按F8观察草图轴侧图，如图4.118所示。

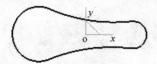
图4.117 裁剪多余线段

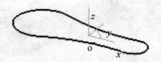
图4.118 基本拉伸体草图轴侧图

2. 利用拉伸增料生成拉伸体

(1) 单击特征工具栏上的"拉伸增料" 按钮，在对话框中输入深度为10，选中"增加拔模斜度"复选框，输入拔模角度为5°，并单击"确定"按钮。结果如图4.119所示。

(2) 拉伸小凸台。单击基本拉伸体的上表面，选择该上表面为绘图基准面，然后单击"绘制草图" 按钮，进入草图绘制状态。单击"整圆" 按钮，按空格键选择"圆心"命令，单击上表面小圆的边，拾取到小圆的圆心，再次按空格键选择"端点"命令，单击上表面小圆的边，拾取到小圆的端点，单击右键完成草图的绘制，如图4.120所示。

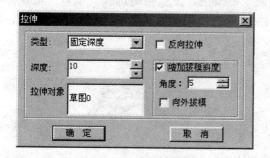
图4.119 设置拉伸增料

图4.120 绘制草图

(3) 单击"绘制草图" 按钮，退出草图状态。然后单击"拉伸增料" 按钮，在对话框中输入深度为10，选中"增加拔模斜度"复选框，输入拔模角度为5°，并单击"确定"按钮。结果如图4.121所示。

图4.121 拉伸增料结果

(4) 拉伸大凸台。绘制小凸台草图相同步骤，拾取上表面大圆的圆心和端点，完成大凸台草图的绘制。

(5) 与拉伸小凸台相同步骤，输入深度为15，拔模角度为5°，生成大凸台，结果如图4.122所示。

图 4.122　生成大凸台结果

3. 利用旋转减料生成小凸台凹坑

(1) 单击零件特征树的"平面 XZ",选择平面 XZ 为绘图基准面,然后单击"绘制草图"按钮,进入草图绘制状态。

(2) 作直线 1。单击"直线"按钮,按空格键选择"端点"命令,拾取小凸台上表面圆的端点为直线的第 1 点,按空格键选择"中点"命令,拾取小凸台上表面圆的中点为直线的第 2 点。

(3) 单击曲线生成工具栏的"等距线"按钮,在立即菜单中输入距离 10,拾取直线 1,选择等距方向为向上,将其向上等距 10,得到直线 2,如图 4.123 所示。

(4) 绘制用于旋转减料的圆。单击"整圆"按钮,按空格键选择"中点"命令,单击直线 2,拾取其中点为圆心,按 Enter 键输入半径 15,单击鼠标右键结束圆的绘制,如图 4.124 所示。

图 4.123　绘制直线　　　　　　　　图 4.124　绘制用于旋转减料图

(5) 删除和裁剪多余的线段。拾取直线 1 单击鼠标右键,在弹出的菜单中选择"删除"命令,将直线 1 删除。单击"曲线裁剪"按钮,裁剪掉直线 2 的两端和圆的上半部分,如图 4.125 所示。

(6) 绘制用于旋转轴的空间直线。单击"绘制草图"按钮,退出草图状态。单击"直线"按钮,按空格键选择"端点"命令,拾取半圆直径的两端,绘制与半圆直径完全重合的空间直线,如图 4.126 所示。

图 4.125　裁剪后的效果　　　　　　图 4.126　绘制空间直线

(7) 单击特征工具栏的"旋转除料" 按钮,拾取半圆草图和作为旋转轴的空间直线,并确定,然后删除空间直线,结果如图4.127所示。

图 4.127 指取半圆草图和空间直线

4. 利用旋转减料生成大凸台凹坑

(1) 与绘制小凸台上旋转除料草图和旋转轴空间直线完全相同的方法,绘制大凸台上旋转除料的半圆和空间直线。具体参数:直线等距的距离为20,圆的半径R=30。结果如图4.128所示。

(2) 单击"旋转除料" 按钮,拾取大凸台上半圆草图和作为旋转轴的空间直线,并单击"确定"按钮,然后删除空间直线,结果如图4.129所示。

 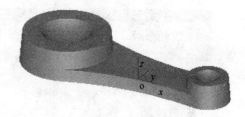

图 4.128 绘制大凸台半圆和空间直线　　　　图 4.129 拾取大凸台轮廓线

5. 利用拉伸减料生成基本体上表面的凹坑

(1) 单击基本拉伸体的上表面,选择拉伸体上表面为绘图基准面,然后单击"绘制草图" 按钮,进入草图状态。

(2) 单击曲线生成工具栏上的"相关线" 按钮,选择立即菜单中的"实体边界",拾取如图4.130所示的四条边界线。

 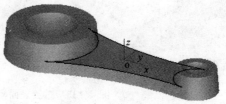

图 4.130 拾取边界线

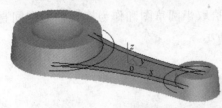

(3) 生成等距线。单击"等距线" 按钮,以等距距离10和6分别作刚生成的边界线的等距线,如图4.131所示。

(4) 曲线过渡。单击线面编辑工具栏上的"曲线过渡" 按钮,在立即菜单处输入半径6,对等矩生成的曲线作过渡,结果如图4.132所示。

图4.131 生成等距线

(5) 删除多余的线段。单击线面编辑工具栏上的"删除" 按钮,拾取四条边界线,然后单击鼠标右键将各边界线删除,结果如图4.133所示。

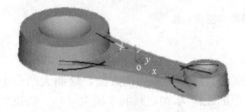

图4.132 曲线过渡

图4.133 删除多余线段

(6) 拉伸除料生成凹坑。单击"绘制草图" 按钮,退出草图状态。单击特征工具栏的"拉伸除料" 按钮,在对话框中设置深度为6,角度为30°,结果如图4.134所示。

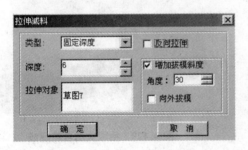

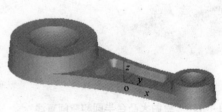

图4.134 拉伸除料生成凹坑

6. 过渡零件上表面的棱边

(1) 单击特征工具栏上的"过渡" 按钮,在对话框中输入半径为10,拾取大凸台和基本拉伸体的交线并确定,结果如图4.135所示

图4.135 过渡表面棱边

(2) 单击"过渡" 按钮,在对话框中输入半径为5,拾取小凸台和基本拉伸体的交线并确定。

(3) 单击"过渡"按钮，在对话框中输入半径为3，拾取上表面的所有棱边并确定，结果如图4.136所示。

7. 利用拉伸增料延伸基本体

(1) 单击基本拉伸体的下表面，选择该拉伸体下表面为绘图基准面，然后单击"绘制草图"按钮，进入草图状态。

(2) 单击曲线生成工具栏上的"曲线投影"按钮，拾取拉伸体下表面的所有边将其投影得到草图，如图4.137所示。

图 4.136 过渡表面棱边结果

(3) 单击"绘制草图"按钮，退出草图状态。单击"拉伸增料"按钮，在对话框中输入深度为10，取消选中"增加拔模斜度"复选框并确定。结果如图4.138所示。

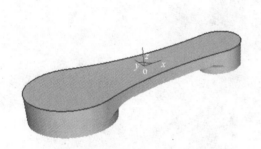

图 4.137 延伸基本体

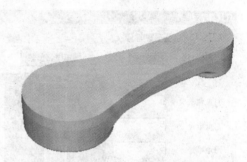

图 4.138 延伸基本体结果

8. 利用拉伸增料生成连杆电极的托板

(1) 单击基本拉伸体的下表面和"绘制草图"按钮，进入以拉伸体下表面为基准面的草图状态。

(2) 按F5键切换显示平面为XY面，然后单击曲线生成工具栏上的"矩形"按钮，绘制如图所示大小的矩形，如图4.139所示。

(3) 单击"绘制草图"按钮，退出草图状态。单击"拉伸增料"按钮，在对话框中输入深度为10，取消选中"增加拔模斜度"复选框并确定。按F8其轴侧图如图4.140所示。

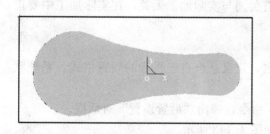

图 4.139 生成连杆电极托板

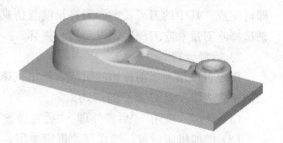

图 4.140 生成连杆电极托板结果

4.4.2 连杆件加工

加工思路：等高粗加工、等高精加工。

连杆件电极的整体形状是较为陡峭，整体加工选择等高粗加工，精加工采用等高精加工。对于凹坑的部分根据加工需要还可以应用曲面区域加工方式进行局部加工。

1. 加工前的准备工作

1) 设定加工刀具

(1) 选择"应用"→"轨迹生成"→"刀具库管理"命令，弹出"刀具库管理"对话框，如图4.141所示。

(2) 增加铣刀。单击"增加铣刀"按钮，在对话框中输入铣刀名称，如图4.142所示。

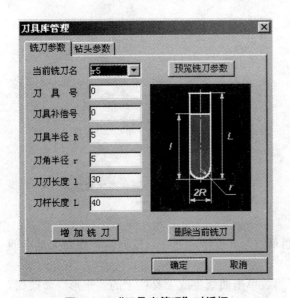

图4.141 "刀具库管理"对话框

图4.142 "增加铣刀"对话框

一般都是以铣刀的直径和刀角半径来表示，刀具名称尽量和工厂中用刀的习惯一致。刀具名称一般表示形式为"D10，r3"，D代表刀具直径，r代表刀角半径。

(3) 设定增加的铣刀的参数。在"刀具库管理"对话框中键入正确的数值，刀具定义即可完成。其中的刀刃长度和刃杆长度与仿真有关而与实际加工无关，在实际加工中要正确选择吃刀量和吃刀深度，以免刀具损坏。

2) 后置设置

用户可以增加当前使用的机床，给出机床名，定义适合自己机床的后置格式。系统默认的格式为FANUC系统的格式。

(1) 选择"应用"-"后置处理"-"后置设置"命令，弹出"后置设置"对话框。

(2) 增加机床设置。选择当前机床类型，如图4.143所示。

(3) 后置处理设置。选择"后置处理设置"选项卡，根据当前的机床，设置各参数，如图4.144所示。

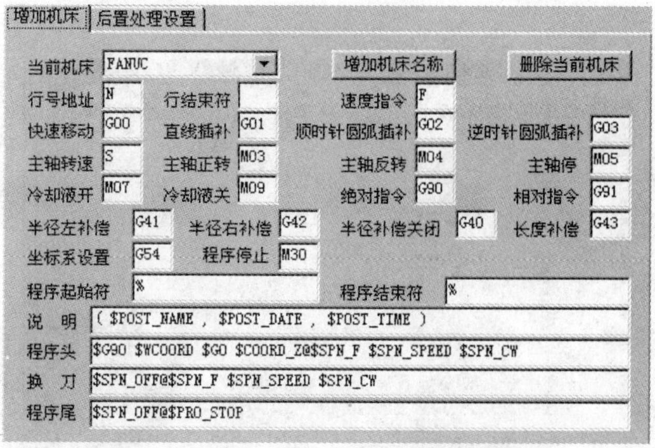

图 4.143 设置增加机床

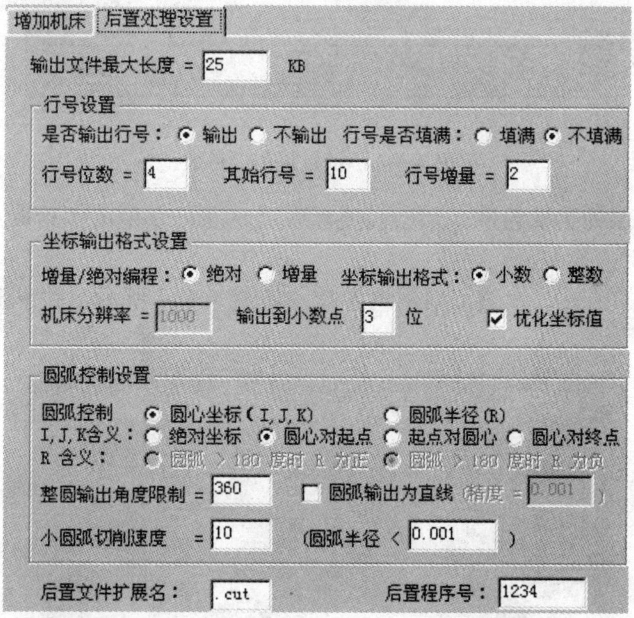

图 4.144 设置后置处理

3) 设定加工范围

单击曲线生成工具栏上的"矩形" □ 按钮，拾取连杆托板的两对角点，绘制如图 4.145 所示的矩形，作为加工区域。

2. 等高粗加工刀具轨迹

(1) 设置粗加工参数。选择"应用"-"轨迹生成"-"等高粗加工"命令，在弹出的"粗

图 4.145 设定连杆托板加工范围

加工参数表"对话框中设置如图 4.146 所示粗加工的参数。

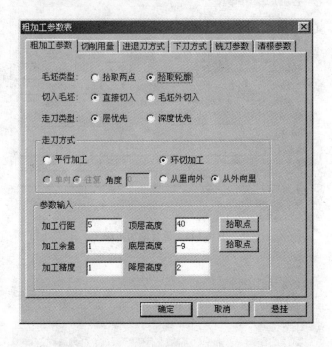

图 4.146 设置粗加工参数

注意：毛坯类型为拾取轮廓。顶层高度和底层高度可以单击"拾取点"按钮，拾取零件上的点来得到。

(2) 根据使用的刀具，设置切削用量参数，如图 4.147 所示，并单击"确定"按钮。

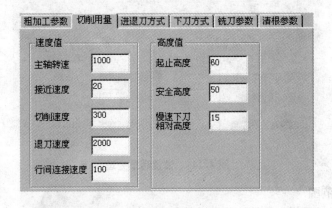

图 4.147 设置切削用量参数

(3) 选择"进退刀方式"和"下刀方式"选项卡，设定进退刀方式和下刀切入方式均为"垂直"，如图 4.148 所示。

(4) "铣刀参数"选项卡，选择在刀具库中已经定义好的铣刀 r5 球刀，并再次设定和修改球刀的参数，如图 4.149 所示。

(5) 选择"清根参数"选项卡，设置清根参数，如图 4.150 所示。

第 4 章 CAXA 制造工程师

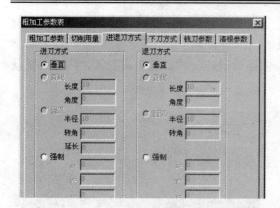 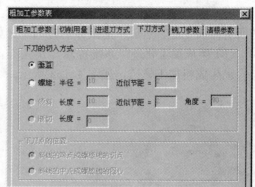

图 4.148 设置进退刀方式和下刀切入方式

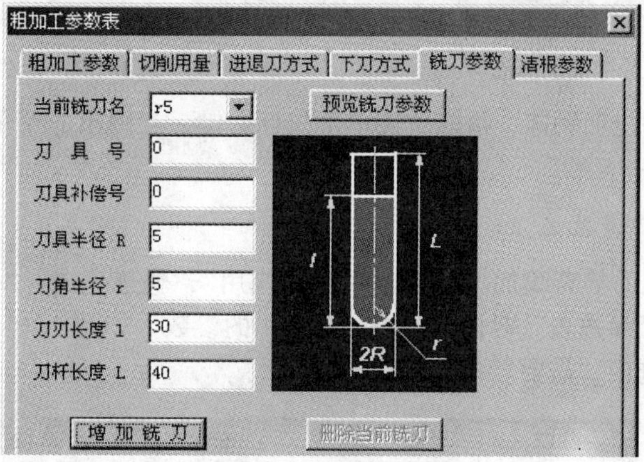

图 4.149 铣刀参数设置

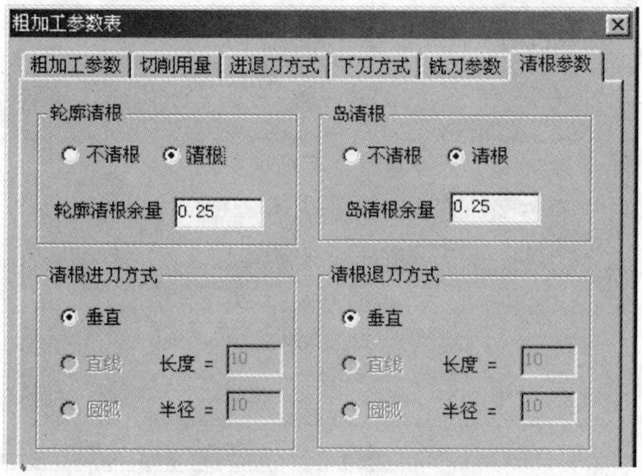

图 4.150 设置清根参数

（6）粗加工参数表设置好后，单击"确定"按钮，屏幕左下角状态栏提示"拾取加工轮廓"。拾取设定加工范围的矩形，并单击链搜索箭头即可。

(7) 拾取加工曲面。系统提示"拾取加工曲面",选中整个实体表面,系统将拾取到的所有曲面变红,然后单击鼠标右键结束,如图 4.151 所示。

(8) 生成加工轨迹。系统提示"正在准备曲面请稍候"、"处理曲面"等,然后系统就会自动生成粗加工轨迹,如图 4.152 所示。

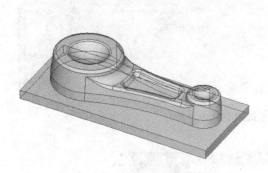

图 4.151 拾取加工曲面　　　　图 4.152 生成加工轨迹

(9) 隐藏生成的粗加轨迹。拾取轨迹单击鼠标右键,在弹出的菜单中选择"隐藏"命令即可。

3. 等高精加工刀具轨迹

(1) 设置精加工的等高线加工参数。选择"应用"-"轨迹生成"-"等高精加工"命令,在弹出"等高线加工参数表"对话框中设置精加工的参数,如图 4.153 所示,注意加工余量为"0",补加工选中"需要"单选按钮。

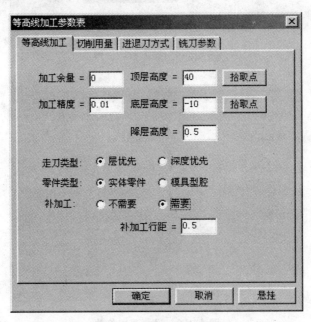

图 4.153 设置精加工参数

(2) 切削用量参数、进退刀方式和铣刀参数的设置与粗加工的相同。

(3) 根据左下角状态栏提示拾取加工曲面。拾取整个零件表面,单击右键确定。系统开始计算刀具轨迹,几分钟后生成精加工的轨迹,如图 4.154 所示。

(4)隐藏生成的精加轨迹。拾取轨迹,单击鼠标右键,在弹出的菜单中选择"隐藏"命令即可。

注意:精加工的加工余量=0。

4. 轨迹仿真、检验与修改

(1)设置轨迹仿真的拾取点。单击几何变换工具栏中的"平移"按钮,输入距离为 DZ=40,拾取托板的一边界线,沿 Z 轴正方向等距得到一条空间直线,如图 4.155 所示。

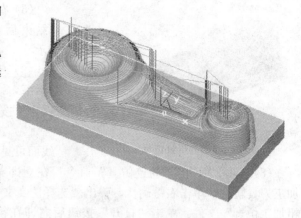

图 4.154 精加工轨迹

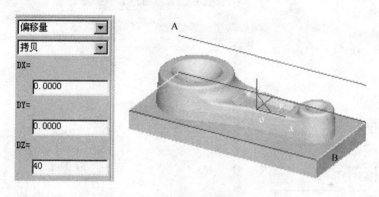

图 4.155 设置轨迹仿真拾取点

(2)单击"线面可见"按钮,显示所有已经生成的加工轨迹,然后拾取粗加工轨迹,单击右键确认。

(3)选择"应用"-"轨迹仿真"命令。在立即菜单中选择"拾取两点"方式。拾取粗加工刀具轨迹,单击右键结束。

(4)拾取两角点。先拾取空间直线的端点 A,然后拾取体上的对角点 B,系统立即将进行加工仿真,如图 4.156 所示。

图 4.156 拾取两角点

图 4.157 观察仿真截面

(5) 在仿真过程中,系统显示走刀速度。仿真结束后,拾取点观察仿真截面,如图 4.157 所示。

(6) 单击鼠标右键,弹出"选择仿真文件"对话框,输入文件名"连杆件粗加工仿真",单击"保存"按钮,存储粗加工仿真的结果。

(7) 精加工仿真。隐藏粗加工轨迹,单击"线面可见"按钮,显示精加工轨迹。

(8) 选择"应用"-"轨迹仿真"命令。在立即菜单中选择"磁盘读取"方式。拾取精加工刀具轨迹,单击右键确认,弹出"选择仿真文件"对话框,选择已经保存的"连杆件粗加工仿真"文件,单击"打开"按钮后立即在粗加工仿真结果的基础上进行精加工仿真,如图 4.158 所示。

图 4.158 精加工仿真设置

(9) 在仿真过程中,系统显示走刀速度。仿真结束后,拾取点观察精加工仿真截面。然后单击鼠标右键,弹出"选择仿真文件"对话框,输入文件名,单击"保存"按钮,存储精加工仿真的结果。如图 4.159 所示。

(10) 仿真检验无误后,选择"文件"-"保存"命令,保存粗加工和精加工轨迹。

5. 生成 G 代码

(1) 前面已经做好了后置设置。选择"应用"-"后置处理"-"生成 G 代码"命令,弹出"选择后置文件"对话框,填写文件名"粗加工代码",单击"保存"按钮,如图 4.160 所示。

(2) 拾取生成的粗加工的刀具轨迹,单

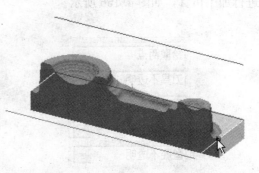

图 4.159 观察精加工仿真截面

击右键确认，立即弹出粗加工 G 代码文件，保存即可。

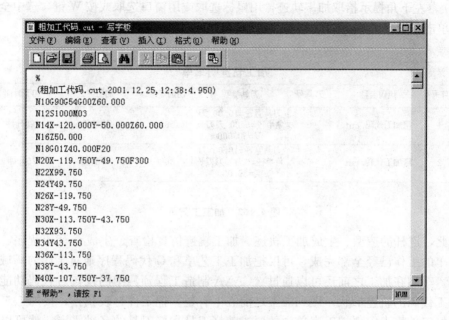

图 4.160　粗加工代码

（3）同样方法生成精加工 G 代码，如图 4.161 所示。

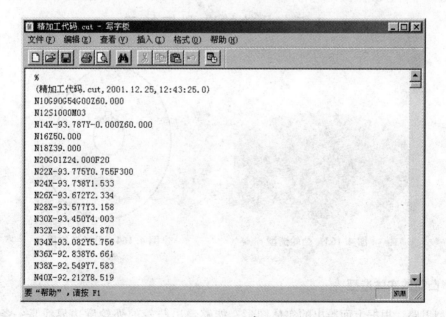

图 4.161　精加工代码

6. 生成加工工艺单

（1）选择"应用"-"后置处理"-"生成工序单"命令，弹出"选择 HTML 文件名"对话框，输入文件名，单击"保存"按钮。

（2）幕左下角提示拾取加工轨迹，用鼠标选取或用窗口选取或按 W 键，选中全部刀具轨迹，单击右键确认，立即生成加工工艺单。生成和结果如图 4.162 所示。

加工轨迹明细单						
序号	代码名称	刀具号	刀具参数	切削速度	加工方式	加工时间
1	粗加工代码.cut	0	刀具直径=10.00 刀角半径=5.00 刀刃长度=30.000	300	粗加工	129分钟
2	精加工代码.cut	0	刀具直径=10.00 刀角半径=5.00 刀刃长度=30.000	300	等高线	75分钟

图 4.162　加工工艺单

至此，连杆的造型、生成加工轨迹、加工轨迹仿真检查、生成 G 代码程序、生成加工工艺单的工作已经全部完成，可以把加工工艺单和 G 代码程序通过工厂的局域网送到车间去。车间在加工之前还可以通过《CAXA 制造工程师》中的校核 G 代码功能，再看一下加工代码的轨迹形状，做到加工之前心中有数。把工件打表找正，按加工工艺单的要求找好工件零点，再按工序单中的要求装好刀具找好刀具的 Z 轴零点，就可以开始加工了。

4.5　凸轮的造型与加工

图 4.163　凸轮造型

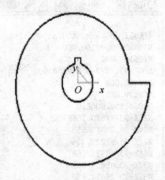

图 4.164　凸轮二维图

4.5.1　凸轮的实体造型

造型思路：根据上面给出的实体图形，能够看出凸轮的外轮廓边界线是一条凸轮曲线，可通过"公式曲线"功能绘制，中间是一个键槽。此造型整体是一个柱状体，所以通过拉伸功能可以造型，然后利用圆角过渡功能过渡相关边即可。

1. 绘制草图

（1）选择菜单"文件"-"新建"命令或者单击"标准工具栏"上的 图标，新建一个文件。

(2) 按F5键，在XY平面内绘图。选择菜单"应用"-"曲线生成"-"公式曲线"命令或者单击"曲线生成栏"中的 图标，弹出图4.165所示的对话框，选中"极坐标系"选项，设置参数如图4.165所示。

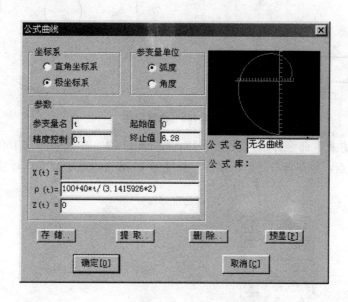

图 4.165 公式曲线对话框

(3) 单击"确定"按钮，此时公式曲线图形跟随鼠标，定位曲线端点到原点位置，如图4.166所示。

(4) 单击"曲线生成栏"中的"直线" 按钮，在导航栏上选择"两点线"、"连续"、"非正交"命令如图4.158所示。将公式曲线的两个端点连接，如图4.167所示。

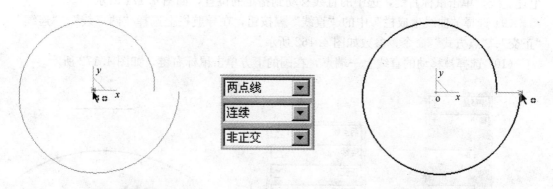

图 4.166 定位曲线到原点　　　　图 4.167 连接曲线端点

(5) 选择"曲线生成栏"中的"整圆" 按钮，然后在原点处单击鼠标左键，按Enter键，弹出"输入半径"文本框，如图所示设置半径为"30"，然后按Enter键。画圆如图4.168所示。

(6) 单击"曲线生成栏"中的"直线" 按钮，在导航栏上选择"两点线"、"连续"、

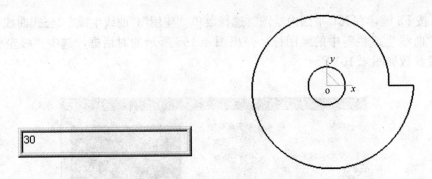

图 4.168 生成整圆

"正交"、"长度方式"命令并输入长度为 12,按 Enter 键,参数如图 4.169 所示。

(7) 选择原点,并在其右侧单击鼠标,长度为 12 的直线显示在工作环境中,如图 4.170 所示。

图 4.169 设置生成曲线参数　　　　图 4.170 生成直线

(8) 选择"几何变换栏"中的"平移" 按钮,设置平移参数如图 4.162 所示。选中上述直线,单击鼠标右键,选中的直线移动到指定的位置,如图 4.171 所示。

(9) 选择"曲线生成栏"中的"直线" 按钮,在导航栏上选择"两点线"、"连续"、"正交"、"点方式"命令,参数如图 4.162 所示。

(10) 选择被移动的直线上一端点,在圆的下方单击鼠标右键,如图 4.172 所示。

图 4.171 设置平移参数　　　　4.172 选择垂直线端点

注意:直线要与圆相交。

(11) 通上步操作,在水平直线的另一端点,画垂直线,如图 4.173 所示。

(12) 选择"曲线裁剪" 按钮,参数设置如图 4.174 所示。修剪草图如图 4.174

所示。

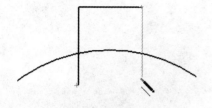 

图 4.173 画垂直线　　　　　　图 4.174 曲线裁剪参数设置及草图

（13）选择"显示全部"按钮，绘制的图形如图 4.175 所示。

（14）选择"曲线过渡"按钮，参数设置如图 4.176 所示，选择如图 4.167 所示鼠标处的两条曲线，过渡如图 4.168 所示。然后将圆弧过渡的半径值修改为 15，如图 4.177 所示，选择如图 4.168 所示鼠标处的两条曲线，过渡如图 4.168 所示。

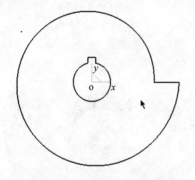 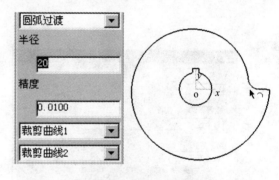

图 4.175 绘制的图形　　　　　　图 4.176 设置曲线过渡参数

（15）选择特征树中的"平面 XY" ◆平面XY，单击"绘制草图"按钮，进入草图绘制状态，单击"曲线投影"按钮，选择绘制的图形，把图形投影到草图上。

（16）单击"检查草图环是否闭合"按钮，检查草图是否存闭合，如不闭合继续修改；如果闭合，将弹出对话框，如图 4.178 所示。

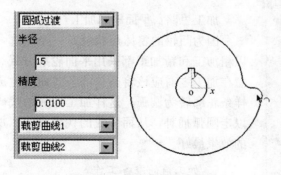 

图 4.177 修改曲线过渡参数　　　　　　图 4.178 草图闭合提示对话框

（17）单击按钮，退出草图绘制。

2. 实体造型

（1）拉伸增料。选择"拉伸增料工具"按钮，在弹出的对话框中设置参数如图 4.179

所示。

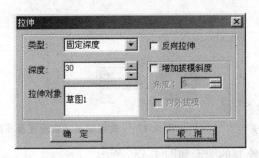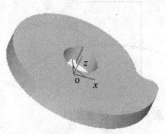

图 4.179 拉伸增料

(2) 过渡。单击"特征生成栏"中的"过渡"按钮,设置参数如图 4.171 所示,选择造型上下两面上的 16 条边,如图 4.180 所示,然后单击"确定"按钮。

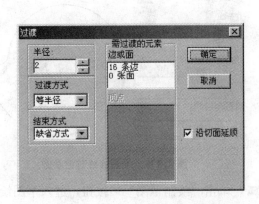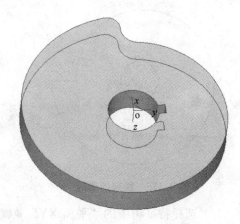

图 4.180 过渡造型

4.5.2 凸轮加工

加工思路：平面轮廓加工

因为凸轮的整体形状就是一个轮廓,所以粗加工和精加工都采用平面轮廓方式。注意在加工之前应该将凸轮的公式曲线生成的样条轮廓转为圆弧,这样加工生成的代码可以走圆弧插补,从而生成的代码最短,加工的效果最好。

1. 加工前的准备工作

1) 设定加工刀具

(1) 选择"应用"-"轨迹生成"-"刀具库管理"命令,弹出"刀具库管理"对话框,如图 4.181 所示。

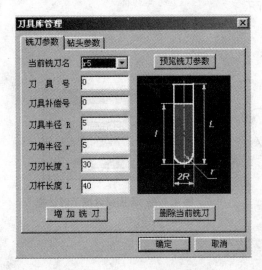

图 4.181 刀具库管理对话框

(2) 增加铣刀。单击"增加铣刀"按钮,在对话框中输入铣刀名称"D20",增加一个加工需要的平刀,如图 4.182 所示。

一般都是以铣刀的直径和刀角半径来表示,刀具名称尽量和工厂中用刀的习惯一致。刀具名称一般表示形式为"D10, r3",D 代表刀具直径,r 代表刀角半径。

(3) 设定增加的铣刀的参数。如图 4.174 所示在"刀具库管理"对话框中输入正确的数值刀角半径 r=0,刀具半径 R=10,其中的刀刃长度和刃杆长度与仿真有关而与实际加工无关,刀具定义即可完成。

(4) 单击"预览铣刀参数"按钮,观看增加的铣刀参数,然后单击"确定"按钮,如图 4.183 所示。

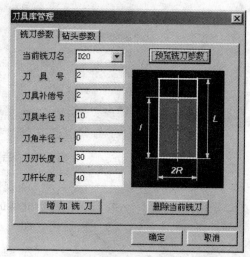

图 4.182 增加铣刀对话框

图 4.183 预览铣刀参数

2) 后置设置

用户可以增加当前使用的机床,给出机床名,定义适合自己机床的后置格式。系统默认的格式为 FANUC 系统的格式。

(1) 选择"应用"-"后置处理"-"后置设置"命令,弹出"后置设置"对话框。

(2) 增加机床设置。选择当前机床类型,如图 4.184 所示。

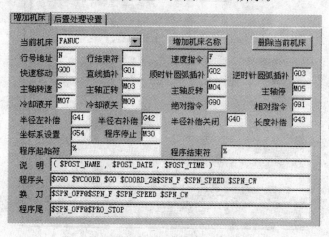

图 4.184 增加机床设置

(3) 后置处理设置。选择"后置处理设置"选项卡，根据当前的机床，设置各参数，如图 4.185 所示。

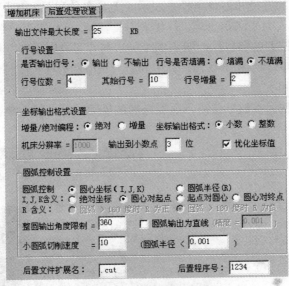

图 4.185 后置处理设置

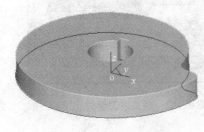

图 4.186 设定加工范围

3) 设定加工范围

此例的加工范围直接拾取凸轮造型上的轮廓线即可，如图 4.186 所示。

2. 粗加工-平面轮廓加工轨迹

(1) 在菜单上选择"应用"-"轨迹生成"-"平面轮廓加工"命令，弹出"平面轮廓加工参数表"对话框。选择"平面轮廓加工参数"选项卡，设置参数如图 4.187 所示。

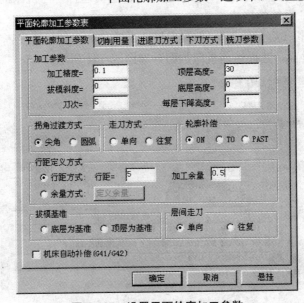

图 4.187 设置平面轮廓加工参数

(2) 选择"切削用量"选项卡,设置参数如图 4.188 所示。

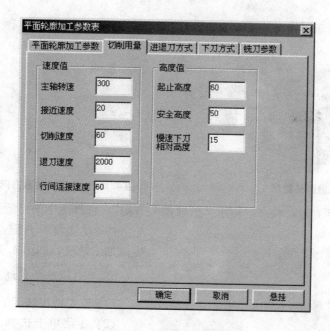

图 4.188 设置切削用量

(3) 进退刀方式和下刀方式设置为默认方式。

(4) 选择"铣刀参数"选项卡,选择在刀具库中定义好的 D20 平刀,单击"确定"按钮,如图 4.189 所示。

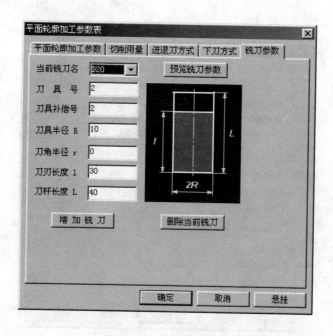

图 4.189 设置铣刀参数

(5) 状态栏提示"拾取轮廓和加工方向",用鼠标拾取造型的外轮廓,如图 4.190 所示。

(6) 状态栏提示"确定链搜索方向",选择箭头如图 4.191 所示。

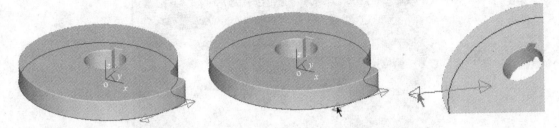

图 4.190　拾取造型外轮廓　　　图 4.191　确定链搜索方向

(7) 单击鼠标右键,状态栏提示、"拾取箭头方向",选择图中向外箭头。

(8) 单击鼠标右键,在工作环境中即生成加工轨迹,如图 4.192 所示。

3. 生成精加工轨迹

(1) 首先把粗加工的刀具轨迹隐藏掉。

(2) 在菜单上选择"应用"-"加工轨迹"-"平面轮廓加工"命令,弹出"平面轮廓加工参数表"对话框,选择"平面轮廓加工参数"选项卡,将刀次修改为"1"、加工余量设置为"0",然后点单击"确定"按钮,如图 4.193 所示。

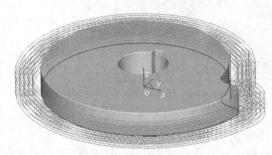

图 4.192　生成加工轨迹

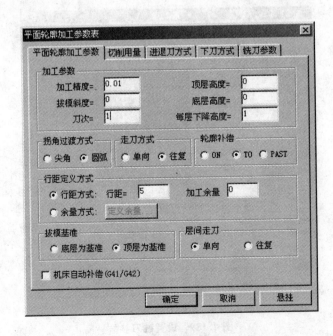

图 4.193　设置平面轮廓加工参数

(3) 其他参数同粗加工的设置一样,选择"放大"按钮,查看精加工轨迹如图 4.194 所示。

4. 轨迹仿真

(1) 首先把隐藏掉的粗加工轨迹设为"可见"。
(2) 在菜单上选择"应用"-"轨迹仿真"命令,选择"自动计算"方式。
(3) 状态栏提示"拾取刀具轨迹",拾取生成的粗加工和精加工轨迹,单击鼠标右键,轨迹仿真过程如图 4.195 所示。

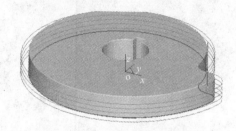

图 4.194 精加工轨迹

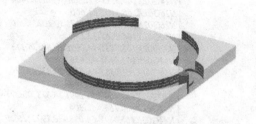

图 4.195 轨迹仿真

5. 生成 G 代码

(1) 在菜单上选择"应用"-"后置处理"-"生成 G 代码"命令,弹出如图 4.196 所示对话框。选择保存代码的路径并设置代码文件的名称。单击"保存"按钮,如图 4.196 所示。

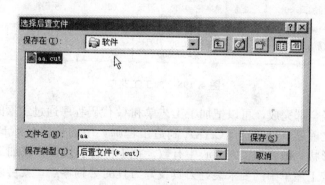

图 4.196 选择后置文件对话框

(2) 状态栏提示"拾取刀具轨迹",选择以上生成的粗加工和精加工轨迹,单击鼠标右键,弹出记事本文件,内容为生成的 G 代码,如图 4.197 所示。

6. 生成加工工艺单

(1) 选择"应用"-"后置处理"-"生成工序单"命令,弹出"选择 HTML 文件名"对话框,输入文件名,单击"保存"按钮。
(2) 幕左下角提示拾取加工轨迹,用鼠标选取或用窗口选取或按 W 键,选中全部刀具轨迹,单击右键确认,立即生成加工工艺单。生成结果如图 4.198 所示。

至此,凸轮的造型、生成加工轨迹、加工轨迹仿真检查、生成 G 代码程序、生成加工

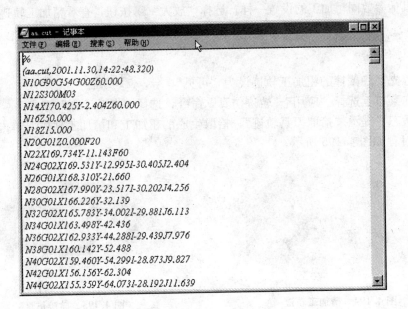

图 4.197 生成 G 代码

加工轨迹明细单						
序号	代码名称	刀具号	刀具参数	切削速度	加工方式	加工时间
1	凸轮粗加工.cut	2	刀具直径=20.00 刀角半径=0.00 刀刃长度=30.000	600	平面轮廓	8分钟
2	凸轮精加工.cut	2	刀具直径=20.00 刀角半径=0.00 刀刃长度=30.000	600	平面轮廓	8分钟

图 4.198 加工工艺单

工艺单的工作已经全部完成，可以把加工工艺单和 G 代码程序通过工厂的局域网送到车间去。车间在加工之前还可以通过《CAXA 制造工程师》中的校核 G 代码功能，再看一下加工代码的轨迹形状，做到加工之前心中有数。把工件打表找正，按加工工艺单的要求找好工件零点，再按工序单中的要求装好刀具找好刀具的 Z 轴零点，就可以开始加工了。

实 训 报 告

实训名称：_____数控车工实训_____

专　　业：_____
班　　级：_____
姓　　名：_____
指导老师：_____

一、实训目的

二、实训设备

三、实训内容（按时间顺序写）

序号	实训内容	时间

四、实训记录(没有的可不填)

五、实训总结

六、实训建议

七、评语

指导教师签名：
年 月 日

参 考 文 献

[1] 上海宇龙软件有限公司. 数控加工仿真系统使用手册.
[2] 王灿，张改新，董锷. 数控加工基本技能实训教程 [M]. 北京：机械工业出版社，2007.
[3] 胡友树. 数控车床编程、操作及实训 [M]. 合肥：合肥工业大学出版社，2005.
[4] 田萍. 数控机床加工工艺及设备 [M]. 北京：中国电力出版社，2009.
[5] 孙德茂. 数控机床车削加工直接编程技术 [M]. 北京：机械工业出版社，2007.
[6] 黄克进. 机械加工操作基本实训 [M]. 北京：机械工业出版社，2004.
[7] 日本发那科公司. FANUC Oi 系列编程说明书.
[8] 詹华西. 数控加工与编程 [M]. 西安：西安电子科技大学出版社，2005.
[9] 余英良. 数控加工编程与操作 [M]. 北京：高等教育出版社，2005.
[10] 赵长明. 数控加工工艺与设备 [M]. 北京：高等教育出版社，2003.

北京大学出版社教材书目

◆ 欢迎访问教学服务网站 www.pup6.cn，免费查阅下载已出版教材的电子书（PDF版）、电子课件和相关教学资源。

◆ 欢迎征订投稿。联系方式：010-62750667，童编辑，13426433315@163.com，pup_6@163.com，欢迎联系。

序号	书　名	标准书号	主　编	定价	出版日期
1	机械设计	978-7-5038-4448-5	郑江，许瑛	33	2007.8
2	机械设计	978-7-301-15699-5	吕宏	32	2009.9
3	机械设计	978-7-301-17599-6	门艳忠	40	2010.8
4	机械原理	978-7-301-11488-9	常治斌，张京辉	29	2008.6
5	机械原理	978-7-301-15425-0	王跃进	26	2010.7
6	机械原理	978-7-301-19088-3	郭宏亮，孙志宏	36	2011.6
7	机械原理	978-7-301-19429-4	杨松华	34	2011.8
8	机械设计基础	978-7-5038-4444-2	曲玉峰，关晓平	27	2008.1
9	机械设计课程设计	978-7-301-12357-7	许瑛	35	2009.5
10	机械设计课程设计	978-7-301-18894-1	王慧，吕宏	30	2011.5
11	机械工程专业毕业设计指导书	978-7-301-18805-7	张黎骅 吕小荣	22	2011.6
12	机械创新设计	978-7-301-12403-1	丛晓霞	32	2010.7
13	TRIZ理论机械创新设计工程训练教程	978-7-301-18945-0	蒯苏苏，马履中	45	2011.6
14	AutoCAD工程制图	978-7-5038-4446-9	杨巧绒，张克义	20	2011.4
15	工程制图	978-7-5038-4442-6	戴立玲，杨世平	27	2011.1
16	工程制图	978-7-301-19428-7	孙晓娟，徐丽娟	30	2011.8
17	工程制图习题集	978-7-5038-4443-4	杨世平，戴立玲	20	2008.1
18	机械制图(机类)	978-7-301-12171-9	张绍群，孙晓娟	32	2009.1
19	机械制图习题集(机类)	978-7-301-12172-6	张绍群，王慧敏	29	2007.8
20	机械制图(第2版)	978-7-301-19332-7	孙晓娟，王慧敏	38	2011.8
21	机械制图习题集(第2版)	978-7-301-19370-7	孙晓娟，王慧敏	22	2011.8
22	机械制图与AutoCAD基础教程	978-7-301-13122-0	张爱梅	35	2007.11
23	机械制图与AutoCAD基础教程习题集	978-7-301-13120-6	鲁杰，张爱梅	22	2007.12
24	AutoCAD 2008 工程绘图	978-7-301-14478-7	赵润平，宗荣珍	35	2009.1
25	工程制图案例教程	978-7-301-15369-7	宗荣珍	28	2009.6
26	工程制图案例教程习题集	978-7-301-15285-0	宗荣珍	24	2009.6
27	理论力学	978-7-301-12170-2	盛冬发，闫小青	29	2010.8
28	材料力学	978-7-301-14462-6	陈忠安，王静	30	2011.1
29	工程力学(上册)	978-7-301-11487-2	毕勤胜，李纪刚	29	2008.6
30	工程力学(下册)	978-7-301-11565-7	毕勤胜，李纪刚	28	2008.6
31	液压传动	978-7-5038-4441-8	王守城，容一鸣	27	2009.4
32	液压与气压传动	978-7-301-13129-4	王守城，容一鸣	32	2009.4
33	液压与液力传动	978-7-301-17579-8	周长城等	34	2010.8
34	液压传动与控制实用技术	978-7-301-15647-6	刘忠	36	2009.8
35	金工实习(第2版)	978-7-301-16558-4	郭永环，姜银方	30	2011.1
36	机械制造基础实习教程	978-7-301-15848-7	邱兵，杨明金	34	2010.2
37	公差与测量技术	978-7-301-15455-7	孔晓玲	25	2010.7
38	互换性与测量技术基础(第2版)	978-7-301-17567-5	王长春	28	2010.8

39	机械制造技术基础	978-7-301-14474-9	张　鹏，孙有亮	28	2011.6
40	先进制造技术基础	978-7-301-15499-1	冯宪章	30	2009.8
41	机械精度设计与测量技术	978-7-301-13580-8	于　峰	25	2008.8
42	机械制造工艺学	978-7-301-13758-1	郭艳玲，李彦蓉	30	2008.8
43	机械制造基础(上)——工程材料及热加工工艺基础(第2版)	978-7-301-18474-5	侯书林，朱　海	40	2011.1
44	机械制造基础(下)——机械加工工艺基础(第2版)	978-7-301-18638-1	侯书林，朱　海	32	2011.3
45	工程材料及其成形技术基础	978-7-301-13916-5	申荣华，丁　旭	45	2010.7
46	工程材料及其成形技术基础学习指导与习题详解	978-7-301-14972-0	申荣华	20	2009.3
47	机械工程材料及成形基础	978-7-301-15433-5	侯俊英，王兴源	30	2009.7
48	机械工程材料	978-7-5038-4452-3	戈晓岚，洪　琢	29	2011.6
49	机械工程材料	978-7-301-18522-3	张铁军	36	2011.1
50	工程材料与机械制造基础	978-7-301-15899-9	苏子林	32	2009.9
51	控制工程基础	978-7-301-12169-6	杨振中，韩致信	29	2007.8
52	机械工程控制基础	978-7-301-12354-6	韩致信	25	2008.1
53	机电工程专业英语(第2版)	978-7-301-16518-8	朱　林	24	2011.5
54	机床电气控制技术	978-7-5038-4433-7	张万奎	26	2007.9
55	机床数控技术(第2版)	978-7-301-16519-5	杜国臣，王士军	35	2011.6
56	数控机床与编程	978-7-301-15900-2	张洪江，侯书林	25	2010.11
57	数控加工技术	978-7-5038-4450-7	王　彪，张　兰	29	2008.2
58	数控加工与编程技术	978-7-301-18475-2	李体仁	34	2011.1
59	数控编程与加工实习教程	978-7-301-17387-9	张春雨　于　雷	37	2011.9
60	现代数控机床调试及维护	978-7-301-18033-4	邓三鹏等	32	2010.11
61	金属切削原理与刀具	978-7-5038-4447-7	陈锡渠，彭晓南	29	2008.1
62	金属切削机床	978-7-301-13180-0	夏广岚，冯　凭	32	2008.5
63	精密与特种加工技术	978-7-301-12167-2	袁根福，祝锡晶	29	2010.8
64	逆向建模技术与产品创新设计	978-7-301-15670-4	张学昌	28	2009.9
65	CAD/CAM 技术基础	978-7-301-17742-6	刘　军	28	2010.9
66	CAD/CAM 技术案例教程	978-7-301-17732-7	汤修映	42	2010.9
67	Pro/ENGINEER Wildfire 2.0 实用教程	978-7-5038-4437-X	黄卫东，任国栋	32	2007.7
68	Pro/ENGINEER Wildfire 3.0 实例教程	978-7-301-12359-1	张选民	45	2008.2
69	Pro/ENGINEER Wildfire 3.0 曲面设计实例教程	978-7-301-13182-4	张选民	45	2008.2
70	SolidWorks 三维建模及实例教程	978-7-301-15149-5	上官林建	30	2009.5
71	UG NX6.0 计算机辅助设计与制造实用教程	978-7-301-14449-7	张黎骅，吕小荣	26	2009.6
72	Cimatron E9.0 产品设计与数控自动编程技术	978-7-301-17802-7	孙树峰	36	2010.9
73	应用创造学	978-7-301-17533-0	王成军，沈豫浙	26	2010.7
74	机电产品学	978-7-301-15579-0	张亮峰等	24	2009.8
75	品质工程学基础	978-7-301-16745-8	丁　燕	30	2011.5
76	设计心理学	978-7-301-11567-1	张成忠	48	2011.6
77	计算机辅助设计与制造	978-7-5038-4439-6	仲梁维，张国全	29	2007.9
78	产品造型计算机辅助设计	978-7-5038-4474-4	张慧姝，刘永翔	27	2006.8
79	产品设计原理	978-7-301-12355-3	刘美华	30	2008.2
80	产品设计表现技法	978-7-301-15434-2	张慧姝	42	2009.8
81	产品创意设计	978-7-301-17977-2	虞世鸣	38	2010.11
82	工业产品造型设计	978-7-301-18313-7	袁涛	39	2011.1
83	化工工艺学	978-7-301-15283-6	邓建强	42	2009.6
84	过程装备机械基础	978-7-301-15651-3	于新奇	38	2009.8
85	过程装备测试技术	978-7-301-17290-2	王毅	45	2010.6

序号	书名	ISBN	作者	定价	出版日期
86	过程控制装置及系统设计	978-7-301-17635-1	张早校	30	2010.8
87	质量管理与工程	978-7-301-15643-8	陈宝江	34	2009.8
88	质量管理统计技术	978-7-301-16465-5	周友苏,杨飒	30	2010.1
89	测试技术基础(第2版)	978-7-301-16530-0	江征风	30	2010.1
90	测试技术实验教程	978-7-301-13489-4	封士彩	22	2008.8
91	测试技术学习指导与习题详解	978-7-301-14457-2	封士彩	34	2009.3
92	可编程控制器原理与应用(第2版)	978-7-301-16922-3	赵燕,周新建	33	2010.3
93	工程光学	978-7-301-15629-2	王红敏	28	2009.9
94	精密机械设计	978-7-301-16947-6	田明,冯进良等	38	2010.3
95	传感器原理及应用	978-7-301-16503-4	赵燕	35	2010.2
96	测控技术与仪器专业导论	978-7-301-17200-1	陈毅静	29	2010.6
		汽车类			
97	汽车电子控制技术	978-7-5038-4432-9	凌永成,于京诺	32	2007.7
98	汽车构造	978-7-5038-4445-4	肖生发,赵树朋	44	2007.8
99	汽车发动机原理	978-7-301-12168-9	韩同群	32	2010.8
100	汽车设计	978-7-301-12369-0	刘涛	45	2008.1
101	汽车运用基础	978-7-301-13118-3	凌永成,李雪飞	26	2008.1
102	现代汽车系统控制技术	978-7-301-12363-8	崔胜民	36	2008.1
103	汽车电气设备实验与实习	978-7-301-12356-0	谢在玉	29	2008.2
104	汽车试验测试技术	978-7-301-12362-1	王丰元	26	2008.2
105	汽车运用工程基础	978-7-301-12367-6	姜立标,张黎骅	32	2008.6
106	汽车制造工艺	978-7-301-12368-3	赵桂范,杨娜	30	2008.6
107	汽车工程概论	978-7-301-12364-5	张京明,江浩斌	36	2008.6
108	汽车运行材料	978-7-301-13583-9	凌永成,李美华	30	2008.7
109	汽车试验学	978-7-301-12358-4	赵立军,白欣	28	2011.7
110	内燃机构造	978-7-301-12366-9	林波,李兴虎	26	2008.8
111	汽车故障诊断与检测技术	978-7-301-13634-8	刘占峰,林丽华	34	2008.8
112	汽车维修技术与设备	978-7-301-13914-1	凌永成,赵海波	30	2010.8
113	热工基础	978-7-301-12399-7	于秋红	34	2009.2
114	汽车检测与诊断技术	978-7-301-12361-4	罗念宁,张京明	30	2009.1
115	汽车评估	978-7-301-14452-7	鲁植雄	25	2009.8
116	汽车车身设计基础	978-7-301-15619-3	王宏雁,陈君毅	28	2009.9
117	汽车车身轻量化结构与轻质材料	978-7-301-15620-9	王宏雁,陈君毅	25	2009.9
118	车辆自动变速器构造原理与设计方法	978-7-301-15609-4	田晋跃	30	2009.9
119	新能源汽车技术	978-7-301-15743-5	崔胜民	32	2010.8
120	工程流体力学	978-7-301-12365-2	杨建国,张兆营	35	2010.1
121	高等工程热力学	978-7-301-16077-0	曹建明,李跟宝	30	2010.1
122	汽车电气设备(第2版)	978-7-301-16916-2	凌永成,李淑英	38	2011.1
123	现代汽车排放控制技术	978-7-301-17231-5	周庆辉	32	2010.6
124	汽车服务工程	978-7-301-16743-4	鲁植雄	36	2010.7
125	现代汽车发动机原理	978-7-301-17203-2	赵丹平,吴双群	35	2010.7
126	现代汽车新技术概论	978-7-301-17340-4	田晋跃	35	2011.6
127	汽车数字开发技术	978-7-301-17598-9	姜立标	40	2010.8
128	汽车人机工程学	978-7-301-17562-0	任金东	35	2010.8
129	专用汽车结构与设计	978-7-301-17744-0	乔维高	45	2010.9
130	汽车空调	978-7-301-18066-2	刘占峰,宋力等	28	2010.11
131	汽车CAD技术及Pro/E应用	978-7-301-18113-3	石沛林,李玉善	32	2010.11

132	汽车振动分析与测试	978-7-301-18524-7	周长城,周金宝等	40	2011.3
133	汽车空气动力学数值模拟技术	978-7-301-16742-7	张英朝	45	2011.6
134	汽车使用与管理	978-7-301-18761-6	郭宏亮,张铁军	39	2011.5
135	新能源汽车概论	978-7-301-18804-0	崔胜民,韩家军	30	2011.5
136	汽车空气动力学数值模拟技术	978-7-301-16742-7	张英朝	45	2011.6
137	汽车电子控制技术(第2版)	978-7-301-19225-2	凌永成,于京诺	40	2011.7
138	车辆液压传动与控制技术	978-7-301-19293-1	田晋跃	28	2011.8
139	车辆悬架设计及理论	978-7-301-19298-6	周长城	48	2011.8
	材料类				
140	金属学与热处理	978-7-5038-4451-5	朱兴元,刘 忆	24	2007.7
141	冲压工艺与模具设计(第2版)	978-7-301-16872-1	牟 林,胡建华	34	2010.6
142	锻造工艺过程及模具设计	978-7-5038-4453-1	胡亚民,华 林	30	2008.6
143	材料成型设备控制基础	978-7-301-13169-5	刘立君	34	2008.1
144	材料成形 CAD/CAE/CAM 基础	978-7-301-14106-9	余世浩,朱春东	35	2008.8
145	材料成型控制工程基础	978-7-301-14456-5	刘立君	35	2009.2
146	材料科学基础	978-7-301-15565-3	张晓燕	32	2009.8
147	铸造工程基础	978-7-301-15543-1	范金辉,华 勤	40	2009.8
148	造型材料	978-7-301-15650-6	石德全	28	2009.9
149	模具设计与制造	978-7-301-15741-1	田光辉,林红旗	42	2011.5
150	材料物理与性能学	978-7-301-16321-4	耿桂宏	39	2010.1
151	金属材料成形工艺及控制	978-7-301-16125-8	孙玉福,张春香	40	2010.2
152	材料腐蚀及控制工程	978-7-301-16600-0	刘敬福	32	2010.7
153	摩擦材料及其制品生产技术	978-7-301-17463-0	申荣华,何 林	45	2010.7
154	纳米材料基础与应用	978-7-301-17580-4	林志东	35	2010.8
155	热加工测控技术	978-7-301-17638-2	石德全,高桂丽	40	2010.8
156	智能材料与结构系统	978-7-301-17661-0	张光磊,杜彦良	28	2010.8
157	材料性能学	978-7-301-17695-5	付 华,张光磊	34	2010.9
158	金属学与热处理	978-7-301-17687-0	崔占全,王昆林等	50	2010.9
159	特种塑性成形理论及技术	978-7-301-18345-8	李 峰	30	2011.1
160	材料科学基础	978-7-301-18350-2	张代东,吴 润	34	2011.1
161	DEFORM-3D 塑性成形 CAE 应用教程	978-7-301-18392-2	胡建军,李小平	34	2011.1
162	原子物理与量子力学	978-7-301-18498-1	唐敬友	28	2011.1
163	模具 CAD 实用教程	978-7-301-18657-2	许树勤	28	2011.4
164	金属材料学	978-7-301-19296-2	伍玉娇	38	2011.8
165	材料科学与工程专业实验教程	978-7-301-19437-9	向 嵩,张晓燕	25	2011.9
166	金属液态成型原理	978-7-301-15600-1	贾志宏	35	2011.9
167	材料成形原理	978-7-301-19430-0	周志明,张 弛	49	2011.9
168	材料工艺及设备	978-7-301-19454-6	马泉山	45	2011.9
169	金属材料组织控制技术与设备	978-7-301-16331-3	邵红红,纪嘉明	38	2011.9